농업 생명자원과 환경

Agricultural Life Resources and Environment

농업 생명자원과 환경

Agricultural Life Resources and Environment

김 경 민, 남 상 용, 박 재 령

RGB

목차

머리말

이제는 국민들의 소득수준이 증가하고 건강에 대한 관심이 커지면서 농산물을 포함한 식료품의 안전성에 대한 중요성이 과거 어느 때 보다 높아지고 있다. 농업이란 원래 자연에 순응하고 자연을 상대로 이루어지는 산업이기 때문에 자연환경에 이상이 발생하면 농업의 생산기반은 크게 흔들리게 된다. 예로부터 우리 농업은 자연의 영역을 크게 벗어나지 않고 오랜 기간 동안 환경친화적으로 유지되어 왔다. 그러던 농업이 단위면적당 생산량을 높이기 위하여 화학비료와 농약의 사용량을 늘리면서부터 농업의 환경 보전적 기능은 점차 약화되었다. 즉, 과도한 화학비료와 농약의 사용으로 인하여 자연 생태계가 파괴되고 환경오염이 심화되면서 인체에 대한 위험성마저 염려하지 않으면 안되는 수준에까지 이르게 되었다. 친환경 농업은 화학농약과 비료를 사용하지 않거나 사용량을 줄여서 환경파괴와 오염을 최소화 하고 인체에 안전한 농산물을 생산하는데 가장 큰 의의를 두고 있다. 이러한 농산물의 안전성에 대한 인간의 관심도는 식품복지의 시대를 맞이하면서 더욱 커지고 있다. 특히 오늘날과 같이 농식품과 관련된 안전사고가 하루가 멀다할 정도로 빈번히 발생되고 있는 시점에서는 우리들이 무엇을 어떻게 먹어야할까를 고민하지 않을 수 없고, 아울러 자연과 가장 친화적인 방법으로 생산된 친환경 농산물에 더욱 큰 관심을 가질 수밖에 없다. 그러나 지나친 염려와 과잉반응은 바람직하지 않다. 우리나라의 농산물은 철저한 검사와 승인을 거친 농자재(농약과 비료, 종자 등)를 사용한 것이므로 오남용을 한 경우가 아니라면 전 세계 어떤 나라 못지않게 안전하다고 생각해도 좋을 것이다.

따라서 이 책에서는 행복과 건강을 추구하고자 하는 현대인의 요구에 부응하기 위하여 농산물 생산과정에 산재해 있는 유해성 물질에 대한 위험성을 인지시킴과 더불어 인간의 건강에 유익한 환경친화적인 농산물의 생산방법과 농산물의 다양한 생리 기능에 대해 소개하였다. 친환경 농산물에는 농작물과 축산물의 생산에서부터 가공식품에 이르기까지 광범위하게 다루어져야하지만, 이 책에서는 작물에 국한하여 집필하였다. 아직도 미진한 점이 많을 것으로 생각된다. 앞으로 보다 충실하고 알찬 교재가 되도록 노력할 것을 약속드린다.

2022년 7월

저자 대표 김경민

농업 생명자원과 환경

Agricultural Life Resources and Environment

제1장
농업과 자연환경

제1절 작물과 환경

지구상에 존재하는 모든 생물들은 제각기 자연환경에 적응하면서 생장과 번식을 계속하고 있다. 따라서 자연환경은 생물종의 유지와 증식에 결정적인 영향을 미치며, 생물 또는 환경변화에 적응하기 위해 변화되기도 한다. 생물과 환경은 상호작용을 하면서 공존하고 있다. 농작물의 생산에서도 유전적으로 우수한 품종을 좋은 기술로 알맞은 환경에 재배했을때 최고의 수량을 기대할 수 있다. 재배기술이 아무리 발전했다 하더라도 식물이 자라는데 적합한 환경조건이 갖추어지지 않으면 어떤 형태의 농작물 생산도 어렵게 된다. 농작물의 재배에서 환경이란 작물이 재배되는 기간동안 작물의 발육과 생육에 영향을 주는 모든 외계조건들을 말하며, 여기에는 토양요소, 기상요소 및 생물요소로 구성되어 있다(표 1-1).

표 1-1. 작물의 생육과 환경

환경요인	세부환경요소
토양	• 토양 화학: 토양비옥도, 토양반응 등
	• 토양 물리: 토성, 토양수분, 토양공기 등
	• 토양 생물: 토양미생물 등
기상	• 수분: 강수, 강설, 서리, 공기습도 등
	• 대기: 바람, 공기습도, 이산화탄소 등
	• 온도: 기온, 지온, 수온 등
	• 광: 일사량, 광도, 광질, 일장 등
생물	• 식물: 잡초, 기생식물 등
	• 동물: 곤충, 조수(鳥獸) 등
	• 미생물: 진균, 세균, 바이러스 등

제2절 재배식물의 변천

인간이 이용을 목적으로 가꾸는 식물을 작물(作物, crop)이라 하고 원하지 않거나 방해를 하는 식물을 잡초(雜草, weed)라고 한다. 인간이 이용하기 위하여 기르는 동물을 가축(家畜, livestock)이라 한다. 인간이 먹을거리를 얻기 위하여 식물을 재배하고 가축을 기르는 일을 농업이라 한다.

작물을 재배하기 전에 인간은 주로 사냥과 식물채취로 그들의 먹을거리를 얻었을 것이다. 인구가 적었을 때는 채집과 사냥만으로 생활에 필요한 식료를 구할 수 있었으나 인구가 늘어나고 일정한 지역에서 정착하여 안정된 생활을 추구하면서 먹을거리를 확보하기 위한 농경의 필요성은 커지게 되었다. 인간의 주거지 주변에서 식물을 가꾸고 동물을 기르면서부터 농경문화는 빠르게 발전하게 되고 재배식물의 종류와 수도 늘어나게 되었다.

표 1-2. 지금까지 보고된 식물의 종수

번호	구분	기록된 종수	추정 종수
①	조류(藻類)	40,000	200,000
②	지의류(地衣類)	13,500	20,000
③	선태식물(蘚苔植物)	14,000	16,000
④	양치식물(羊齒植物)	12,000	12,500
⑤	겉씨식물(裸子植物)	650	650
⑥	속씨식물(被子植物)	250,000	300,000
합계		330,150	549,150

지구상에는 55만종이 넘는 식물이 있는 것으로 추정하고 있고(표 1-2), 그중에서 종이 밝혀진 것만도 32만 여종에 이르고 있지만 인간이 재배했거나 재배하고 있는 작물의 종류는 밝혀진 종의 1%도 안 되는 2,500여종에 불과하다.

지구상에 존재하고 있는 식물의 수에 비해 재배식물의 수가 적은 것은 앞으로 개발할 수 있는 자원식물이 아직도 많이 남아있다는 측면도 있지만, 인간에게 유용하게 이용될 수 있는 작물을 개발하기가 그리 간단치 않다는 측면도 있다. 대략 2,500여 종(표 1-3)에 이르는 재배식물 중에서 벼과와 콩과 식물이 전체의 30% 가까이 차지하고 있다는 것만 보아도 재배식물이 얼마나 제한적인 가를 알 수 있다 오늘날 우리가 이용하는 작물 중에서 재배면적과 생산량 측면에서 가장 중요한 벼, 밀, 옥수수, 보리, 콩을 5대 식량작물이라고 한다.

표 1-3. 과별 재배식물의 수

재배 순위	과명	속수	종수	재배식물 종수	주요 작물
①	벼과(화본과)	620	10,000	380	벼, 보리, 밀, 옥수수, 잔디
②	콩과(두과)	600	12,000	340	콩, 완두, 아카시, 등나무
③	장미과	100	2,000	160	딸기, 배, 복숭아, 사과
④	가지과	90	2,000	120	가지, 감자, 고추, 토마토
⑤	국화과	900	13,000	90	국화, 상추, 해바라기, 캐모마일
⑥	포도과	100	3,000	75	담쟁이(아이비), 포도, 머루, 구아바
⑦	아욱과	75	1,000	70	무궁화, 아욱, 오크라, 접시꽃
⑧	선인장과	150	2,000	60	백년초, 게발선인장, 비모란, 공작선인장
⑨	박과	110	640	55	수박, 참외, 호박, 오이
⑩	꿀풀과	180	3,500	52	라벤더, 로즈마리, 박하, 세이지

※재배식물 종류가 많은 순서대로 10개과의 식물을 표시한 것임.

이 5대 식량작물 중에서 콩을 제외한 4가지(벼, 밀, 옥수수, 보리)는 모두 벼과식물로 10,000년 전부터 재배해온 가장 오래된 식량작물이다. 인류가 최초로 개발한 작물들은 대부분 씨앗을 식량으로 이용하는 종자식물들이다. 지금부터 5,000년에서 7,000년 전 사이에 감자와 고구마가 재배식물로 등장하게 된다. 최근 우리나라에서 세계적으로 가장 오래된 고대 볍씨가(그림 1-1) 발굴되어 화제가 되었던 일이 있다. 그것은 충청북도 청원군 옥산 소로리 유적에서 약 10,000년 전의 토탄(유기물이 완전히 탄화되지 못한 상태에 있는 석탄의 한종류)층으로부터 아주 오래된 옛날 벼 껍질이 여러 개 발굴되었다. 이 고대 볍씨는 지금까지 알려진 중국의 가장 오래된 볍씨보다 앞선 것으로 추정된다.

그림 1-1. 충북 청주시 옥산면 소로리 토탄층에서 발굴된 고대 볍씨(소로리 볍씨)

러시아의 식물육종학자 바빌로프(Nikolai I. Vavilov, 1927)는 1920년대에서 1930년대까지 세계 각지를 답사하면서 많은 식물종을 수집하고 그들의 유전적 다양성(genetic diversity)을 조사하여 재배식물의 기원 중심지를 8개 지역으로 구분하였다. 8개 중심지역중 중국지역인 우리나라를 포함한 중국 동북부 지역은 콩, 팥, 조, 복숭아 등의 기원지로 기록하고 있다. 지난 10,000여 년 동안 기원지가 다른 다양한 식물들이 인간의 손에 의해 선발되고 재배되면서 인류의 이동과 함께 세계 곳곳에서 오늘날과 같은 재배식물로 정착하게 되었을 것이다.

대부분의 작물들이 야생식물에서 재배종으로 순화되었기 때문에 그 형태나 생산성 면에서 지금의 작물과는 큰 차이가 있다(그림 1-2). 식물의 유전적인 특성을 인간이 이용하기에 유리한 방향으로 개량하는 것을 육종(育種, breeding)이라고 한다. 실제로 식물의 육종은 농경문화의 시작과 더불어 이루어졌다고 보아야 한다. 왜냐하면 인류가 야생종을 순화시키면서 생산량이 많고 재배하기 쉬운 종을 골라서 재배해 왔기 때문이다(선발육종법). 이처럼 같은 종의 야생식물 집단속에서 보다 우수한 것을 골라서 재배했다면, 그 것이 곧 육종학에서 가장 중요하게 다루고 있는 선발(selection)에 해당한다.

재배식물의 품종개량은 멘델(Mendel, 1865) 법칙이 재발견된 1900년 이후에 큰 성과를 거두게 된다. 생물의 유전현상과 유전자의 중요성이 알려지고 이를 인위적으로 이용하는 기술이 개발되면서 재배식물은 그 모양이 달라지고 생산량도 크게 증가하게 된다. 이러한 재배식물의 품종개량 성과는 생산량 증가와 더불어 재배지역을 확대시키고 보다 안정적인 재배까지 가능케하여 지금까지 폭발적으로 늘어나고 인구에 필요한 식량 공급을 하는데 크게 기여하고 있다.

덩이줄기를 가진 야생 감자가 지구상에 처음으로 등장한 것은 지금부터 7,000년 전이지만 안데스 고원지대에서 인디언의 손에 의해 감자가 처음으로 재배된 것은 기원전 4,000년경이라고 한다. 최초의 재배종 감자(*Solanum stenotomum*)는 지금의 재배종과는 종이 다르고 식물체의 형태와 덩이줄기의 모양과 크기도 다른 것이다. 지금의 재배종(*S. tuberosum*)과 같은 4배성의 감자는 최초의 재배종(*S. stenotomum*)에서 유래한 것으로 보고 있고, 그 재배역사도 기원전 500여년으로 추정하고 있다. 유럽에서는 18세기에 와서 감자가 본격적으로 재배되었다. 감자에서 보듯이 재배식물들이 변천해온 과정은 어느 것 하나 단순하지 않고 복잡한 진화과정을 거치면서 적어도 수천년 동안 순화되어온 것들이다. 이처럼 오늘날에 재배되고 있는 대부분의 농작물들은 지난 수 천년동안 인간의 손에 의해 선발되고 다듬어져 온 결과물들이기 때문에 그 형태가 야생종이나 최초의 재배종과는 크게 다르고 어느 것 하나 귀중하지 않은 것이 없다. 그리고 앞으로도 농작물의 형태는 인간에게 유리한 방향으로 계속해서 변화해 나갈 것이다.

그림 1-2. 야생종과 재배종의 특성 비교

제3절 토양환경과 농업

토양(soil)은 육상식물 특히 농산물의 생산에 필요한 기본 배지로서 식물이 필요로 하는 무기양분을 공급해주는 역할을 담당한다. 보통 동식물의 환경요건에는 공기, 수분, 온도, 광, 영양 등이 포함되며, 이들 환경요인들은 상호 균형을 유지하고 있어야 한다. 토양은 이들 환경요인을 직간접적으로 동식물에게 제공하므로 토양의 성질과 상태가 동식물의 서식 및 생활환경에 미치는 영향이 매우 크다. 인류문명의 역사에 있어서도 문명이 번성한 곳은 비옥한 토양이 존재하였으며, 민족과 국가의 번영은 그 지역의 토양의 관리와 보존 여부에 좌우되었다. 따라서 지속가능한 농업을 위해서 건전하고 농작물의 생산에 적합한 토양환경을 조성해 주어야 한다.

인구증가, 도시화 및 산업발달 등 인간의 활동에 따라 배출되는 오염물은 직간접적으로 토양 및 농산물을 오염시켜 농작물의 생육장해, 수확량 감소 및 농산물의 품질을 떨어뜨리고 있는 실정이며, 오염된 농산물은 인간에게 유입되어 건강을 위협하고 있다. 그 동안 다수확 및 소득증대를 위한 화학적 집약농업의 지나친 화학비료와 농약의 사용 및 대규모의 가축사양으로 인해 토양 산성화와 생태계 파괴, 토양염류의 집적, 토양 물리성 파괴, 토양침식, 농약잔류 및 농약중독 등이 초래되어 농업생산의 지속성이 위협받고 있다. 이러한 상황 하에서 우리농업을 지속적으로 발전시켜 나감과 동시에 농업생산의 경제성 확보, 환경보전 및 농산물 등을 동시에 추구하는 환경보전형 농업으로의 전환이 필요하게 되었다. 그 목적을 달성하기 위해 미생물에 의한 양분의 순환 및 미생물에 의한 고정된 양분의 이용 증가, 농약의 사용을 줄이고 윤작과 토양전염성 병해충을 방제하기 위한 생물학적 제제의 사용 증가, 토양경운의 최소화, 작물 잔해와 동물 분변의 재순환 등을 통한 화학비료의 시용 저감 및 적정시비를 도모할 필요가 있다. 이 목적을 달성하기 위해서는 토양의 구조, 토양미생물 및 토양유기물의 상호작용에 대한 기본적인 이해가 필요하다.

1. 토양의 정의

토양(soil)은 항상 주위 환경의 영향을 받아 끊임없이 변하는 동체일 뿐만 아니라 생태계에서 복잡한 기능적 역할을 수행하기 때문에 토양을 정확하게 정의하기가 쉽지 않다. 토양이란 암석의 풍화산물과 이에 분해되고 부후(腐朽)되는 유기물이 섞이고 기후와 식생 등의 지속적인 작용을 받아 변화되는 동안 형성된 부드러운 물질이며, 또한 토양단면의 형태를 이루는 자연체로서 지표면을 얇게 덮고 있으며, 알맞은 양의 공기와 물이 들어 있고 기계적으로 식물을 지지하거나 양분의 일부를 공급하여 식물을 자라게 하는 곳이라고 정의할 수 있다. 그림 1-3은 일반적인 토양의 모식적 단면도이다. 지표에서 기반암까지의 토양단면은 일반적으로 A, B, C의 3개의 층으로 구분한다. A층은 유기물의 부식물을 다량 함유하여 검은 색을 띤 층으로 생물이 필요로 하는 영양분이 풍부하여 생물의 활동이 가장 왕성한 층이다.

층위	세부 설명
A층	다량의 부식 유기물을 함유한 층이다. 그러나 용해성분은 아래로 용탈된다.
B층	A층에서 용탈된 용해물질이 집적된다. 유기물 또는 부식이 매우 적다.
C층	부스러진 기반암층, 즉 모재층이다.
모암 (암반)	마그마(magma)가 식어서 만들어진 모암층이다.

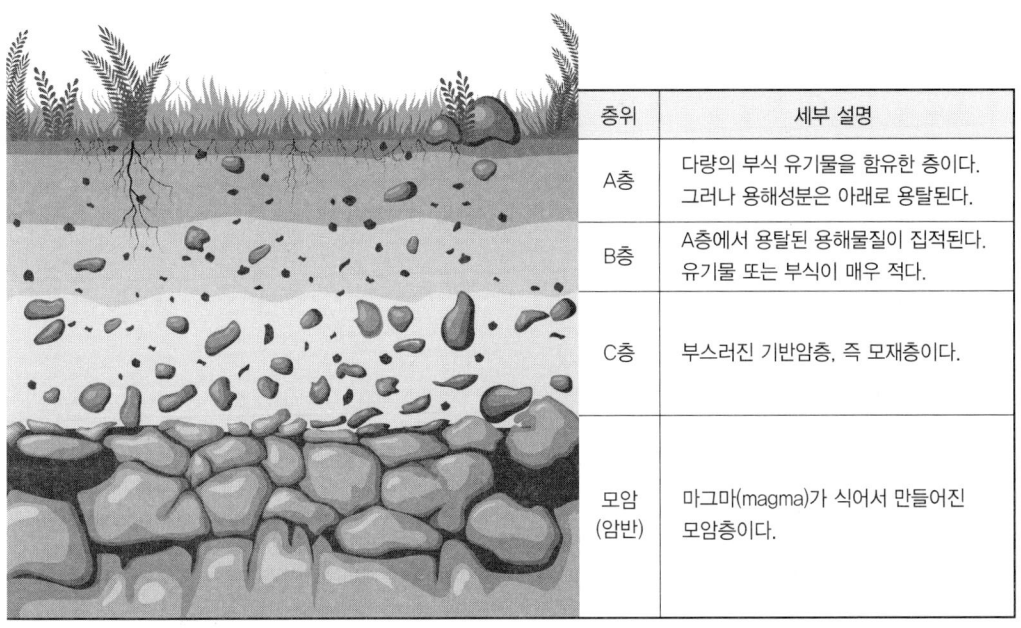

그림 1-3. 토양단면의 모식도

이 A층에 쌓인 낙엽, 죽은 나뭇가지 등은 땅속 동물 또는 미생물에 의해 분해되어 부식(腐植, humus)이라 불리는 고분자 유기화합물의 집합체가 된다. 이들 부식은 모래, 점토입자를 연결하여 입상구조를 만들고 토양중의 통기성이나 보수성, 투수성(배수성)을 높인다. B층은 잔적층으로 점토나 A층에서 용탈된 용해물질이 집적되는 층이다. 유기물이나 부식이 매우 적지만 하위보다 세립이며 괴상구조를 볼 수 있다. 한편 유색광물의 풍화 생성물로서 산화철과 산화망간 등이 함유되기도 한다. C층은 부분적으로 풍화된 층위로서 기반암이 부스러진 모재층이다.

2. 토양의 성질

1) 토양의 구성

토양은 암석의 풍화산물인 자갈, 모래, 미사 및 점토의 무기물과 동식물의 유체 및 이들이 썩어서 된 유기물로 구성된 고상(solid phase)과 토양수분인 액상(liquid phase), 토양 공기인 기상(gaseous phase)의 3상으로 이루어진다. 토양 3상 즉, 고상과 액상, 기상의 상대적 비율은 토양수분 변화와 토양관리방식에 따라서도 크게 달라진다. 그러나 식물의 생육에 적합한 일반적 밭토양의 3상 비율은 대략 고상 50%, 기상 20~30%, 액상 20~30%이다. 논토양의 경우는 기상이 거의 없고 고상과 액상이 50%씩 된다.

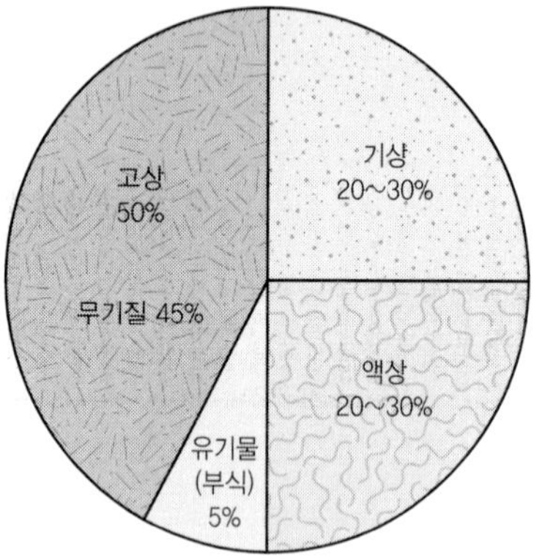

그림 1-4. 토양의 3상 4요소

2) 토양의 입경구분과 토성

토양입자는 눈으로 볼 수 있는 굵은 입자로부터 맨눈으로는 보이지 않는 아주 작은 입자까지 그 크기가 아주 다양하게 구성되어 있다. 토양을 풍건한 후 2mm 체로 쳐서 2mm 이상의 것을 자갈(gravel)이라 하고, 그 이하의 것을 세토(fine earth)라 하며, 세토를 다시 모래(sand), 미사(silt), 점토(clay) 등으로 나누는데, 이와 같은 구분을 입경구분이라 한다. 토양의 물리적 및 화학적 성질은 토양입자의 조성에 따라 크게 달라지는데, 특히 직경 0.002mm 이하의 입자가 특히 중요하다. 직경이 0.002mm 이하의 물질을 교질물(colloid)이라 하고, 무기물로는 점토가 포함되며 유기물로는 부식의 대부분이 여기에 속한다. 토성은 토양의 무기질 입자의 입경조성에 의한 토양의 분류로서 모래(sand), 미사(silt), 점토(clay)의 함유 백분율에 의해 결정된다. 사토(sand)와 양질사토(loamy sand), 사양토(sandy loam), 양토(loam), 식양토(clay loam) 등으로 구분된다.

토성은 식물이 생육할 토양의 물리화학적 성질을 결정하게 되는데, 토양 생산력이 가장 큰 물리적 조건을 제공하는 토성은 점토와 모래 그리고 미사가 균형적인 비율로 함유된 양토이다. 그러나 토성은 식물의 생육에 알맞은 물리적 조건만을 제공하며, 실제적인 토양의 생산력은 토양의 구조, 부식의 함량 및 성질, 점토의 성질, 토양의 동적 성질 등의 조건이 결합되어 결정된다. 작은 알맹이인 점토성분이 많아지고 굵은 모래 성분의 함량이 감소하면 토양은 치밀해져서 물빠짐과 공기의 유통이 나빠지지만 비료를 보존하는 능력(보비력)과 물을 간직하는 힘(보수력)은 증가된다. 그러나 이와는 반대로 모래성분의 함량이 증가하고 점토함량이 감소하면 토양조직은 거칠어져 물 빠짐과 통기성은 좋아지지만 물과 비료성분을 보관하는 능력은 떨어지게 된다. 식물생육과 관련하여 토성의 중요성은 수분 함량과 토양공기의 조성 및 식물뿌리의 활력과 뿌리의 생장에 영향을 미칠 뿐만 아니라 토양미생물의 활성에 지대한 영향을 끼치는 기본인자로서 식재된 식물의 생장을 좌우하게 된다.

3. 토양의 역할(Role of Soil)

자연에서 모든 식물은 토양에 뿌리를 내리고 토양이 제공해 주는 영양과 여러 가지 혜택으로 살아가고 있으므로 생육지의 환경조건이 매우 중요하다. 농작물은 자연의 극단적인 재해를 제외하고는 토양의 관리에 의하여 그 성패가 좌우된다고 할 수 있다. 토양의 생산력을 높이기 위하여 토양개량, 심경, 적정시비, 관배수 및 객토 등의 관리기술을 일반적으로 토양관리라고 하며, 때에 따라서는 지표면의 피복, 중경, 제초 등의 지표면 관리만을 토양관리라고 하기도 한다.

1) 식량생산의 기반

토양이 작물생산의 근간이 되는 것은 토양 속에 함유된 영양원소들 때문이다. 작물은 토양에 뿌리를 내려 필요한 영양분과 물을 흡수하고 공기 중의 이산화탄소를 흡수하여 생체를 구성하는 유기화합물을 생산하게 된다. 이렇게 얻어진 유기화합물을 우리는 식량으로 이용하게 된다. 오늘날 식물생육의 필수원소들로는 C, H, O, N, P, K, Ca, Mg, S, Fe, Mn, Cu, Zn, Mo, B, Cl 16가지로 필수원소로 알려져 있다. 식물의 뿌리로부터 흡수되는 영양원소들은 NH_4^+, K^+, Ca^{2+},

Mg^{2+}, PO_4^{3-}, HPO_4^{2-}, $H_2PO_4^{1-}$, NO_3^- 등과 같이 이온의 형태로 흡수되는데, 이들 원소는 토양수분(토양용액) 중에 함유되어 있거나 또는 토양입자의 표면에 흡착되어 있다. 최근 농업과학기술의 발달로 수경재배와 같은 무토양 재배가 증가하고 있는데 우리에게 필요한 모든 영양분을 골고루 갖춘 농산물을 효율적으로 생산하기 위해서 토양이나 시설에서 다양하게 재배하는 것이 가장 경제적이다. 그리고 토양을 구성하는 광물과 부식의 내부구조에 함유된 성분들과, 토양용액 중에 함유된 비이온 형태의 성분들은 식물이 직접 흡수할 수는 없지만 풍화의 진행과 토양미생물의 작용 등에 의해 서서히 이용할 수 있는 형태로 변화한다. 이외에도 토양공기와 토양 속에서 살아가고 있는 수많은 생물들도 식물의 생육에 없어서는 안 될 필수 요소들로서 토양만이 가질 수 있는 특징이다.

2) 식생의 유지와 보호

토양은 식물생산의 근간이 된다. 따라서 토양의 침식은 식물의 생산을 근원적으로 불가능하게 한다. 오늘날 토양침식(soil erosion, 토양유실)에 따른 식생의 파괴는 가장 심각한 환경파괴의 하나가 되고 있다. 토양침식이 심해지면 식생은 회복되지 않고 사막이 된다. 산림을 벌채하거나 농지가 오염되어 식물이 자랄 수 없는 상태가 되어 헐벗은 모습이 되면, 토양의 공극은 빗방울과 지표의 물리적 자극에 의해 파괴되기 쉽다. 전세계적으로 매년 600만 ha 이상이 사막화되고 있다. 이제는 열대의 산림지역까지 빠른 속도로 파괴되고 있다. 사막의 모래는 토양이 아니라 복잡한 토양 구성성분이 모두 파괴되고 남은 마지막 찌꺼기에 불과하다. 지구의 토양은 장시간에 걸쳐서 만들어져 왔다. 지각의 최상층에 존재하는 부드러운 표토(작토)의 가치는 이루 말할 수 없을 만큼 중요한 것이다. 토양은 식물을 지지하며, 양분과 수분의 공급, 산소를 적당하게 공급해주며 식물을 보호하고 있다.

3) 저수와 투수(수분보전)

모래(sand), 미사(silt), 점토(clay) 및 부식질 등으로 구성된 토양은 암석과 비교할 때 공극(pore space)이 매우 풍부하다. 공극이란 토양 내의 입자와 입자 사이 또는 구조와 구조사이에 공기나 물로 채워지는 틈새를 말하지만, 나무뿌리의 흔적, 토양 동물의 통로 및 토양의 건조와 수축에 의해 형성된 균열 등도 이에 포함된다.

토양은 암석에 비교하여 공극이 풍부하다. 대공극은 강우를 일시 저장하거나 토양의 하부로 이동시키는 역할을 하여 지하수를 보충하거나 토양 중 공극속의 사면을 따라 서서히 이동시켜 하천수로 유출시켜 수자원을 보관하는 기능을 한다. 소공극은 모관흡수력에 의해 하부의 물을 표토 부근의 식물에게 전달하는 역할을 하여 토양의 식물생산 기능에 일익을 담당한다. 토양의 저수기능은 생태계의 유지에 필수불가결한 요소라 할 수 있다.

4) 환경정화

토양의 조성이 매우 복잡한 만큼 토양은 매우 다양한 물리적 또는 생물화학적 특성을 갖고 있다. 특히 토양을 구성하는 점토와 부식 그리고 미생물을 포함한 토양생물 등에 의해 토양으로 유입된 오염물질을 이들의 상호작용을 통하여 정화시키는 작용을 수행하고 있다.

토양 중에는 수많은 생물들이 살고 있으며, 이들 중에서도 미생물의 역할은 특히 중요하다. 토양 중의 여러 가지 변화는 거의 미생물에 의하여 일어난다고 해도 과언이 아니다. 이들은 동식물의 사체나 잔재물을 분해하여 서서히 이산화탄소(CO_2), 물($H_2$2O), 질소가스(N_2) 등으로 무기화하여 대기 중으로 배출시킴으로써 토양을 정화하고, 분해산물 일부를 재합성하여 부식질을 형성케 하고, 또한 무기화작용에 의해 식물체에 양분을 공급하는 역할을 한다. 토양 환경적으로도 미생물의 역할은 아무리 강조되어도 지나치지 않다. 매년 많은 양의 농약, 토양 중에 버려진 폐기물도 미생물이 분해하여 처리할 수 있다.

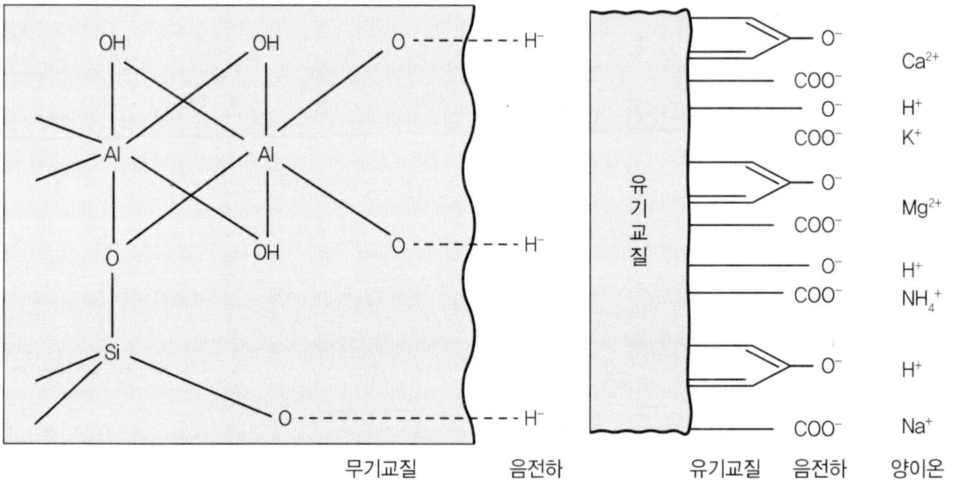

그림 1-5. 카오리나이트(Kaolinite) 토양의 무기 및 유기 교질의 음전하 모식도

토양의 부식질과 점토는 미생물에 의한 동식물 사체의 무기화작용과 모재로부터 유리된 칼슘이온(Ca^{2+}), 마그네슘이온(Mg^{2+}), 칼륨이온(K^{+}), 암모늄이온(NH_4^{+}) 등의 무기양이온을 흡착한다. 토양의 이러한 양이온치환용량(Cation Exchange Capacity, CEC)은 토양에 오염물이 유입될 경우 중금속과 같은 오염물을 토양이 흡착하게 되어 식물체로 흡수되는 양을 줄여주는 역할을 한다. 이러한 토양의 이온치환능력을 이용하여 오수를 토양에 침투시켜 정화시키는 토양정화법이 개발되었다.

5) 물질과 에너지 순환장소

토양은 물질순환(material cycle)과 에너지 이동(energy flow)이 일어나는 매질로서 농업활동은 환경과 생물, 생물과 생물 간의 끊임없는 물질순환과 에너지 교환에 기초하여 바이오매스(biomass)를 생성한다. 토양은 생물 다양성의 중요한 저장소로서 생태계 순환의 출발점이며 도착점이다. 지구상의 생명을 부양하기 위한 생산자인 식물의 기반이 되며, 최종 소비자의 분해가 일어나는 곳도 토양이다. 토양은 미생물과 여러 토양 동물과의 유기적인 체계로서 유입된 오염물의 처리장이며 순환을 위해 재생시키는 곳이기도 하다. 물질순환은 생물에 필요한 물질이 무기환경으로부터 생산자로 들어오고 먹이 연쇄를 따라 이동하지만 결국은 분해자에 의해 다시 무기환경으로 되돌아간다. 그러나 에너지는 소모되므로 순환되지 못한다. 이에 따라 생체구성 원소나 생물체의 활성에 의해 영향을 받는 화학원소들이 생태계 내에서 특별한 경로를 따라 전환되는 과정으로 생물, 지리, 화학적으로 이루어지므로 생물지리화학적 순환(biogeochemical cycle)이라 한다(그림 1-6).

이러한 순환은 생물이 생활하는데 필요한 30~40 가지의 원소들에서 주로 일어나는데 생물지리 화학적 순환은 산소, 질소, 탄소와 같이 대기나 해양이 주된 저장소로 되어 있는 기체형 순환과 인, 황, 철 등과 같이 지각(earth crust)이 주저장소인 퇴적형 순환으로 구별된다. 토양은 지구 생태계에서 물질순환에 있어 물과 대기환경의 중간자적 위치에서 작물의 지지하는 기반을 제공하고 수분과 영양분을 저장하고 공급하여 작물의 생육과 생태계 순환체계에 있어 완충역할을 수행한다.

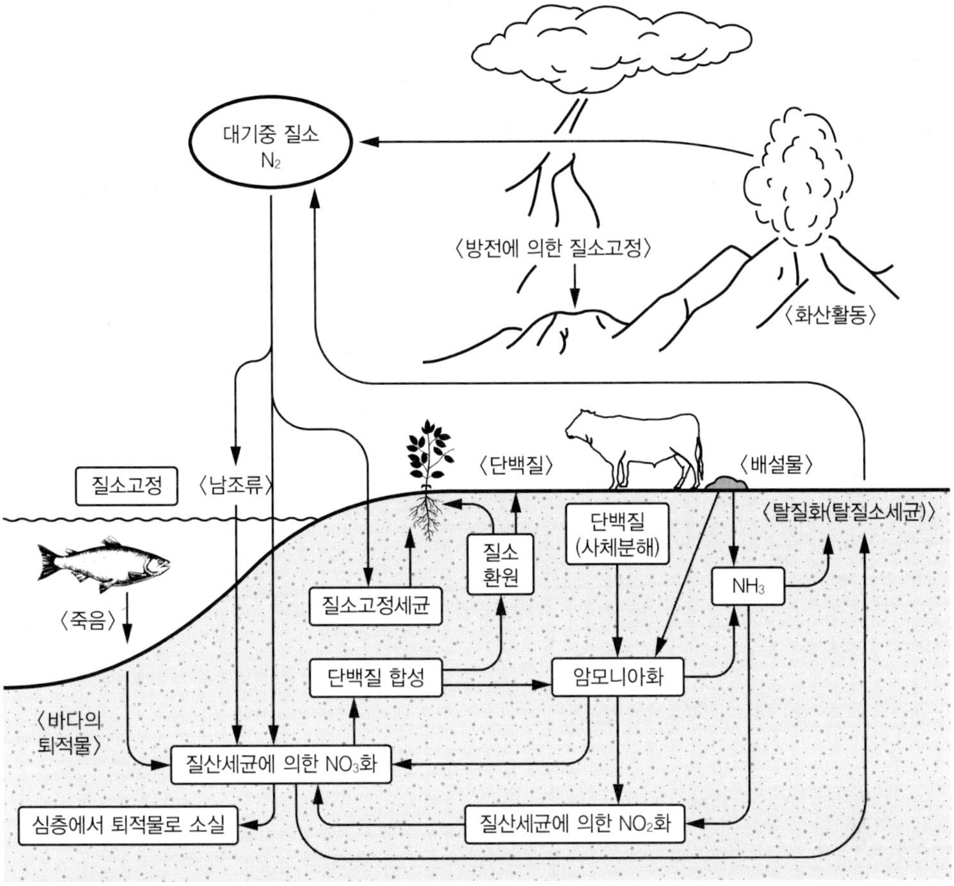

그림 1-6. 생태계에서 질소의 순환

4. 우리나라의 토양

우리나라는 전국토의 70% 이상이 산지이며, 남한의 경우 999만 ha 중 산림이 630만 ha로 63%가 산지로 세계에서 보기 드문 산악국이다. 남한은 농경지가 160만 ha(16%), 도시, 하천, 호수, 도로, 공단 및 기타 지역이 209만 ha(19%)이다.

우리나라의 경지면적은 1968년에 232만 ha(논 129만 ha, 전 103만 ha)로 최고를 기록한 이후 계속 감소해 왔다. 1980년 토지 이용현황은 경지면적 220만 ha 중 논면적이 131만 ha, 밭면적이 889만 ha 및 인구 3,812만 명이었으나 2000년에는 경지면적 189만 ha 중 논면적 115만 ha, 밭면적 740만 ha 및 인구는 4,727만 명으로 경지는 감소하고 인구는 증가하였다.

현재(2020년도) 농경지면적비율은 16%로 160만 ha이다. 연간 농경지의 감소면적을 보면 1980년 후반에 1만 ha미만이었으나, 1990년 전반에는 약 1만 9천 ha, 1990년 후반에는 약 2만 7천 ha로 급격히 감소하였다. 이는 공장용지로의 편입, 도시팽창에 의한 잠식, 그리고 경작조건이 불리한 지역의 경작 포기 등을 들 수 있으며, 앞으로 농경지 감소가 지속될 것으로 예상된다.

표 1-4. 우리나라 토지이용 현황

구분 \ 연도	1970	1975	1980	1985	1990	1995	2000	2020
총면적(만 ha)	984	988	989	991	992	992	998	999
산림(%)	67.2	67.1	66.3	95.9	65.7	65.0	64.3	63.0
경작지(%)	23.3	23.7	22.2	21.6	21.5	20.0	18.9	16.0
기타(%)	9.6	10.2	11.5	12.5	12.7	15.4	16.8	19.0

5. 우리나라 농경지 토양의 특성

우리나라 토양은 일반적으로 모래땅이 많고 산도(pH)가 낮으며 유기물 함량이 적어 척박한 토양으로 알려져 있다. 식량 및 작물 생산량의 증대를 위한 고농도 화학비료의 편중 사용과 가축분 부산물 비료의 대량 토양환원으로 특히 시설재배지 토양에서는 염류집적 현상이 나타나고 있으며 환경보전농법이 제대로 실시되지 않은 경사지 밭토양은 표토의 유실로 토양이 척박해 지고 있다. 또한, 산업화와 도시화에 따른 산업폐수 및 폐기물의 토양유입, 폐광산 인근 토양의 관리미흡은 농경지를 크게 오염시키고 있다.

우리나라 토양의 유효토심은 식물생육에 좋은 유효토심 100cm이상의 농경지 분포 비율은 논 61.4%, 밭 37.9%, 그리고 과수원 31.4%로서 논의 유효토심이 가장 깊다. 이는 논의 위치가 지형상 대부분 평탄지에 위치하여 토양입자가 퇴적되거나 토양유실이 적은 자연현상 때문으로 판단된다. 우리나라는 기후 특성상 7~8월에 집중강우(몬순기후)를 보이며 이로 인해서 경사지에 있어서는 토양유실이 심하여 토심이 얕은 토양이 생성된다. 반면 하천부근의 평탄지 및 산록하부는 충적물이 퇴적되어 토심이 깊은 토양이 된다.

표 1-5. 우리나라 농경지의 유효토심 분포(단위: cm)

유효토심	논토양	밭토양	과수원
20 이하	7.2	4.2	6.4
20~50	16.8	24.4	18.7
50~100	14.6	33.5	43.5
100 이상	61.4	37.9	31.4

1) 논토양(Lowland Soil)

논은 주로 표고가 낮은 지역에 분포되어 있으나 표고와는 관계없이 주위의 지형보다는 낮은 지대에 위치하고 있어, 지하수위가 높고 벼를 재배하는 기간 동안에는 담수상태에 있다. 지하수위가 높아 항상 물에 잠겨 있는 습답은 환원상태를 유지하므로 청회색의 글레이(Gley)층이 발달되었다.

표 1-6. 우리나라 논토양의 화학성 변화

연도	pH (1:5)	유기물 (%)	유효규산 (mg/kg)	치환성양이온($cmol^+/kg$)			유효규산 (mg/kg)
				K	Ca	Mg	
1960	5.5	2.6	78	0.23	4.5	1.8	78
1980	5.7	2.3	88	0.27	3.8	1.4	88
1990	5.7	2.7	80	0.32	4.3	1.5	80
2000	5.6	2.5	72	0.32	4.0	1.2	72
적정범위	6.0~6.5	2.5~3.0	130~180	0.25~0.30	5.0~6.0	1.5~2.0	130~180
적정치	6.5	3.0	130	0.27	5.0	2.0	130

*자료: 박, 2001 재인용

논토양은 토양비옥도가 비교적 낮은 산성토양으로 인산과 칼리함량을 제외하고는 대부분의 양분이 부족한 상태이다. 특히 다수확 위주로 논토양이 집중적으로 관리되었던 1980~1988년에는 농가에서 규산질 비료를 다량 시용하여 토양 중 규산(Si) 농도가 높았으나 1990년대 이후 노동력의 상승과 더불어 논농사에 대한 관심이 저하되어 시용이 불편하고 시비효과가 시각적으로 확연하지 못한 규산질 비료의 시용은 농민들이 기피하게 되어 규산농도가 낮아지게 되었다. 또한 다수확 정책에 의한 인산 및 칼리의 축적은 뚜렷하게 증가하는 경향이다.

2) 밭토양(Upland Soil)

밭에서는 논과 달리 다양한 작물이 재배된다. 우리나라의 밭은 대부분이 경사지인 곡간지 및 산록지에 위치하여 7~8월의 집중강우에 의한 표토의 유실로 지력이 저하되며, 예로부터 우리나라는 논을 중시하여 척박한 곳을 밭으로 이용하여 관개가 어려운 곳이 전체적으로 저위생산지이다. 밭은 곡간지, 선상지, 산록경사지 및 구릉지가 80.5% 정도로 분포하여, 침식으로 토양의 유실과 비료성분의 용탈이 심하여 지력이 낮은 척박한 토양이 대부분이다.

표 1-7. 우리나라 밭토양의 토양화학성 변화

연도	pH (1:5)	유기물 (%)	유효인산 (mg/kg)	치환성양이온($cmol^+/kg$)			염기 포화도(%)
				K	Ca	Mg	
1960	5.4	–	152	0.33	–	–	–
	5.7	2.0	114	0.32	4.2	1.2	55.5
1970	5.9	2.0	195	0.48	5.0	1.9	71.6
1980	5.8	1.9	231	0.59	4.6	1.4	64.0
1990	5.5	2.4	538	0.64	4.2	1.3	–
적정치	6.5	3.0	300	0.50	5.0	2.0	–

*자료: 박, 2001 재인용

밭토양은 산성이며, 치환성양이온의 함량이 낮다. 밭은 산화상태로서 유기물의 분해가 논보다 쉬워 부식함량이 적고 비옥도가 낮다. 화학적 특성으로는 양분유실이 많아 지력유지가 어려워 과다시비의 원인이 되고 있으며, 양분의 천연공급량이 적고 모재가 산성암이며 염기용탈이 심하여 강산성을 띠고 유기물이 적으며 인산 비옥도가 낮은 것이 특징이다. 최근에는 원예 및 특수재배지가 증가하여 일부 비료성분의 과잉집적으로 문제가 되고 있다.

즉 우리나라는 지금까지 벼농사를 중시하고 밭농사는 경제성이 낮다는 이유로 토양관리가 잘 이루어지지 않아 비옥도가 낮으며, 관개수에 의한 양분의 천연공급이 없고, 빗물에 의한 양분유실이 심하다.

표 1-8. 논과 밭토양의 차이

번호	구분	세부조건	논토양	밭토양
①	재배조건	수분상태	담수	건조
		수자원	관개시설 잘됨	자연강우 의존
		산소	적음(환원상태)	많음(산화상태)
②	토양	pH	산성(중성)	산성
		Eh(산화환원전위)	환원상태	산화상태
		유해물질 생성	황화수소(H_2S), 유기산	알루미늄 독성(Al)
③	영양(비료)	유기물 분해	느림	빠름
		지력(질소)	건토효과로 높음	적음
		인산	환원으로 유효화	고정으로 유효도 감소
		염기	관개수로 공급	용탈로 인해 감소
		미량원소	관개수로 공급	용탈로 인해 감소
④	작물생산	의존성	지력 의존	비료 의존

3) 시설재배지(Facility Cultivation Soil)

우리나라 90년대는 백색혁명(white revolution)이라고 할 정도로 시설재배가 크게 늘어나면서 신선채소의 주요한 생산수단이 되었다. 신선 과채류의 연중공급에 따른 시설재배는 집약적 다비농업으로 염류장해 및 과다시비에 따른 양분의 유출로 토양 및 수질오염의 원인이 되고 있다. 시설재배지는 노지재배지와 달리 완전히 피복되어 있어 강우가 차단되며, 온도가 높고 증발량이 많아서 표층에 염류집적이 문제되고 있다.

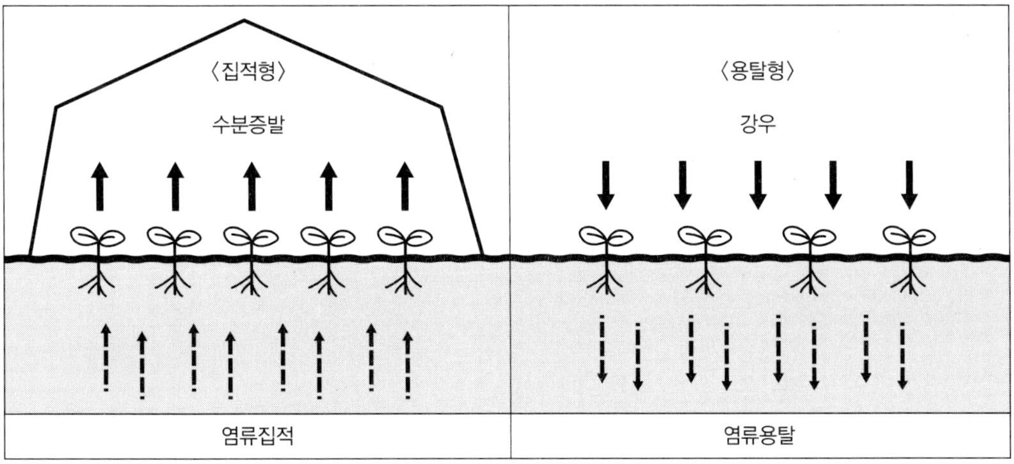

그림 1-7. 시설재배지와 노지재배지의 염류이동

비닐에 의해 강우의 차단과 연속적인 재배 등으로 인해 염류집적이나 양분의 불균형 및 가스 발생의 문제가 발생된다. 시설재배지는 재배횟수가 많고 수량을 많이 낼 수 있도록 유기질 및 화학비료를 많이 사용하여 집약재배를 하기 때문에 토양의 비옥도는 일반 밭토양에 비해 높고, 인산 같은 특정 성분은 과잉 집적현상을 나타내고 있다. 시설재배지 토양 중 수분이동 양상은 완전 피복된 상태이기 때문에 노지토양과 반대로 심토에서 표토로 수분이 이동하게 되므로 온도가 높고 증발량이 많아서 모세관 현상으로 염류가 표토에 집적되어 토양의 이화학성이 악화된다. 시설재배지 토양은 인산, 칼리를 비롯하여 모든 성분이 한계값 이상으로 높다. 이는 시설재배지의 경우 환경이 조절되는 조건하에서 강우 등에 의한 수분공급이 제한되며, 무기질 비료의 사용은 지속적으로 증가하고 축분으로 제조된 유기질 비료를 과량으로 시용한 결과로 질산태 질소의 함량까지도 높아 염류장해에 대한 피해가 예상된다. 특히, 유효인산의 농도가 적정범위를 상당히 초과하는데 이는 가축분뇨 및 비료의 과다시비에 따른 결과이다. 즉, 집약적 농업형태로 투입되는 비료량은 토양의 비옥도를 고려하지 않고 사용하여 염류집적, 지하수 오염 등의 원인이 되고 있다.

표 1-9. 시설재배지 토양의 이화학적 특성

구분	pH (1:5)	유기물 (%)	유효인산 (mg/kg)	치환성양이온($cmol^+/kg$)			질산태질소 (mg/kg)	염농도 (dS/m)
				칼리(K)	석회(Ca)	고토(Mg)		
과채류	6.0	3.5	1,002	1.11	6.5	2.5	141	2.27
엽채류	6.0	4.4	1,873	1.19	7.3	2.7	193	2.27
화훼류	5.8	3.7	1,638	1.22	6.1	1.9	91	1.40
평균	6.0	3.9	1,435	1.16	6.8	2.5	157	2.17
적정범위	6.0~6.5	2.0~3.0	350~500	0.7~0.8	5.0~6.0	1.5~2.5	-	2 이하

표 1-10. 우리나라 시설재배지 토양의 화학적 특성의 연대별 변화(농촌진흥청, 1999)

기간	pH (1:5)	유기물 (%)	유효인산 (ppm)	치환성(me/100g)		
				칼리(K)	석회(Ca)	고토(Mg)
1970	5.8	2.2	811	1.08	6.0	2.5
1980	5.8	2.6	945	1.01	6.4	2.3
1990	6.0	3.1	861	1.07	5.9	1.9
2000	6.0	3.9	1,435	1.16	6.4	2.3
적정범위	6.0~6.5	2~3	350~500	0.7~0.8	5~6	1.5~2.5

표 1-11. 시설재배지 건전지 토양의 화학성 비교

토양	pH (1:5)	유기물 (g/kg)	인산 (mg/kg)	치환성양이온 ($cmol^+/kg$)			질산태질소 (mg/kg)	EC (dS/m)
				석회(Ca)	칼리(K)	고토(Mg)		
건전지	6.3	23	1,068	5.6	0.92	2.0	172	2.5
적정수준	6.0~6.5	20~30	300~500	5.0~6.0	0.5~0.75	1.5~2.0	100~150	2.0 이하

4) 과수원(Orchard Soil)

과수원은 경사지에 조성되는 경우가 많아, 표토가 침식될 가능성이 매우 높다. 과수의 뿌리는 심근성으로 토양 중의 양분과 수분의 이용효율이 높기 때문에 토양의 통기성과 배수성이 나쁘면 생육이 불량해진다. 과수 재배 시 시설비가 많이 소요되며 전정, 적과, 병충해 방제 등을 적기에 실시해야 하므로 많은 노력이 필요하다.

우리나라의 과수원은 대부분 표토 및 양분의 유실이 심하고 관리가 불편한 경사지에 위치하고 있으며, 지력유지를 위해 유기물과 화학비료를 다량 투입하는 경향이다. 특히, 유기물은 축분퇴비의 의존도가 높아 문제가 되고 있다.

과수는 수령별 표준 시비량을 권장하고 있으나 다수확과 좋은 과실의 생산에 치중하여 토양의 완충능을 고려하지 않고 표준 시비량을 넘는 다비재배를 하고 있다. 과수의 시비량에 따른 반응은 다른 작물보다 둔하여 시비량이 과다 또는 부족하여도 당년에 그 증상 뚜렷하게 나타나지 않는 특징이 있다. 포도원의 층위별 양분함량은 토양층위가 깊어질수록 적어지는 경향이 뚜렷하였으며, 이는 표토에 살포된 비료성분의 이동성이 불량한 것을 알 수 있다.

표 1-12. 포도원 토심별 양분함량

항목	토심 (cm)	pH (1:5)	유기물 (%)	유효인산 (ppm)	치환성(me/100g)			석회/마그네슘
					칼리 (K)	석회 (Ca)	마그네슘 (Mg)	
표토	0~20	5.2	1.7	358	0.50	4.0	1.1	3.6
중간	21~40	5.1	1.2	207	0.36	3.9	1.1	3.5
심토	41~60	5.1	1.0	91	0.29	4.0	1.4	2.9

6. 토양보전(Soil Conservation)

1) 토양수분의 부족(Soil Moisture Deficiency)

사막화란 지금까지 사람이 살고 있던 토지가 생산성이 낮은 쓸모없는 땅으로 변하여 그곳에 더 이상 살 수 없어 다른 곳으로 옮겨가지 않을 수 없게 되는 상태가 되는 것을 말하는 것으로, 오늘날의 사막화는 유럽을 제외한 전대륙에 있어 큰 문제가 되고 있다.

우리나라와 같이 산지가 많은 국토에서는 토사의 붕괴, 토양유실과 토양침식이 많이 나타나며, 최근 10여 년간 낙동강 하구에서는 모래섬이 새로이 생성되고 있는데, 이것은 상류지역의 표토가 유실된 결과이다. 토양을 나대지로 방치하면 토양 표면은 태양에 노출되어 표토의 건조는 급속히 진전된다. 따라서 심토의 수분도 모세관을 따라 표토로 이동하여 증발하게 되어 심토의 수분마저 고갈된다. 이때 표토에서 수분은 증발되지만 수분에 용해되어 있던 염류는 표토에 잔류하여 쌓이게 된다. 이와 같이 염류가 집적된 염류토양은 염농도가 너무 높기 때문에 식물이 자랄 수 없게 되고 결국에는 사막으로 변하게 된다.

2) 토양염류화(Soil Salinization)

우리나라는 단위면적당 비료, 농약 등의 농자재 투입량이 많은 나라이다. 1997년도 이후부터 질소, 인산, 칼륨의 함량이 낮은 저농도 비료와 주문비료(BB비료, bulk-blending fertilizer)의 공급으로 비료사용량을 줄이려고 하였으나 농가의 관행적인 비료사용으로 단위면적당 비료사용량은 크게 줄지 않았으며, 부산물비료, 퇴비의 시용량은 지속적인 증가 추세를 보이고 있다. 염류집적의 문제는 건조 내지 반건조 지역과 간척지에서 자연적으로 나타나는 현상이나 우리나라에서는 간척지를 제외하고는 과잉시비와 불합리한 복합비료 과다사용, 시설재배지의 수분조절의 어려움으로 인한 용탈량의 감소 등에 기인한다.

토양에 염류농도가 증가하면 그에 따라 작물은 생장속도가 둔화되고 작물이 견딜 수 없는 한계농도 이상이 되면 생육억제현상과 가시적인 장해가 나타난다. 가시적인 장해로는 작물의 뿌리가 수분을 잘 흡수하지 못해 낮 동안 증산작용에 의한 수분부족으로 식물은 낮에 시들고 저녁에 생기를 찾는다. 잎의 가장자리가 안쪽으로 말리고 식물의 뿌리는 뿌리털이 거의 없고 길이가 짧으며 갈색으로 변한다.

과실의 경우 착색이 나빠진다. 또한 토양은 작물을 재배하지 않으면 표토에 흰가루가 나타나거나 푸른 곰팡이 또는 붉은 곰팡이가 발생한다. 붉은 곰팡이의 발생은 염류농도가 상당히 높은 경우이다. 염류의 축적은 작물의 생육부진과 병해에 대한 저항성을 감소시켜 생산성이 감소하거나 심하면 고사한다.

표 1-13. 시설재배지의 염류집적 방지를 위한 관리방법

구분	신규 시설재배지	기존 시설재배지
	양분축적 방지	토양 물리화학성 개량
관리방법	• 토양분석에 의한 최소시비	• 심경
	• 액비사용	• 태양열 소독
	• 완숙퇴비 및 미숙퇴비 혼용	• 우기에 피복비닐 제거
	• 고휴재배	• 심토와 표토를 혼화시켜줌, 신선토양으로 객토
	• 흡비작물 재배(1회/년)	• 배수처리(토성 및 지하수 깊이 따라 2~5m 간격)
	• 완숙퇴비 시용량(10톤 이하/ha)	• 볏짚시용(토양온도 상승, 근권에 산소 공급)

3) 토양침식(Soil Erosion)

토양침식은 경사지 밭토양의 심각한 문제로서 경사지에서의 토양의 유실은 토양의 생산성을 감소시킬 뿐 아니라, 작물의 종자 및 양분을 유출시키는 주원인으로서 작물생육을 저해한다. 같은 강우량과 강우 강도일지라도 토양침식은 경사도, 토양피복상태 등의 요인에 따라 달라지나 토양침식으로 인해 점토, 미사 등의 유실 뿐만 아니라 무기물 및 토양양분과 각종 유용 미생물도 함께 유실되며 토양의 산도가 높아지고 토양구조는 악화되어 보비력 및 보수력도 낮아진다. 우리나라 토양은 대부분 화강암에 유래된 조립질 토양으로 경사가 급하고 토양유실이 잘되는 특성이 있다.

표 1-14. 밭토양 경사도별 분포 면적과 토양유실량

경사도(%)	0~2	2~7	7~15	15~30	30 이상
면적(천 ha)	67	223	292	151	22
연간 토양유실량(톤/ha)	0.2	2.6	9.4	30.0	81.2

표 1-15. 경사지별 밭토양 기반조성 및 보전 농법

경사도(%)	면적(천 ha)	대책	개선방법
7 이하	290	기반조성	구획정리, 관개, 배수설치, 농로설치
7~30	443	보전대책	계곡침식 방지, 초생대, 승수로(intercepting drain), 계단 재배, 등고선재배
30 이상	22	과수원이나 초지로 전환	원래의 지형유지

자연 상태에서 1cm의 부식질 토양이 생성되려면 수십 년에서 수백 년이 걸린다. 토양은 인간을 포함한 모든 생명체의 삶의 터전이며 여러 가지 요인에 의해 토양의 비옥도가 결정된다. 토양은 생명체의 모체로서 세계문명의 발상지는 흙의 생명력과 운명을 같이 하고 있다. 오늘날 재배환경이 당면하고 있는 문제는 농업의 지속성 유지, 안전농산물 생산, 및 환경보전이다. 인간의 삶의 질을 위하여 자연환경과 조화된 환경 조화형 농업의 확립이 필요하며 후손에게 잘 관리된 지속가능한 농업환경을 물려주어야 할 것이다. 역사적으로 찬란한 문화와 문명을 꽃 피운 지역은 좋은 기후와 토양을 가졌으며, 여러 요인으로 토양이 제 기능을 발휘하지 못한 곳은 황폐화된다는 것을 역사가 증명하고 있다.

제4절 기상환경과 농업

농작물의 재배에서 작물의 생육에 가장 큰 영향을 미치는 요소 중의 하나가 기상요소다. 이 기상요소에는 작물의 생육에 필수적 요소인 수분, 대기, 온도 및 광이 포함되어 있다. 이들 기상요소들은 작물의 일생동안에 알맞게 구비되어져야 하고 너무 지나치거나 부족하면 작물생육에 여러 가지 장해를 유발하게 되는데 이것을 총칭하여 기상재해라고 한다.

예를 들어 작물이 자라는데 수분은 파종에서부터 성숙기까지 없어서는 안 될 중요한 환경요소이다. 그러나 각각의 생육단계에서 수분이 지나치게 많이 공급되면 모든 농작물은 수분과부족장해 즉, 습해나 수해를 유발하게 되고, 너무 적게 공급되면 한발의 해를 받게 된다. 그리고 지상의 공기를 대기(atmosphere)라고 하는데, 대기의 조성은 특별한 경우를 제외하면 대체로 일정하게 유지되고 있고, 주요 성분별 용적비로 질소가스(N_2)가 약 79%, 산소가스(O_2)가 약 21%, 이산화탄소(CO_2)가 약 0.04% 인데, 최근에 환경오염 등으로 CO_2의 농도가 높아지고 있다. 농작물의 생육에는 공기의 조성도 중요한 역할을 하지만 온도차에 의해 발생하는 공기의 움직임 즉 바람의 영향도 매우 크다. 바람이 일정한 세기(4~6km/hr) 이상 강하게 불 때는 작물의 생육에 결정적인 피해를 주게 되는데 이것을 풍해(wind injury)라고 한다.

작물은 일생동안에 복잡한 물리화학반응, 즉 생리대사작용을 하게 되는데 이러한 반응들은 온도에 의해서 조절된다. 작물의 생육이 가능한 범위의 온도를 유효온도라고 하며, 작물 생육이 가능한 가장 낮은 온도를 최저온도라 하고, 가장 높은 온도를 최고온도라 한다. 그리고 작물의 생육이 가장 왕성한 온도를 최적온도라고 한다. 작물의 생육기간동안에 각각의 작물이 이용할 수 없을 정도의 낮은 온도나 높은 온도에 일정기간 이상 처하게 되면, 생육이 저해되는데 낮은 온도로 유발되는 피해를 저온정도에 따라 냉해(cold injury)와 동상해(freezing injury)로 구분되고, 고온피해의 경우도 목초류의 하고현상(summer depression)과 작물의 열해(heat injury)로 구분된다.

식물은 광합성에 의해 필요한 유기물을 생산하는데 이때 가장 중요한 환경요소가 광이다. 광합성에는 675nm를 중심으로 한 620~770nm의 적색부분과 450nm를 중심으로 한 300~500nm의 청색과 자색의 부분이 가장 효과적이다. 작물의 생육에 미치는 광의 영향은 광의 세기(광도, light intensity), 광의 파장(광질, light quality), 광의 길이(일장, day length)로 구분된다. 광의 세기와 길이는 위도, 표고, 계절에 따라 다르고 하루 중 광의 길이는 지속시간과 작물의 화성유도(floral induction)와의 관계를 근거로 장일성작물(long day crop)과 단일성작물(short day crop)로 구분하기도 한다. 이처럼 기상환경은 농작물의 전 생육기간 동안에 영향을 미치며, 어느 한 가지 요소라도 작물이 필요로 하는 한계를 벗어날 경우에는 생산량에 결정적인 영향을 미치게 된다.

최근 세계 각국의 산업발전과 더불어 야기되고 있는 환경오염 문제, 과도한 산림의 채벌과 도시화, 인간의 무분별한 환경파괴 등으로 인하여 자연생태계에 갖가지 이상이 초래되어 이것이 기상이변으로 이어지면서 농작물의 안정적인 생산마저 위협하고 있다. 지구촌 곳곳에서 발생되고 있는 예측불허의 폭풍과 폭우, 지구의 온난화, 산성비, 관개수의 부족과 사막화, 오존층의 파괴 등과 같은 것이 그 좋은 예이다.

1. 지구온난화(Global Warming)

기후변화 중에서 지구온난화는 산업혁명 이전에도 자연계에서 있었던 현상이지만 20세기 들어서 석탄 혹은 석유와 같은 화석연료의 사용량 증가와 과도한 산림벌채 등으로 인한 산림훼손으로 그 속도가 점점 빨라지고 있다. 지구온난화에 의한 지표기온 상승으로 스모그(smog) 형성이 촉진되고, 대기 순환과 강수 형태의 변화로 결국 산성물질의 수송과 침적에 변화를 일으키게 되는데, 이러한 현상으로 발생하는 산성비는 이산화탄소의 주요 흡수원인 산림을 훼손시켜 지구온난화를 가속시키게 된다. 지구온난화의 직접적인 원인은 이산화탄소와 같은 온실기체가 대기 중으로 배출됨으로써 일어나는 온실효과 때문인데, 자연계에 존재하는 대표적인 온실효과를 유발하는 기체는 수증기와 이산화탄소이다. 온실효과 기체라는 것은 가시광선은 투과시키지만, 적외선을 잘 흡수하는 광학적 성질을 가진 기체이다. 대기 중에 포함된 다른 주요한 성분, 질소, 산소, 아르곤 등은 적외선을 흡수하는 성질이 없어 온실효과기체가 아니다. 한편, 프레온가스, 할론가스(halon gas, 오존층을 파괴하므로 우리나라에서는 2010년부터 생산이 금지됨), 메탄 등의 유기가스, 질소산화물, 오존 등은 적외선을 잘 흡수하는 온실효과 기체이다.

태양에서 지구로 오는 빛 에너지 중에서 약 34%는 구름 등에 의해 반사되고 지표면에는 약 44% 정도만 도달한다. 지구는 태양으로부터 받은 이 에너지를 파장이 긴 적외선으로 방출하는데, 이산화탄소가 적외선 파장의 일부를 흡수한다. 적외선을 흡수한 이산화탄소 내의 탄소 분자는 들뜬 상태가 되고, 안정 상태를 유지하기 위해 에너지를 방출하는데, 바로 이 에너지가 지구의 온도를 높이는 것이다. 즉 지구온난화는 여름과 낮에 흡수된 태양에너지가 겨울과 밤에 같은 양이 방출되어야 하는데 이 균형이 깨져서 생기는 현상이다.

지구의 평균기온이 현재와 같이 15℃ 유지할 수 있는 이유는 바로 이 대기와 물의 효과 때문이다. 달의 표면이 태양이 비추는 쪽은 100℃가 넘고 반대쪽은 영하 200℃가 되는 이유는 대기가 없어 대기와 물의 효과 현상이 없기 때문이다. 다시 말하자면, 지구를 둘러싸고 있는 안정된 대기와 물 때문에 생물들이 지구상에서 살 수 있는 것이라 할 수 있다. 그런데 온실효과는 지구의 대기층이 흡수한 에너지만큼 야간이나 겨울철에 방출해야 하는데 온실효과 기체가 이를 막아 지구온도가 상승하는 현상이다.

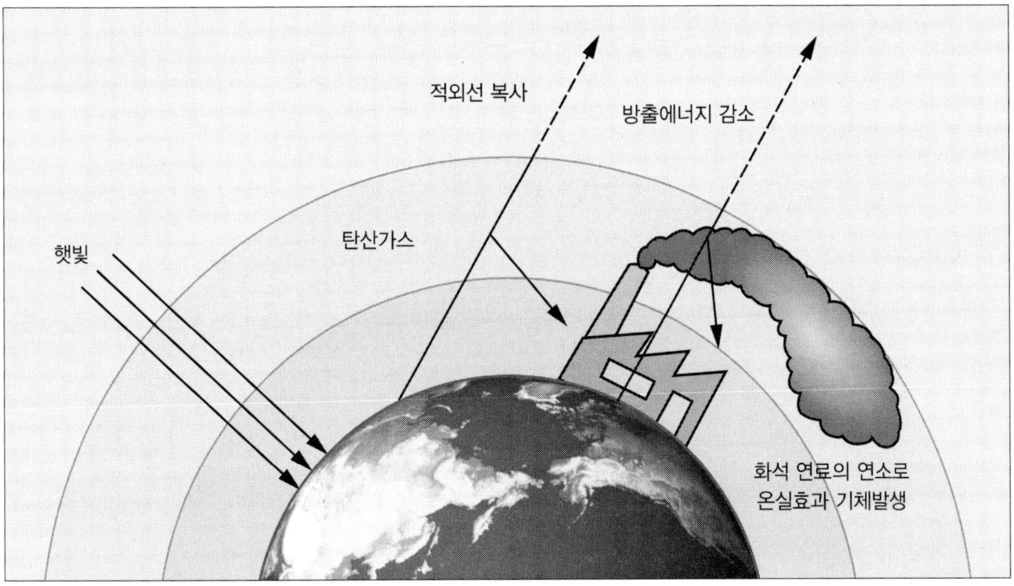

그림 1-8. 지구온난화 현상의 모식도

지구온난화가 사람에게는 심한 뇌출혈을 일으킬 수 있고, 유행성 감기와 유사한 징후를 가진 바이러스성 질병인 '뎅기열(breakbone fever)'은 열대지대와 아열대지대 이외의 지역으로도 확대되고 있다. 과거 10년 동안, 아르헨티나의 부에노스아이레스, 북부 오스트레일리아의 일부지역 그리고 멕시코에서 질병이 확인되었다.

지구온난화가 진행됨에 따라 지구 전역에 걸쳐 강수량의 변화가 일어나며 기압과 토양 수분의 변화가 일어난다. 이 때문에 기상재해가 일어날 가능성이 커진다. 기후변화에 따라 재배작물의 종류와 생산량도 크게 변한다. 식물은 종에 따라 생육에 알맞은 온도를 갖고 있어 온도가 맞지 않을 경우 생육이 불가능해지게 된다.

2. 산성비(Acid Rain)

정상적인 비는 pH 5.6 정도로 알려져 있다. 빗물이 약간 산성인 것은 공기 중의 이산화탄소가 물에 녹아서 약한 산성인 탄산을 형성하기 때문이다. 산성비란 pH 4이하인 비를 말한다. 주로 공장이나 발전소, 자동차 등의 각종 오염원에서 대기 중으로 방출된 황산화물(sulfur oxide)과 질소산화물 같은 대기오염 물질이 대기 중에 있는 수증기와 작용하여 강산성의 황산이나 질산을 형성하고 이것이 빗물에 씻겨 떨어지는 현상을 말한다. 다시 말해 산성비는 대기에서 산성의 물질을 제거하는 과정에서 생기는 현상이다. 최근 황배출량은 줄어드는 반면 질소산화물의 강하량은 증가하고 있는데 이것은 황을 함유한 오염원의 사용이 줄어드는 반면 자동차가 급증한 것 때문으로 보인다.

질소산화물(nitrogen oxide)은 각종 공장, 화력 발전소, 자동차 등에서 주로 발생하고 가정에서 석유나 석탄 등의 연료를 태울 때도 발생된다. 산성비는 공기 중으로 배출된 산성 물질이 비에 녹아내릴 때 생기는데, 대표적인 산성 물질에는 아황산가스와 질산화물이 있다. 이런 물질들은 수분이 존재하면 쉽게 황산이나 질산, 염산 등과 같은 강산으로 변하여 구름이나 빗물에 스며들어 산성비, 산성안개, 산성 눈의 형태로 지표면으로 떨어진다.

산성비로 인한 피해는 아래와 같다.

① 사람의 눈이나 피부를 직접적으로 자극하여 불쾌감이나 통증을 일으킬 수 있다. 산성비 속에 포함된 질산이온은 몸속에서 발암물질인 니트로소아민(nitrosoamine) 화합물로 변한다는 것이 알려져 있으며 위암발생과 관계가 있다고 한다.

② 식량 생산에 영향을 미친다. pH 5가 되면 벼와 밀, 보리의 광합성이 저하되고, pH 4에서는 수량 손실이 초래된다. 무, 당근, 겨자, 채소 등도 pH 4에서 수확이 감소되며 그 이하가 되면 농작물의 피해는 커진다.

③ 토양이 산성화 되면 알루미늄이나 중금속에 의한 장애를 일으킬 수 있다.

④ 예술적 가치가 있는 역사유물에 부식을 일으킨다. 석회암과 대리석으로 된 동상들의 손상은 매우 심각하게 나타난다. 수많은 동상과 기념물들은 지난 200년 기간보다 최근 50년 동안에 산성비로 인해 더 큰 부식이 일어나고 있다고 한다.

3. 사막화(Desertification)

UNEP(United Nation Environment Programs, 국제연합환경회의계획)의 지구 사막화 평가에서 사막화란 '부적절한 인간 활동에 기인하는 건조, 반건조, 건성, 반습윤 지역에서의 토지

황폐화 현상'이라고 정의하였다.

사막화의 원인에는 자연적 원인과 인위적 원인 두 가지로 나누어 생각할 수 있다. 먼저 자연적 원인으로는 지구의 대기 대순환의 변화에 따른 고기압대와 저기압대가 변동하여 고기압대가 위치한 곳에서 비가 오지 않게 되어 사막화되는 현상을 들 수 있다. 그 예로 사하라 사막을 들 수 있다. 이렇게 자연적으로 사막화가 된 경우는 어쩔 수 없다고 하더라도 현재 문제가 점점 심각해지고 있는 인위적인 원인에 의한 사막화는 인류가 관심을 가져야만 한다. UNEP의 사막방지 회의에서 세계 45개 지역의 사막화 현상을 조사한 결과, 이상 기후나 기상 조건의 변화로 인한 자연적인 원인에 의해 사막화가 된 경우는 13% 정도이고, 나머지 87%는 인위적인 영향에 의해 사막화가 이루어졌다고 추정하고 있다. 최근에 와서 인위적인 원인에 의한 사막화에 관심이 모아지고 있는데, 이는 이산화탄소와 같은 온실효과 가스에 의한 지구온난화 현상으로 대기의 기온이 상승하여 사막화가 더욱더 가속화된다는 것이다. 또한 산림의 벌채나 빗물의 산성화로 인해 토양이 산성화되어 식물이 살 수 없는 사막화로 발전되기도 한다. 산림 벌채에 의한 인위적인 사막화의 대표적인 예가 아프리카의 사헬 지방과 인도네시아, 브라질 등이다. 지구의 허파 역할을 하는 열대 우림지의 산림 파괴는 대기 중의 이산화탄소량을 증가시켜 지구 온난화를 가중시킬 뿐만 아니라, 지구환경오염의 모든 문제와 관계가 있으며, 특히 사막화의 직접적인 원인이라고 할 수 있다.

관개농업(irrigation farming)으로 물이 과잉 공급되면 지하수면이 상승하고 이로 인하여 지하수가 모세관 현상을 통해 지표로 스며 나와 수분이 증발하게 된다. 그 결과 포함되어 있던 염류가 지표로 나오게 된다. 이와 같은 과정을 거쳐 토양이 염류화 되어 사막화가 이루어진다. 티그리스강과 유프라테스강의 지류에 위치하는 이란 북서부의 쿠르디스탄은 토양의 염류화가 급격히 진행되고 있는 지역이다. 이 지역의 농지는 옛부터 관개수에 의해 유입된 물질로 구성되어 있어서 석회가 풍부하다. 때문에 대량으로 관개를 하면 단시간에 많은 양의 소금이 지표에 집적되어 소금의 대지로 변하게 된다. 오늘날에는 관개 설비가 정비되어 물을 자유로이 관리할 수 있게 되었다. 그 결과 광합성 효율이 높은 고온 건조기에도 농작물 재배가 가능해졌다. 그러나 이 기상 조건에서는 증발이 매우 활발하기 때문에 토양의 염류화에 의한 사막화를 초래할 수 있다.

오늘날의 사막화는 인간 활동에 의한 인위적인 요인이 큰 비중으로 작용하고 있다. 건조지대에서 반습윤 지대에 걸친 지역에서는 강수량의 변동이 크고 가뭄과 홍수가 빈발한다. 이러한 자연적인 원인이 사막화의 도화선이 된다. 그리고 지나친 방목이나 경작, 산림의 과잉 벌채, 화전, 적절하지 못한 관개, 대기오염 물질에 의한 지구온난화 및 산성화 등도 사막화를 가속화시키는 원인이 되고 있다. 사막화가 진행되면 식생 파괴, 토양 침식, 모래의 집적, 토양의 열 악화 등 사막화 특유의 여러 현상이 나타나고 최종적으로는 식량 생산 기반 그 자체를 파괴하게 될 것이다.

4. 오존층 파괴(Ozone Depletion)

미국 항공우주국(NASA)은 지난 1993년 2월 26일 남극 대륙 상공의 오존층은 절반가량이 파괴되었으며 오존홀이 점점 넓어지고 있다"고 발표했다. 그리고 이 남극 오존층에 생긴 구멍의 넓이는 남한 면적의 323배에 이르는 3,200만 km^2이라는 것이다. 지상 16~48km 사이의 성층권에 형성되어 있는 오존층은 태양으로부터 지구에 방사되는 유해 자외선을 거의 흡수하는데, 이 오존층을 파괴하는 물질이 프레온 가스(freon gas)라고 불리는 염화불화탄소(CFC)이다.

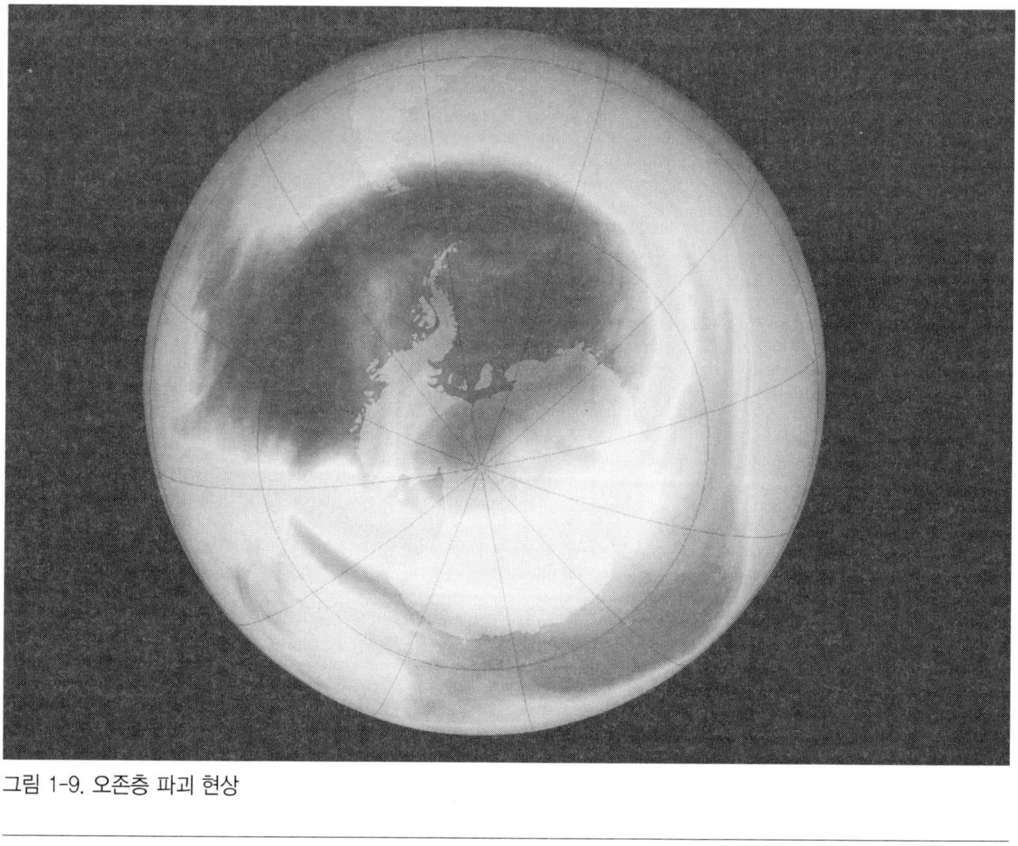

그림 1-9. 오존층 파괴 현상

염화불화탄소(CFC)는 무활성, 무독성으로 냉장고, 자동차 등에서 에어컨의 냉매, 스프레이의 추진제, 플라스틱의 발포성 가스, 반도체 칩의 세정액 등으로 널리 사용되어 왔다. 그러다가 1985년 이 물질이 오존층을 엷게 하는 원인 물질로 밝혀짐에 따라 사용이 규제되고 있다. 염화불화탄소(CFC)는 대기권에서는 안정되어 있지만, 성층권에 올라가면 분해되는데, 이때 염화불화탄소(CFC)의 염소는 오존을 공격하여 일산화염소와 산소를 분리시킨다. 이 과정이 반복되어 오존층이 파괴되는 것이다. 이러한 염소 원자는 오존이 형성되는 속도보다 10만 배나 빠르며, 염소 원자 하나가 1만개의 오존을 파괴하면서 70~100년 가까이 성층권에 머무르는 것으로 알려지고 있다. 오존층이 파괴되면 유해 자외선이 지구로 유입되면서 지구의 생명체를 위협하게 된다. 그 예로 오존 1%가 감소하면 지표로 쏟아지는 유해 자외선의 양이 2%나 증가하여 피부암의 발생률이 4~6%가량 높아지며, 과도한 자외선은 물질의 화학 결합을 깨뜨려 생명의 본질인 DNA분자를 분리시키기 때문에 피부암과 백내장을 유발시킨다.

오존층 파괴 방지 대책은 오존층을 원상 복귀시키는 것 이외에는 다른 해결 방안이 없다. 이에 따라 선진국에서는 염화불화탄소(프레온 가스)의 생산을 금지하고 다른 대체 물질로 바꾸기 위하여 지난 1986년에 '몬트리올 의정서'를 맺었다.

염화불화탄소(CFC)는 세정제, 에어컨, 스프레이 등 우리 생활 주변에서 매우 광범위하게 사용되고 있다. 오늘날에는 과거에 냉장고나 에어컨에 많이 사용한 프레온 가스나 사염화탄소(CCl_4)의 생산을 중단하고 사용량도 점차 줄여나가고 있다. 최근에 생산되고 있는 냉장고나 에어컨에는 오존층을 파괴하지 않는 환경에 친화적인 냉매로 교체하여 사용하고 있다.

제2장
작물의 유전육종

제1절 작물의 개량

인류는 지구상에 나타나 식물의 잎, 줄기, 열매 등을 먹고 살기 시작하면서 이용할 수 있는 부분의 생산이 상대적으로 많고, 맛과 빛깔이 좋은 것을 선택해 왔다. 식물은 오랜 기간동안 환경에 적응하면서 돌연변이와 자연교잡으로 유전적 다양성(多樣性, diversity), 즉 변이(變異, variation)를 형성하게 되었다. 인간은 이러한 변이집단에서 이용 목적에 적합한 형을 선발하여 다음 대에 그 씨앗을 재배하는 방법으로 식물을 개량하는 활동을 해 왔다(선발육종법). 식물육종은 식물의 유전형질을 개량하는 기술이다. 육종기술도 초기에는 주로 눈으로 보고 우량형(優良型)을 감별하는 수준이었으나 유전학을 비롯한 관련분야의 발전으로 이제는 개량하고자 하는 목표형질에 대한 과학적인 육종전략의 수립뿐만 아니라 육종결과의 예측도 가능하게 되었다.

농업 생산에서 작물의 품종이 갖는 유전적 특성은 재배기술 및 환경과 함께 작물의 생산력을 구성하는 세 가지 요인 중의 하나이다. 여기서 재배기술이나 환경은 그 자체가 한 가지 이상으로 구성되어 있으나 품종의 유전적 특성은 하나로 되어 있으면서도 생산성을 좌우한다는 점에서 그

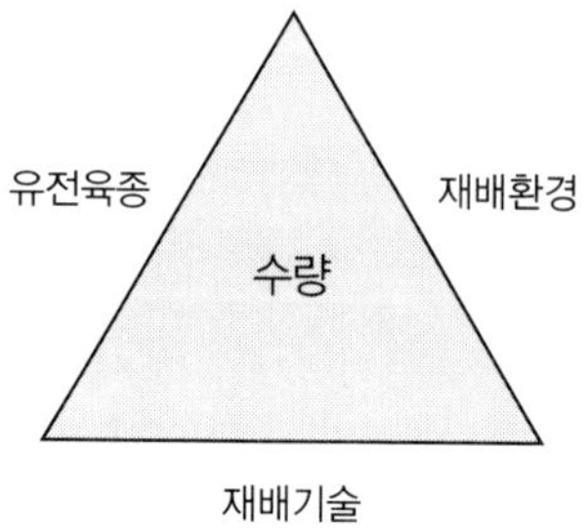

그림 2-1. 수량의 3각형

중요성이 크다고 할 수 있다. 인류는 그 삶을 영위하기 위하여 언제나 먹을 것을 확보해야만 하였다. 그러나 작물의 생산은 한발, 홍수, 냉해 등과 같은 자연재해와 병, 해충, 잡초의 피해로 안정되지 못하여, 늘어나는 인구의 식량수요에 부족하였고 경우에 따라서는 식량 기근에 시달리기도 하였다. 이와 같은 작물 생산의 불안전성은 인류에게 하루도 떠나지 않는 심리적 압박이 되어왔고, 앞으로도 이러한 식량문제는 계속 될 것으로 예상된다. 영국의 맬서스(Malthus)는 인구는 기하급수적으로 늘어나는데 식량생산은 산술급수적으로 증가하기 때문에 전쟁이나 재해로 인구증가율이 둔화되지 않으면 50년 후인 1850년대가 되면 영국은 식량부족이라는 큰 재앙에 처하게 될 것으로 내다보았다. 그러나 품종개량을 비롯한 농업기술의 발전으로 예측한 상황이 실제로 일어나지는 않았으나 식량문제는 늘 인류의 뇌리에 한시도 떠나지 않는 걱정거리가 되어 온 것은 사실이다.

우리가 사는 오늘날에도 식량은 환경, 에너지문제와 함께 인류가 공동으로 걱정하고 풀어가야 할 숙제임에는 변함이 없다. 이러한 식량문제 해결에 농작물의 품종개량 즉, 육종의 성과는 그 무엇보다도 컸고 앞으로도 그러한 역할은 계속될 것이다. 지난 1970년대 이전까지만 해도 우리나라 역시 식량이 크게 부족한 만성적인 식량부족 국가에 속했다. 1960년대에 국가 경제개발계획 수립과 더불어 식량증산에 대한 국가적 지원이 증대되고 식물 육종가를 비롯한 연구자와 농업인들의 부단한 노력으로 1970년대 후반에는 주곡의 자급달성이라는 커다란 성과를 이룩하게 되었다.

대표적인 사례로 쌀 생산량을 획기적으로 높인 “통일형” 벼품종의 개발을 들 수 있다. 채소작물의 경우는 자가불화합성, 웅성불임성 등을 활용한 일대잡종 개발을 통하여 국내 수요를 충족함은 물론 수출산업으로까지 발전하게 되었다. 과수에서도 국내에서 개발된 신품종의 수와 재배면적이 늘어나면서 도입품종을 대체해 가고 있다. 우리나라에서 이룩한 이러한 육종의 성과를 작물의 주요 형질과 특성에 따라 정리해 본다.

1. 수량 증대(Increase in Quantity)

대부분의 작물에서 품종개량의 첫 번째 목표는 다수확 품종의 개발로 수량을 증대시키는 것이었다. 수량 증대의 사례는 우리나라의 주곡 작물인 벼와 오늘날 벼 다음으로 경제적 중요성을 가진 고추를 중심으로 살펴보고자 한다. 지난 세기부터 현재까지 벼의 단위면적(10a)당 수량이 어떻게 증가되어 왔는가를 보면, 1910년대 초의 10a당 정곡 수량은 110kg대에 머물렀는데, 이를 600kg을 상회하는 현재의 수량과 비교하면 1/5도 되지 않는 수준이었다(그림 2-2).

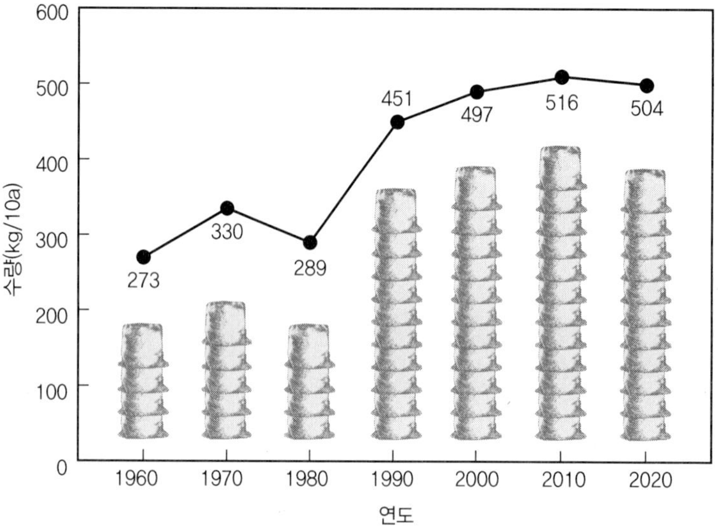

그림 2-2.
벼의 단위면적당 수량 변화

〈다수확 벼 품종개발을 위한 인공교배〉

〈4계절 재배가 가능한 세대촉진 온실〉

그림 2-3. 다수확 벼 품종의 개발과 쌀 증산

우리나라에는 1960년대까지만 해도 '보릿고개(보리가 성숙이 되지 않아 먹을 수 없는 시기에 쌀은 떨어져 먹을 것이 없는 매우 어려운 때, 즉 5월에서 6월 상순)'라는 말이 있었으며 '초근목피(풀뿌리와 나무껍질)'로 연명을 한다는 말이 있었다. 단위면적당 수량이 지금의 1/5~1/6밖에 되지 않는 상태에서 가뭄, 홍수, 병해충 등에 의한 생산의 불안정을 감안하면 해에 따라 식량부족에 허덕이는 경우가 많았음을 알 수 있다. 단위면적당 수량은 1960년대까지 완만히 증가 해 오다가

1970년대 초에 "통일벼"를 포함한 통일형 벼가 재배되면서 획기적으로 증대되었다. 그러나 쌀이 자급된 이후 1980년대에 들어오면서 품질에 대한 요구도가 높아짐에 따라 육종의 방향이 다수성에서 품질 쪽으로 바뀜에 따라 수량은 비슷한 수준으로 유지되어 2004년도 현재 10a 당 수량은 500kg 정도에 머물고 있다. 이러한 생산량의 증가에는 품종의 개량과 함께 수리 안전답의 증가, 병해충 방제를 포함한 재배 기술의 향상도 크게 기여하였다.

고추의 경우 1970년대까지 건고추 수량이 10a당 130~140kg 수준이었으나 1980년대에 들어 빠른 속도로 증가하여 200kg을 넘어서기 시작하였고, 1990년대에도 계속 증가하여 2020년대에는 267kg에 달하고 있다(그림 2-4). 이와 같은 수량의 증대는 수량성이 높은 일대잡종의 개발보급과 비닐피복기술의 도입에 크게 기인하였다고 할 수 있다. 특히 일대잡종 생산에 세포질웅성불임성(cytoplasmic male sterility, CMS)을 이용한 예는 국내 고추 육종의 쾌거라고 할 수 있다. 고추의 세포질 웅성불임성은 Peterson(1955)에 의해 미국에서 처음 발견되었으나 이의 실용화는 국내에서 먼저 이루어졌다.

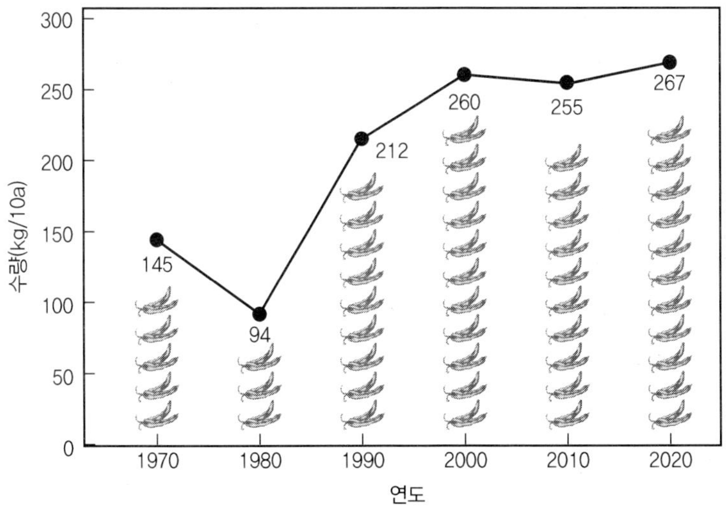

그림 2-4.
노지재배 고추의 수량 변화

2. 수확기의 조만성(Earliness)

농작물의 수확시기를 앞당기는 조숙성(早熟性)은 대부분의 작물에서 중요한 육종목표 중의 하나이다. 우리나라는 농경지 면적이 넓지 못하기 때문에 한정된 면적에서 여러 작물을 재배하는 작부양식을 택해왔다. 논의 경우도 과거에는 여름철에 벼를 재배하고 겨울부터 이듬해 봄까지는 보리를 재배해 왔다. 이처럼 논에 벼를 앞그루로 재배하고 보리를 뒷그루로 재배하는 것을 2모작이라 하고, 벼만 재배하는 것을 1모작이라 한다. 논의 경우는 보리가 일찍 수확되지 않으면 벼를 적기에 이앙할 수 없다. 따라서 논에서 벼와 보리를 안전하게 생산하기 위해서는 생육기간이 짧은 조숙성 품종을 재배하는 것이 유리하다. 최근에 농가소득증대를 위해 논에 벼를 이앙하기 전이나 벼를 수확한 후에 여러 가지 소득 작물을 재배하고 있는데 이 경우에도 벼의 숙기는 짧을수록 유리하므로 조생종 품종을 택해야한다. 이처럼 논에서 벼를 재배하는 기간 이외에 다른 작물의 생산이 가능하게 된 예는 거기에 맞는 조생종 벼 품종이 개발되었기 때문이다.

원예작물의 경우도 조숙성은 단경기에 하루라도 빨리 수확하여 시장에 출하시켜 좋은 값을 받을 수 있기 때문에 수익성과 직결되는 중요한 특성이다. 고추, 수박, 참외와 같은 과채류와 사과, 배, 복숭아 등의 과실류는 조숙성이 소득과 직결되는 중요한 형질이 되어 왔기 때문에 과거보다는 수확시기가 앞당겨진 조생품종들이 많이 개발되어 있다. 그러나 조숙성은 다수성이나 저장성과는 반대의 방향으로 움직이는 경향이 있어서 조숙과 다수성을 겸비한 품종의 개발은 육성가가 해결하기 힘든 과제 중의 하나이다. 그리고 지역이나 재배형태에 따라 중생종이나 만생종의 재배가 유리한 곳도 많다. 따라서 육종가들은 다양한 기후상태나 여러 가지 작부체계에 적응하는 품종을 개발해 오고 있다.

과실류의 경우도 조생종, 중생종, 만생종 등으로 품종이 분화되어 있으며, 저장력도 이와 같은 순서로 증가하는 경향이다. 과수의 경우는 종래에는 주로 일본 품종들이 도입되어 재배되어 왔으나 원예특작과학원에서 과수 품종을 꾸준히 개발함에 따라 일본 품종들을 대체해 가고 있으며, 황금배 등 일부 품종은 중국 등 해외에까지 보급되고 있다.

3. 병해충 저항성(Pest Resistance)

병과 해충의 발생은 수량감소로 이어져 가장 큰 생산 불안정 요인이 되어왔다. 따라서 병에 강한 품종의 육성은 생산의 안정과 방제노력 및 농약대의 절감이라는 일석삼조의 효과를 거둘 수 있기 때문에 품종 육성에 많은 부분을 차지해 왔다. 벼의 경우 1970년대에 보급된 통일형 품종은 생산력이 높기도 하였지만 도열병을 포함한 주요 병해에 강하여 병으로 인한 손실이 적은 것도 수량 증대에 크게 기여하였다. 이러한 저항성 품종의 개발은 처음에는 한 두가지 병해에 강한 품종을 육성하였지만 육종기술이 발전하면서 여러 가지 병, 해충에 저항성을 보이는 복합저항성 품종들이 개발되었다. 그러나 저항성 품종의 재배기간이 길어지면 이를 무력화시키는 새로운 레이스(菌型, race)가 출현하게 되고, 육종가들은 이에 대응하여 새로운 저항성 품종을 육성하는 인류와 병원균과의 밀고 밀리는 싸움은 계속되고 있다.

원예작물에서도 병, 특히 바이러스병에 대한 저항성은 우량품종의 기본요건이 되었으며, 육종가들은 이를 위해 많은 노력을 기울이고 있다. 그 결과 현재 재배되고 있는 대부분의 채소류는 주요 바이러스병에 대해 상당한 수준의 저항성을 가지고 있다. 근래에는 바이러스병과 더불어 주요 곰팡이 및 세균병에 대한 저항성을 가진 품종들도 출시되고 있다. 채소의 품종개발은 농촌진흥청 원예특작과학원과 각 도의 농업기술원 산하 특화시험장에서 유전자원관리와 기초기술 개발을 담당하고 있고, 실용품종은 주로 민간종묘회사에서 개발되고 있다. 여러 작물의 등록 품종 현황은 품종등록업무를 담당하는 국립종자원(www.seed.go.kr)에서 종묘회사와 종자관련 통계자료는 사단법인 한국종자협회(www.kosaseed.or.kr)에서 알 수 있다.

수박, 참외와 같은 열매채소의 경우는 해마다 계속적으로 같은 작물을 재배함으로써 작물이 피해를 입는 연작장해가 이들 작물의 생산에 큰 문제가 되고 있는데 이의 주원인이 덩굴쪼김병과 같은 토양전염성 병이란 것이 밝혀지면서 연작장해를 일으키는 병해에 저항성을 가진 호박 혹은 박을 대목으로 열매채소와 접목하여 재배함으로써 그 피해를 줄이고 있다. 이에 따라 오늘날에는 호박이나 박과 같은 대목품종의 개발도 육종의 한 부분으로 발전하고 있다. 오이, 수박, 참외는 물론 고추, 토마토, 가지 등도 저항성 대목에 접목하여 재배하는 경우가 많다.

표 2-1. 채소의 주요 연작장해 원인이 되는 병과 그 예방을 위한 접목용 대목들

번호	작물	주 방제대상의 병	대목(육종회사)
①	가지	시들음병(萎凋病), 풋마름병(青枯病)	톨밤비가(Toruvan viger, 사카타코리아), 대태랑, 내병 VF, 톨밤비가(코레곤)
②	고추	역병(疫病)	탄탄(농우), 코네시안핫, 튼튼내 R-세이프(세미니스)
③	수박	덩굴쪼김병(蔓割病)	참박(각 회사 다수)
④	오이	덩굴쪼김병(蔓割病)	흑종호박(각 회사 다수)
⑤	참외	덩굴쪼김병(蔓割病)	호박(각 회사 다수)
⑥	토마토	시들음병(萎凋病), 풋마름병(青枯病), 버티실리움시들음병(半身萎凋病)	J3B스트롱(농우), 마그네트, 써포트(사카타코리아), B-블로킹, 스페셜, 영무자(코레곤)

주요 열매채소에 대목으로 이용되는 품종 현황은 표 2-1과 같다. 수박, 참외, 오이, 고추에 이용되는 대목은 국내 육성품종이 주류를 이루고 있으나 토마토, 가지의 경우는 일본에서 육성된 품종을 수입하여 이용하고 있다.

그림 2-5.
고추 역병에 약한 '칠성초'(왼쪽)와 저항성인 '칠복1호'(오른쪽)의 모습

4. 농산물의 품질(Agricultural Produce Quality)

농작물의 신품종이 갖추어야 할 여러 가지 특성 중에서 수량성, 숙기, 병해저항성 못지않게 중요한 것이 품질이다. 품질에 관련된 특성은 작물의 종류에 따라 다르지만, 같은 작물에서도 용도에 따라 큰 차이를 보인다. 주곡인 벼의 경우 미질은 최종적으로는 맛으로 평가된다. 국내에서는 쌀 시장 개방에 대응하기 위하여 맛과 품질이 우수한 벼 품종을 개발하여 '일품벼'를 비롯한 다수의 양질성 품종을 농가에 보급하고 있다. 그리고 쌀의 소비확대를 위하여 가공용과 기능성 벼 품종도 육성하고 있다. 사과, 배, 복숭아와 같은 과실류와 수박, 참외를 포함한 과채류의 경우는 당도가 높은 방향으로 선발이 진행되어 과거보다 단맛이 크게 개량된 품종들이 육성되고 있다. 또한 모양, 색택, 향기 등이 개선된 품종들도 개발되고 있다. 수박의 경우 과거에는 붉은 색 과육을 가진 둥근모양이 주류를 이루었으나 근년에는 타원형과, 황색 과육을 가지는 품종, 씨 없는 수박 등이 출시되고 있다. 경북 성주지역에서 전국 최대의 생산단지가 형성되어 있는 참외는 한때 당도가 높은 서양메론으로 대체될 수도 있었으나 고당도 참외 품종이 개발 보급되면서 국내 수요를 충족시키고 있다. 주요 양념채소인 고추의 경우는 재래종의 맛을 유지하면서 수량증대와 바이러스병 저항성의 방향으로 품종을 육성하면서 매운맛, 단맛, 색소 함량 등도 개량하고 있다. 특히 색소함량은 고춧가루의 품질에 매우 중요한 요소가 되고 있다.

5. 환경 적응성(Environmental Adaptability)

작물재배에 불량한 환경 요인으로서는 저온, 고온, 건조, 과습, 염류 및 산성 토양 등을 생각할 수 있다. 그 중에서도 품종개량에 가장 큰 역점을 두어왔던 것이 저온에 대한 저항성이다. 벼의 경우 내냉성 품종의 육성은 재배한계의 확대를 통한 생산 증대로 이어질 수 있기 때문에 주곡의 자급달성이라는 국가적 목표 하에 많은 노력을 기울여 다수의 내냉성 품종을 개발하였다. '오대벼', '운봉벼', '진부벼', '상주벼', '오봉벼' 등과 같은 대부분의 조생종들은 내냉성을 갖추고 있어서 중북부의 산간지나 남부준산간지에 재배되고 있다. 내염성 벼품종과 한발에 견디는 능력이 높은 내한발성 벼 품종도 육성되고 있다.

시설재배를 하는 원예작물의 경우에는 저온 신장성과 저온 착과성의 개량이 필요하다. 특히 대목품종의 경우는 토양전염성 병에 대한 저항성과 함께 저온신장성(低溫伸長性)이 필수적이다. 현재 농가에 시판되는 박과채소나 가지과채소의 대목품종들은 병에 대한 저항성과 저온신장성을 갖추고 있다. 또 과수류는 내건성(耐乾性, drought resistance), 내습성(耐濕性) 및 내동성(耐凍性)이 필요하며 특히 대목은 이러한 불량한 환경 하에서도 잘 자랄 수 있는 것이 좋다.

6. 기상생태형(Meteorological Ecotype)

온대지방에 자생 혹은 재배되는 식물은 온도(감온성) 혹은 일장(감광성)에 따라 생육상(生育相, growth phase)이 전환되는 경우가 많다. 보리와 밀의 추파성(秋播性, winter growing habit) 품종은 봄에 파종하게 되면 화아분화(花芽分化, flower bud differentiation)가 일어나지 않아 이삭이 패지 않게 된다. 따라서 봄에 재배되는 보리나 밀 품종들은 저온 요구도가 낮아야 한다. 벼는 원래 일장에 민감하게 반응하는 단일성 식물이므로 낮 길이 즉 일장이 짧은 상태 하에서 이삭이 빨리 분화된다. 근년에는 보급지역夷나 재배시기에 적응력이 높은 벼 품종을 개발하여 재배하고 있다. 시금치는 대표적인 장일식물이다. 재래종은 장일의 요구도가 작아 봄에 장일조건이 되면 곧바로 꽃이 피게 되어 재배기간이 한정되어 있다. 그러나 북유럽에서 선발된 'King of Denmark'와 같은 품종은 대표적 만추대성(晩抽薹性, late-bolting) 품종으로서 장일의 요구도가 매우 커서 늦은 봄부터 여름까지 재배가 가능하다. 비록 수입품종이기는 하지만 우리나라에서 주년재배(周年栽培, year-round culture)를 가능하게 하여 우리는 일년 내내 시금치를 먹을 수 있다.

무, 배추는 김치의 주원료가 되는 채소로서 겨울동안 우리의 비타민 공급원으로서 중요한 역할을 담당해 왔다. 무, 배추는 종자춘화형(種子春化型, seed vernalization type) 식물이어서 발아할 때 저온(12℃ 이하에서 7일 이상)에 노출되면 생육상의 전환이 일어나 결구(結球, heading)도 하기 전에 꽃대가 올라오면서 꽃이 피게 되어 있다. 그래서 과거에는 봄에 결구용 배추 재배가 곤란하였다. 그러나 저온요구도가 매우 커서 저온에 둔감한 만추대성품종(晩抽薹性品種)이 개발되고 동시에 시설재배기술이 발전함에 따라 이제는 봄에도 결구배추 생산이 가능하게 되었다. 뿐만 아니라 무, 배추는 저온성 식물이어서 여름재배가 불가능하였으나 내서성(耐暑性, heat tolerance)이 강한 품종의 개발과 함께 고랭지 재배기술이 발전함에 따라 무, 배추도 주년생산이 가능하게 되어 우리는 연중 신선한 김치를 먹을 수 있게 되었다. 이 분야에서는 국내 기술이 세계적 우위를 점하여 무, 배추의 종자는 주요 수출 품목이 되어 있다. 상추의 경우도 고온에 의하여 화아분화가 촉진되기 때문에 여름 재배가 곤란하였다. 그러나 고온에 둔감한 품종이 개발되어 연중 재배가 가능하게 되었다.

7. 기계화 적합성과 재배의 편이성

1) 초형(Plant Type)

벼, 보리, 밀과 같은 곡류는 성숙기에 줄기가 쓰러지거나 부러지는 도복이 일어 날 경우 수량이 감소되고 품질이 나빠질 뿐만 아니라 기계 수확 시에 작업효율도 크게 떨어지게 된다. 기계화에 적응하기 위해서는 벼의 키가 80cm 내외로 짧으면서 도복에 강한 것이 필수적이다. 최근에 육성된 우리나라의 벼품종들은 이러한 특성들을 갖추고 있다.

2) 일시 수확형(Once-over Harvest)

우리나라에서 거의 재배되지 않고 있는 가공용 토마토의 경우 외국에서는 거의 모두 기계로 수확하고 있다. 기계수확에 적합한 토마토 품종은 일시에 많은 과실이 착과하여 될 수 있는 한 짧은 기간에 대부분의 과실이 익고 수확과 수송과정의 물리적 충격을 견딜 수 있을 정도로 과실이 단단하여야 하는데 최근의 가공용 품종들은 이러한 특성을 갖추고 있다. 원예특작과학원에서는 고추를 기계수확하기 위한 노력의 일환으로 일시 수확형 품종을 육성하였다.

3) 직파 적응성(Adaptability to Direct Drilling)

근래 농업노동력의 감소와 함께 벼의 직파재배가 시도됨에 따라 직파전용 품종이 개발되었다. 직파재배에 적합한 품종은 저온에서 발아가 잘 되고 잡초와의 경쟁력도 강한 것이 유리하다. 직파재배 벼 품종으로 '농안벼', '주안벼', '동안벼', '대산벼' 등이 육성되어 농가에서 재배하고 있다.

4) 밀식 재배(Intensive Culture)

사과, 배, 감 등은 나무가 크게 자라는 과수이기 때문에 과수원 관리에 여러 가지 어려움이 있다. 이런 단점을 보완하기 위하여 과수의 크기를 작게 하면서 재식밀도를 높이는 방향으로 재배방식이 발전하고 있다. 최근 경북지역에서 개발, 보급하기 시작한 키 낮은 사과원의 경우 왜화도가 높은 M.9 대목을 이용하여 사과나무의 수고를 3.0~3.5m 이하로 작게 키우는 대신 10a 당 재식주수를 146~260주로 밀식하고 있다. 이렇게 함으로서 재식 2년차부터 수확을 시작하여 관행재배에서는 4~7년차에야 도달되던 성과기를 재식 3~4년차로 앞당기고, 투하 노동력도 1/3로 줄이는 획기적인 성과를 이루게 되었다. 이러한 부분은 재배기술적인 측면이 많으나 대목품종의 도입과 활용은 도입육종법에 해당하기 때문에 넓은 의미에서 육종에 포함시킬 수 있다.

8. 품종 보호(Protection of New Variety)

우리나라는 1997년 12월 종자산업법을 제정하여 품종보호제도를 도입하고 2002년 1월 국제신품종보호동맹(International Union for the Protection of New Varieties of Plants, UPOV)에 가입하였다. 이에 따라 장미, 국화 등 영양번식 식물들은 종래에는 외국에서 육성한 품종을 들여와 국내에서 번식하여 재배에 사용하는 것이 가능하였으나 이제 그것이 불가능하게 되었으며, 포기 단위로 사용료(로열티, royalty)를 내어야 한다. 동시에 국내 육성품종이 중국 등 외국에 나가 재배될 경우에도 사용료를 요구할 수 있게 되었다. 그러나 UPOV에 가입하지 않은 국가에서는 사용료를 징수하기가 힘든 실정이다. 대신에 국내 육성품종이 외국에서 재배되어 그 수확물이 수입되어 들어 올 경우에 품종 사용료를 지불하지 않은 농산물로 분류하여 수입을 금지하거나 사용료를 부과 할 수 있어서 품종 보호권은 국내시장의 보호 장치도 되고 있다. 종자번식 식물의 경우도 종자의 형태로 수입, 유통되기 때문에 사용료 분쟁의 소지는 적지만 육성자의 권리 보호와 이에 상응하는 사용료는 지불해야 한다. 따라서 우수한 품종의 개발은 곧 국내시장의 보호 장치로도 활용이 가능하다.

표 2-2. 품종보호 요건과 내용

순번	요건 항목	내용
①	구별성 (Distinctness)	품종보호 출원일 이전까지 일반인에게 알려져 있는 품종과 한 가지 이상의 특성이 명확히 구별되는 것. 기존 품종과 중요형질인 형태, 품질, 내병성 등이 명확히 구별되어야 한다.
②	균일성 (Uniformity)	품종의 본질적인 특성이 그 품종의 번식방법상 예상되는 변이를 고려한 상태에서 충분히 균일한 경우로서 품종의 집단 내에서 이형주 수가 허용 가능한 범위 내에 있어야 한다.
③	안정성 (Stability)	반복적인 증식 후에도 그 품종의 본질적인 특성이 변하지 않아야 한다.
④	신규성 (Novelty)	신품종은 해당 품종이 국내에서 1년, 외국에서는 4년(과수, 임목 6년) 이상 해당 종자 또는 수확물이 이용을 목적으로 양도되지 아니한 것(일본에서는 미양도성이라고 함), 이미 알려진 품종으로 유통 중이거나 알려진 품종은 품종보호 대상작물로 지정된 날부터 1년 이내에 출원하는 경우 신규성을 인정한다.
⑤	품종의 명칭 (Denomination)	모든 품종은 하나의 고유한 품종명칭을 가져야 함, 품종의 이름이 기존의 품종과 혼동을 일으키지 않아야 한다.

*품종보호기간은 종자는 20년이고 과수류는 25년이며 2012년 1월 7일부터 모든 작물이 품종보호출원의 대상작물임.
*출처: 국립종자원, www.seed.go.kr

제2절 생명공학 작물의 개발

1. 생명공학 작물의 정의

지구상에 존재하는 모든 생명체는 자기와 속성이 같은 개체를 재생산하면서 자신의 종을 유지하고 그 수를 늘리기도 한다. 자신과 속성이 같은 개체를 만들어내는 것을 생식(reproduction)이라하고, 그 수를 늘리는 것을 번식(propagation)이라 한다. 농작물의 품종개량은 인간에게 유익한 유전변이를 찾아서 그것을 품종으로 고정하여 농가에 보급하는 것이다. 따라서 새로운 품종을 육성하기 위해서 육종가들은 자연에서 일어나는 변이를 이용하거나 인공교배와 같은 인위적인 변이유도 방법을 이용해야만 한다. 인공교배에 의해 유전변이를 유도하여 우수한 품종을 육성하는 것을 교배육종이라 한다. 오늘날 재배되고 있는 농작물들의 대부분 품종들은 교배육종법에 의해 개량되었다고 해도 지나치지 않을 정도로 교배육종의 성과는 매우 높다. 그렇지만 이 교배육종법은 꽃이 피어서 종자가 결실되는 식물에 한해서만 이용가능하다. 마늘처럼 꽃이 피지 않거나 꽃을 가지고 있어도 서로 간에 유전적 조성의 차이가 커서 종자를 형성하지 못하는 경우에는 교배육종법을 이용할 수 없다.

이러한 교배육종의 한계가 생명공학의 발전과 함께 크게 개선되고 있다. 인공교배를 하지 않고 특정 외래유전자(DNA)를 식물세포 내로 직접 도입하여 그 기능을 발현시키는 생명공학기술을 이용한 유전자 전환(gene transformation) 기술이 품종개량에 실용화되고 있다. 이러한 형질전환(transformation) 기법에 의해 새로운 품종을 개발하는 것을 형질전환육종(transgenic breeding) 이라고 한다. 형질전환육종은 아래의 과정을 거쳐서 이루어진다.

① 원하는 유전자의 클로닝(cloning)

② 클로닝한 유전자를 운반체(vector)에 재조합하여 식물세포 내로 도입(introduction) 하는 과정

③ 도입된 유전자의 발현(gene expression)과 형질전환체의 선발

④ 형질전환체의 특성평가와 품종등록 등

그리고 이렇게 육성된 농작물은 원래의 유전형질이 도입된 외래유전자에 의해 변형되었다고 하여 생명공학작물 또는 GMO 작물(genetically modified crops)이라 하고 이렇게 유전자가 변형된 농작물을 포함한 모든 유기체와 그 산물을 총칭하여 GMO, 또 LMO(living modified organism)로 부르고 있다. 2022년부터 미국에서는 생명공학(bioengineered, BE) 식품이라고 부른다.

2. 생명공학 작물의 개발현황

형질전환에 의해 육성되어 최초로 상업화된 생명공학(biotechnology) 농작물은 1994년 칼젠사(Calgene company)에 의해 개발된 연화지연 토마토 플레이브 세이브(Flavr Savr™) 인데, 이 토마토는 완숙한 후에도 물러지지 않고 상당기간 신선도를 유지 할 수 있다는 것이 특징이다. 그 이후 특정 제초제의 제초물질을 무독화시키는 유전자를 미생물(*Streptomyces hygroscopicus*)에서 발견하여 이 유전자(bar)를 목화, 콩, 옥수수 등에 도입하여 이들 작물이 특정 제초제에 저

그림 2-6. 내충성 유전자(Bt)를 가진 옥수수(왼쪽)와 보유하지 않은 옥수수의 해충 피해(오른쪽) 정도 비교
(출처: ISAAA, 2005)

항성을 갖도록 개량하였다. 이러한 방법으로 개발된 제초제 저항성 농작물들을 재배하면서 비선택성 제초제를 살포하게 되면 저항성 유전자를 가지지 않은 모든 잡초는 고사하지만 형질전환된 농작물은 정상적인 생육을 보인다. 그리고 식물의 엽록체 생성을 억제시켜 잡초를 죽게 하는 제초제 글리포세이트(glyphosate, 상품명: 라운드업(Roundup), 국내는 근사미)를 살포해도 정상적으로 생육하는 형질전환 농작물도 개발되어 실용화 되고 있다. 엽록체 생성에 필수적인 효소를 활성화시키는 유전자를 미생물(*Salmonella typhimurium*)에서 찾아 이 유전자(aroA)를 목화, 콩, 옥수수 등에 도입하여 제초제 저항성 품종을 육성하고 있다. 한편, 토양 세균의 일종인 *바실러스 투링겐시스*(*Bacillus thuringiensis*, Bt)에서 유래한 내충성 유전자(Bt)를 담배, 토마토, 목화, 옥수수, 콩, 벼 등에 도입하여 내충성품종을 개발하고 있다(그림 2-6).

Bt유전자를 가진 작물을 해충이 가해하게 되면 이 유전자가 생산하는 독소(Bt)에 의해 해충이 죽게 된다. 그리고 최근에는 제초제에 저항성이면서 내충성도 있는 생명공학 농작물도 개발되고 있다. 그리고 1999년에는 나팔수선화와 미생물에서 분리된 유전자를 벼에 형질전환시켜 현미의 색깔이 황금색인 '황금쌀(golden rice)'이 스위스 잉고 포트리쿠스(Ingo Potrykus)와 독일 페트바이어(Peter Beyer)의 과학자 2명의 공동연구에 의해 개발되었다(그림 2-7). 이 쌀의 현미에는 비타민 A가 풍부하다는 것이 특징이다. 지금까지 개발되어지고 있는 생명공학 농작물과 관련된 주요 연구 결과는 표 2-2에서와 같다.

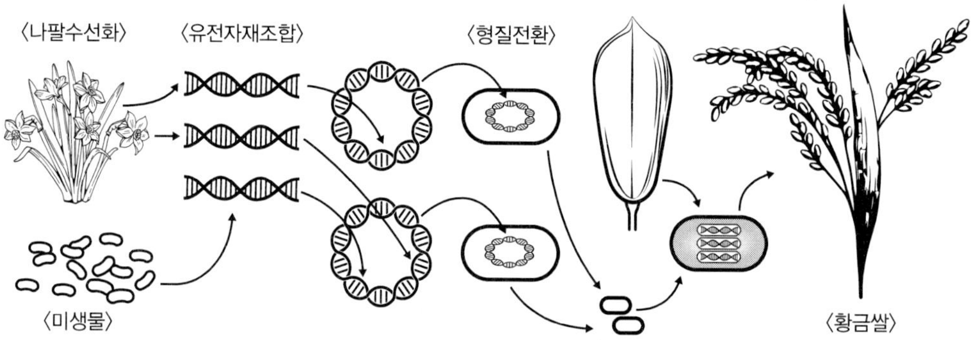

그림 2-7. 황금쌀(Golden rice)의 개발 모식도(출처: ISAAA, 2005)

표 2-3. 생명공학 기술의 발전과 농작물개발

연도	생명공학작물 개발
1987	• 바이러스 저항성 토마토 시험 재배(몬산토) • 제초제저항성 토마토 시험재배(칼젠, 듀폰)
1990	• 해충저항성 목화 시험재배(칼젠)
1994	• 무르지 않는 토마토(Flavr Savr) 상품화(칼젠)
1996	• 생명공학작물의 상업적 재배
1997	• 생명공학작물의 상품화
2000	• 황금쌀(Golden rice) 개발(비타민 A 강화)
2001	• 벼의 유전자지도 완성/유전자변형(GM) 옥수수, 대두수입
2003	• 유전자변형(GM) 작물 재배면적 6,770만 헥타(전세계 18개국에서 재배)
2004	• 유전자변형(GM) 작물 재배면적 8,100만ha(전세계 17개국에서 재배)
2008	• 한국, 유전자변형생물체 국가간 이동 등에 관한 법률 발표
2015	• 미국 유전자변형(GM) 연어의 식품이용 승인
2017	• 미국과 캐나다 갈변 방지 유전자변형(GM) 사과 승인
2019	• 미국 FDA, 유전자 가위 작물 유래식물에 대한 협의 완료
2019	• 세계 유전자변형(GM) 작물 재배 국가 29개국, 재배면적 1억 9,040만 ha
2020	• 한국 산업용 유전자변형생물체에 대한 위해성 심사 간소화, LMO 식품 198만톤, 사료 999만톤 수입승인
2020	• 한국 유전자가위 넙치개발
2021	• 필리핀 황금쌀 재배승인
2021	• 일본 유전자가위 토마토/참돔 판매 허가
2022	• 미국 유전자변형식품(GMO) 용어를 생명공학(Bioengineered, BE) 식품, 생명공학적 제조과정을 거친(Derived from Bioengineering, DB) 식품으로 변경

지난 20여 년 동안 연구된 생명공학 농작물은 60여종에 이르며, 이중에서 2004년 말까지 상품화가 허가된 것은 18개 작물에서 78개 품종에 이르고 있다. 표 2-4은 일부 생명공학작물의 특성을 나타낸 것이다.

표 2-4. 최근에 개발되어 상품화된 생명공학 농작물의 주요특성

번호	작물	상품명	개발회사	주요특성
①	유채	LivertyLink® Canola	Bayer CropScience	제초제 저항성
		mnVigor® Hybrid Canola	Bayer CropScience	제초제 저항성 및 다수성
		Roundup Ready® Canola	Monsanto	제초제 저항성
②	옥수수	Rogers® brand Attribute™ Bt Sweet Corn	Syngenta Seeds	해충 저항성
		Herculex™ I Insect Protection	Dow AgroSci & Pioneer Hi-Bred nternational	해충 저항성
		LivertyLink® Corn	Bayer CropScience	제초체 저항성
		NK® brand YieldGard® Corn	Syngenta Seeds	해충 저항성
		Roundup Ready® Corn	Monsanto	제초제 저항성
		YieldGard® Corn Borer	Monsanto	해충저항성
		YieldGard® Rootworm-Protected Corn	Monsanto	해충 저항성
③	카네이션	Moondust™ Carnation	Florigene	보라색 카네이션
④	면화	Bollgard® I Insect-Protected Cotton	Monsanto	해충 저항성
		Bollgard® II Insect-Protected Cotton	Monsanto	해충 저항성
		LivertyLink® Cotton	Bayer CropScience	제초제 저항성
		Roundup Ready® Cotton	Monsanto	제초제 저항성
⑤	땅콩	Flavr Runner Naturally Stable Peanut	Mycogen	올레인산 함량 개량
⑥	콩	Roundup Ready® Soybean	Monsanto	제초제 저항성
⑦	해바라기	Naturally Stable Sunflower	Mycogen	지방산 조성 변형

출처: Biotechnology industry Organization, Editor's and Report Guide 2004-2005

3. 생명공학 작물의 재배 현황

1996년 생명공학 농작물의 재배가 시작된 이래로 그 규모가 해마다 크게 증가하고 있다. 2019년 기준으로 세계적으로 유전자변형작물(GM)의 재배 국가는 29개국이고 재배면적은 1억 9,040만 ha이다.

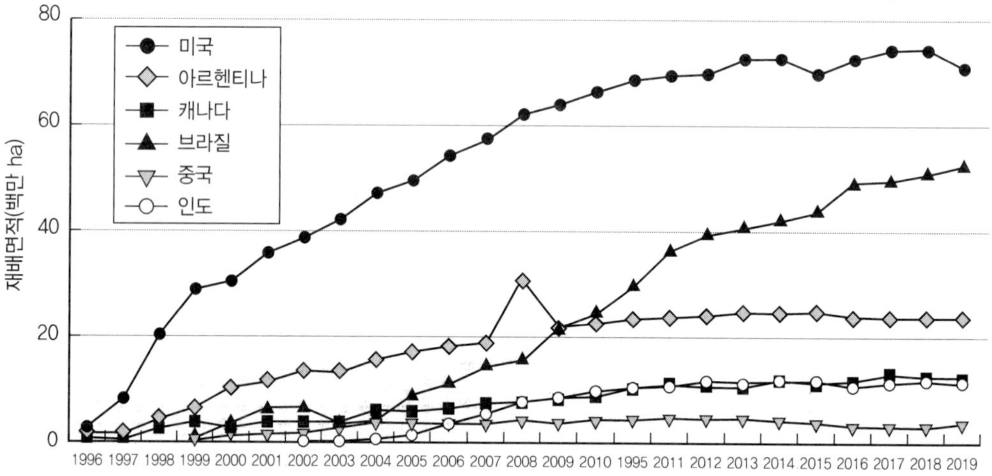

그림 2-8. 연도별 세계 생명공학작물의 재배면적(단위: 백만ha)

2013년의 생명공학 농작물의 총 재배면적은 1.74억 ha로, 이는 2003년도의 6,770만 ha에 비하여 250%가 증가한 것이다. 2003년도에는 2002년도 대비 재배면적 증가율이 15%인 것을 감안하면, 증가율 자체가 크게 증가하고 있음을 알 수 있다. 그리고 2010년도 재배면적은 1996년의 170만 ha에 비교하면 13년 만에 약 80배의 증가를 보인 것이다.

2004년도의 국가별 생명공학 농작물 재배면적을 보면 미국이 전체의 59%에 해당하는 4,756만 ha로 가장 넓었고, 그 다음이 아르헨티나, 캐나다, 브라질, 중국 순이었다(그림 2-8과 2-9). 작물별로 보면 대두가 4,800만 ha에 재배되어 세계 전체 생명공학작물 재배면적의 60%를 차지하고 있는데, 이는 2003년의 4,140만 ha에 비해 16% 증가하였고 2010년도에는 1억 3400만 ha로 7년만에 2배로 증가하였다(그림 2-10). GMO 옥수수는 1,930만 ha(23%)에 재배되어 2003년도에 비해 25% 가까이 증가하였다. 또한 전체의 11%를 차지한 목화는 900만 ha(11%)에 재배되었으며 그 뒤를 이은 유채는 430만 ha(6%)에서 재배되었다.

2004년에 유전자가 변형된 콩의 재배면적은 세계 전체의 콩 재배면적(8,600만 ha)의 56%를 차지하였다(그림 2-11). 유전자변형농산물(GMO)를 재배하는 국가도 1996년 6개국에서 2010년도에는 25개국으로 늘어났다. 수확량은 1996년에 비해 2007년도에는 옥수수는 33%, 콩은 20% 정도 늘어났다. 그리고 2004년에 비해 2019년과 2020년도의 재배면적이 38% 늘어날 때 235% 증가하여 GMO나 LMO 작물의 재배면적이 2억만 ha로 크게 늘어났다. 재배국가도 29개국으로 증가하였다.

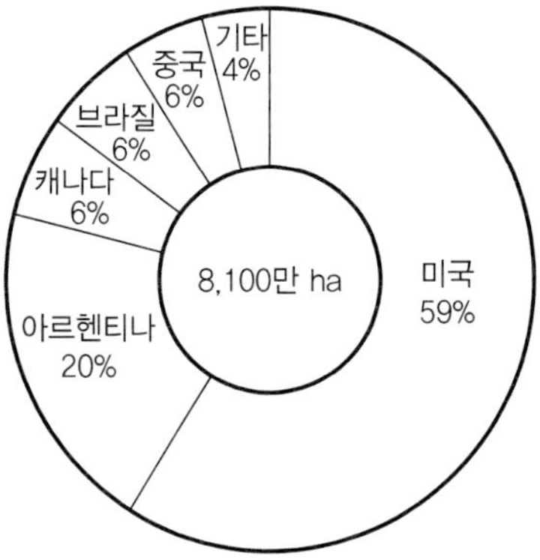

그림 2-9. 2004년의 국가별 유전자변형작물 재배면적

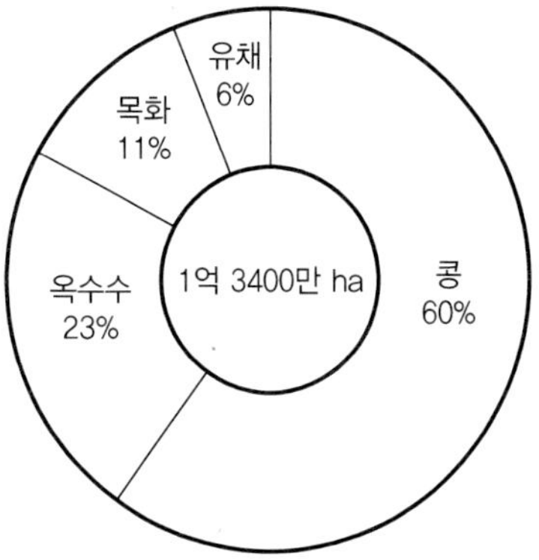

그림 2-10. 2010년의 유전자변형작물 재배면적

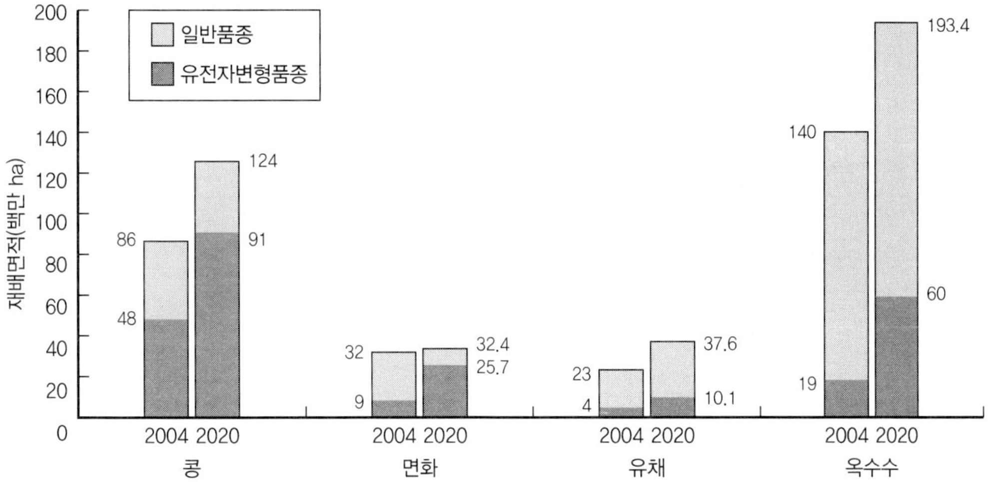

그림 2-11. 주요 유전자변형작물의 재배면적 비율과 변화(2004년과 2020년 비교)

유전자변형작물의 재배면적이 증가되면서 그 생산량도 함께 증가하고 있는데 세계적으로는 미국에서 유전자변형작물의 생산량이 가장 많다(그림 2-12).

4. 미국의 유전자변형작물(GM) 재배현황

농무부 경제연구청(Economic Research Service, ERS)이 발표한 미국의 2020년 유전자변형작물(GM) 재배면적과 채택률은 표 2-5와 같다. 2020년 발표된 농업통계청(NASS)과 경제연구청(ERS)의 데이터를 바탕으로 미국에서 주로 재배되고 있는 주요 5개 유전자변형작물(GM)에 대한 재배면적을 추정해보면 8,326만 ha로 2019년 ISAAA 보고서의 수치보다 다소 증가했다. 복합형질(stacked)의 점유율이 강세를 보이고 있다. 유전자변형작물(GM) 채택률은 유채가 100%이고 옥수수, 콩, 면화도 90%를 넘어 미국에서 재배하는 주요작물은 대부분 유전자변형작물(GM)들이다.

표 2-5. 2020년 미국의 유전자변형작물(GM) 재배면적 (단위: 만ha)

작물	전체 파종면적(A)	유전자변형작물(GM) 재배면적(B)	유전자변형작물(GM) 채택률(B/A)
옥수수	3,720	3,420	92%
콩	3,391	3,180	94%
면화	493	473	96%
유채(카놀라)	75	75	100%
알팔파	647	97	15%
합계	8,326	7,245	87%

출처: NASS, ERS, ISAAA No.55

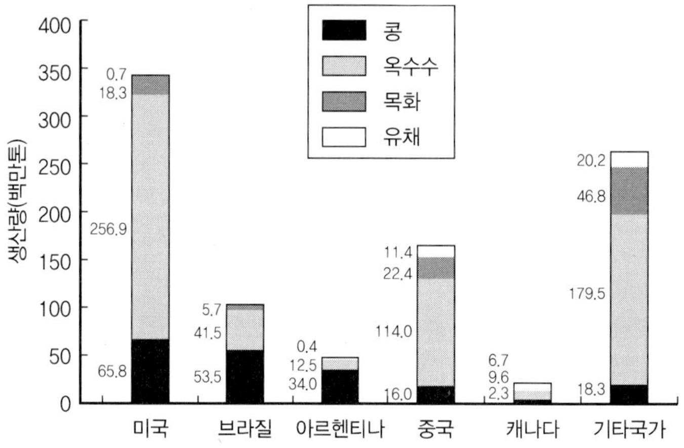

그림 2-12.
국가별 유전자변형작물(GM)의 생산량(2003/2004)

5. 우리나라의 유전자변형작물(GM) 개발현황

우리나라에서는 2020년 현재 유전자변형작물(GM)이 재배되고 있지 않다. 그러나 농촌진흥청이 중심이 되어 1990년대 후반부터 다양한 종류의 유전자변형작물(GM)을 개발하고 있다. 벼를 포함한 20여 작물을 대상으로 45종류의 생명공학 농작물을 연구개발 중에 있는데, 실험실 및 온실에서 목표유전자의 도입을 확인하고 검정단계에 있는 것이 대부분을 차지하고 있다. 작물별로 보면 벼가 14건으로 가장 많고 그 외 감자(8건), 고추(3건) 순이고 전환형질의 주요 특성은 표 2-6에서와 같다.

표 2-6. 우리나라에서 개발되고 있는 유전자변형작물(GM)의 주요 특성

번호	작물의 종류	새로 개발될 유전자변형작물(GM)의 특성
①	감자	내염성, 내병성, 철분강화, 바이러스저항성, 세균저항성, 숙기조절
②	고추	매운맛 성분의 함량조절, 제초제저항성
③	국화	조기개화
④	나리	화색변경
⑤	들깨	제초제저항성
⑥	밀	녹병저항성
⑦	벼	광합성능력 향상, 아미노산 함량 증진, 내한발성, 내냉성, 제초제저항성, 내염성, 해충저항성, 전분합성 증가, 칼슘함량 강화, 벼멸구저항성, 흰잎마름병저항성 등
⑧	배추	좀나방저항성, 웅성불임
⑨	수박	제초제저항성
⑩	알팔파	내열성, 제초제저항성
⑪	양배추	웅성불임성
⑫	참깨	제초제 및 진균저항성
⑬	콩	바이러스 저항성, 비타민 E 성분 강화
⑭	토마토	바이러스저항성

6. 유전자변형작물(GM)의 개발전략

오늘날의 생명공학 기술은 주요 작물에 대한 지속적인 연구개발과 함께 모든 농작물로 확대되고 있다. 따라서 향후 생명공학 기술이 적용될 수 있는 범위는 예측하기 어려울 만큼 다양하다. 특히 주된 관심분야인 작물의 게놈분석 연구는 계속해서 새로운 응용분야를 개척해 나갈 것으로 예상된다.

표 2-7. 상업화를 목표로 연구 개발 중인 유전자변형작물(GM)의 종류와 개발전략

번호	생명공학작물	연구목적	전략	연구단계
①	벼	주요작물의 철분함량 증가	식물체내에서 철분을 저장하는 역할을 하는 페리틴(ferritin) 단백질을 벼에 도입(일반벼보다 철분함량 3배 이상 증가)	포장시험
		수확량 증대	특정 단백질의 합성을 저해하는 유전자를 도입하여 식물의 성숙기를 연장함	포장시험 (40%의 수량 증대)
		도열병(Blast), 잎집무늬마름병(Sheath blight)등의 주요 곰팡이병의 방제	잎마름병과 이화명충에 복합저항성을 갖는 유전자 도입	포장시험
		β-카로틴 생산을 가능하게 함	β-카로틴과 철분함량이 높은 유전자도입	온실/포장시험
②	밀, 보리	곰팡이(Botrytis cinerea, 식물체와 곡물 알갱이에 심각한 피해)의 완전방제	와인 생산용 포도에서 동정된 천연식물방어물질 생산 유전자의 도입	포장시험
③	콩	선충과 미세 기생충으로부터의 피해 방제	선충에 저항성을 갖는 콩 품종을 개량하기 위하여 저항성 유전자의 분리를 위한 마커 유전자 개발	온실
④	감자	감자 잎말이 바이러스에(Potato Leaf Roll Virus) 저항성	피막단백질을 이용하거나 역방향 유전자 도입	생명공학 종자 시판
		수량 증대	괴경과 수량을 동시에 증가 시킬 수 있는 단백질의 농도를 증가시킨 유전자 도입	실험실/온실 (3~3.5% 수량 증가 결과 보고됨)
⑤	토마토	후숙(연화) 과정의 조절로 수확 후 시장에 출하하는 과정동안 너무 익어서 상품가치가 떨어지는 현상방지	호르몬의 일종인 에틸렌의 생산량을 생명공학 기술로 조절하여 후숙(연화)과정을 지연	포장시험
⑥	단옥수수, 콩, 감자, 목화, 유채	줄기를 가해하는 해충에 대한 저항성	Bt 미생물로부터 독소(델타-엔도톡신) 유전자 분리 후 작물에 도입	생명공학 종자 시판
		잡초제거, 노동력 및 농약 사용 경감	제초제에 저항성이 강한 유전자 도입	생명공학 종자 시판

출처: The Nuffield Council on Bioethics(2004)

생명공학 기술을 이용한 병충해 저항성 농작물의 개발 전략도 다양하게 제시되고 있는데, 그 한 가지 예로서, 특정 병원균에 대해 저항성을 갖는 유전자원을 찾아낸 뒤 자연에서 나타나는 저

항성과 관련된 유전인자를 동정하여 이들을 저항성 유전자를 가지고 있지 않은 식물체로 도입시키는 방법이다. 다른 한 가지는 식물체가 병원균을 방어할 수 있는 특정물질을 생산하는 데 관여하는 유전자를 찾아서 목적으로 하는 작물에 도입하는 방법이다. 이외에도 인간에게 유익한 기능성 물질의 함량이 증가된 농작물도 개발 중에 있다. 이와같이 다양하게 연구 개발되고 있는 생명공학 농작물의 연구목적과 개발전략을 표 2-7에 요약하였다.

생명공학 농작물의 재배면적과 생산량이 매년 증가하고 있는 가장 큰 이유는 재배에 안정화를 도모할 수 있고 생산비를 크게 절감할 수 있다는데 있다. 제초제저항성과 해충저항성 인자가 도입된 GMO 콩을 재배할 경우 잡초나 해충방제에 드는 경비와 노동력을 크게 줄일 수가 있다. 특히 유전자 조작에 의해 개발되고 있는 "황금쌀"과 같은 특수성분이 개량된 기능성 농작물의 재배와 생산은 앞으로 더욱 큰 증가를 보일 것으로 전망되고 있다. 생명공학 농작물 재배에 따른 환경생태적인 문제와 안정성 논란이 끊임없이 일어나고 있지만 세계적으로는 GMO 농작물의 재배면적과 생산량은 해마다 큰 증가를 보이고 있다.

7. 유전자변형식품(GMO)의 표시제도

현실적으로 가공식품은 유전자변형식품(GMO)을 피할 수가 없고 GMO의 재료가 전혀 없는 식품섭취는 불가능에 가깝다.

① 세계적으로 non-GMO는 GMO에 비해 식량 수급 자체가 불가능하다. 그리고 완전한 GMO free인지 판별할 수 있는 기술과 시스템이 미흡하다.

② GMO에 대한 지나치게 부정적인 사회적 인식 속에서 식당에서 non-GMO 음식을 만들어 판매하려면 현실적으로 non-GMO 원재료를 확보하기 힘들 뿐만 아니라 식품 원재료의 약 70%를 수입에 의존하는 우리나라에서 최소 20% 이상의 음식값 인상이 예상된다.

③ GMO 관리제도는 세계화 시대에 국가별 형평성에 맞게 추진해야 한다. 식품산업과 관련기술 확보 차원에서 엄격한 규제로 소비자의 부정적 인식을 자극하기보다는 미래 신기술의 핵심인 생명과학기술(BT)로 혜택을 누릴 수 있도록 지원하는 제도가 필요하다.

미국 농무부는 2022년부터는 기존 유전자변형식품(GMO)이라는 용어 대신 '생명공학(bioengineered, BE) 식품', '생명공학적 제조과정을 거친(derived from bioengineering, DB) 식품' 등의 용어로 변경했다. 앞으로 GMO는 미국에서 유전자변형이라는 인식 대신 생명공학 바이오식품이라는 미래지향적인 기술제품으로 인지하게 된다. 많은 선진국에서는 GMO를 일상 속 생명과

표 2-8. 주요 국가의 유전자변형식품(GMO) 표시제도(2020. 9월 현재)

번호	구분	한국	일본	호주/뉴질랜드	미국	유럽
①	식품으로 승인된 GMO 종류	6종	8종	9종	13종	5종
②	GMO 표시 대상품목	대두, 옥수수, 면화, 카놀라, 사탕무, 알팔파	대두, 옥수수, 면화, 카놀라, 사탕무, 알팔파, 감자, 파파야	대두, 옥수수, 면화, 카놀라, 사탕무, 알팔파, 감자,쌀, 홍화	연어, 사과, 카놀라, 옥수수, 면화, 가지, 파파야, 파인애플, 감자, 콩, 스쿼시(호박의 일종), 사탕무, 고구마	대두, 옥수수, 면화, 카놀라, 사탕무
③	GMO 표시대상	상기 6종의 농산물 및 그 가공품	상기 8종의 농산물 및 그 가공품	상기 9종의 농산물 및 그 가공품	상기 13종의 농수산물 및 그 가공품	상기 5종의 농산물 및 그 가공품
④	GMO 표시기준	유전자변형 원재료를 사용한 식품 중 유전자변형 DNA(단백질)가 남아있는 식품	유전자변형 원재료를 함량 3순위 이내로서, 원재료 함량비 5% 이상으로 사용한 식품 중 유전자변형 DNA(단백질)가 남아있는 식품	최종제품에 유전자변형 DNA 또는 유전자변형단백질이 남아있는 식품	GMO 유전자가 함유되어 있는 식품	유전자변형DNA(단백질) 잔류여부와 관계없이 모두 표시
⑤	Non-GMO 표시	자율 유전자변형식품 표시대상 중 유전자변형식품 등을 사용하지 않은 경우로, 표시대상 원재료 함량이 50% 이상이거나 해당 원재료 함량이 1순위로 사용한 경우 표시가능, 비의도적 혼입치 불인정	자율 '유전자변형이 아닌 것을 분별' 등으로 표시해야 함(비의도적 혼입치인정) ※비의도적혼입치 불인정('23.4 시행)	자율 GMO와 전혀 관련없는 제품 등에 Non-GMO 표시는 할 수 없음(공정거래법 위반, 비의도적 혼입치 불인정)	자율 비영리단체인 'Non-GMO Project'는 독립적인 검증절차로 GMO가 함유되어 있지 않다는 인증 라벨을 부여	자율 통일된 규정은 없으며 자국의 상황에 따라 인정범위를 달리하고 있음
⑥	유지류·당류 등 고도로 정제되어 유전자변형DNA(단백질)가 남아있지않은 제품에 대한 GMO 표시 여부	표시제외	표시제외	표시제외	표시제외	표시
⑦	비의도적 혼입치*	3%	5%	1%	5%	0.90%

* 비의도적 혼입치 : Non-GM농산물의 수출입, 생산, 운반, 보관, 운송 과정 중에 비의도적으로 GM농산물이 혼입될 수 있는 현실을 감안하여, 유전자변형 표시 의무를 면제해 줄 수 있는 기준을 정한 것

학기술로 받아들이고 있는데 우리나라는 규제의 벽이 높다. 이제는 미국처럼 GMO 원재료를 사용하지 않은 식품에 인센티브 성격의 'non-GMO 표시'를 허용하는 것도 고려해 볼 수 있을 것이다.

8. 전 세계의 유전자변형생물체 연구개발 현황

1) 아메리카 대륙

① 다양한 유전자변형작물(GM)이 개발됨

② 소비자 이용 편의를 향상시킨 작물 등장 및 상업적으로 재배(갈변방지 사과, 발암물질저감 감자, 가뭄저항성 대두, 가뭄저항성 밀)

③ 규제나 제약을 상대적으로 덜 받을 수 있는 유전자가위 기술을 적용하여 작물을 개발함

2) 유럽

① 유전자변형작물(GM)에 대한 부정적 인식과 엄격한 규제 절차로 인해 유럽의 식물생명공학 연구소가 타지역으로 이전

② 영국에서는 적극적으로 GM작물 및 유전자가위기술을 이용한 연구개발 중임

3) 아프리카 대륙

① 빈곤과 기아를 겪는 국가들이 많아 내수 및 수출증대를 통한 경제적 혜택과 식량부족 문제를 해결하려고 유전자변형작물(GM)에 접근하고 있음

② 주곡작물의 생산성 향상에 대한 연구 진행

③ Bt 동부콩은 나이지리아에서 재배 승인되었으며, 가나에서 최근 재배 승인 검토 중임

④ 유전자변형작물(GM) 카사바는 나이지리아, 케냐에서 시험재배 중

⑤ 유전자변형작물(GM) 옥수수는 나이지리아에서 시험재배 예정

⑥ 나이지리아와 케냐는 유전자가위기술에 대한 규제 지침 발간

4) 아시아 대륙

① 중국, 일본, 한국, 인도 등에서 농업생산성을 높이고 유용물질을 생산하는 연구를 진행

② 필리핀에서는 영양결핍문제의 해결책으로 비타민 A가 함유된 황금쌀의 상업화를 위해 시험재배 진행하였으며, 2022년 황금쌀 종자생산 및 재배가 시작될 예정임

③ 일본은 세계 최초로 유전자가위로 개발된 GABA 토마토의 판매를 승인함

제3절 생명공학작물의 안전성

현대에 와서 농업생명공학은 21세기 식량 공급을 보장할 수 있는 첨단 산업으로서 과학 선진국들이 경쟁적으로 연구개발을 강화하고 있는 분야다. 특히 유전자조작 기술의 발전은 유전변이의 폭을 크게 확대시켜 기존의 기술로는 해결할 수 없었던 다양한 특성을 가진 농작물의 신품종 육성을 가능하게 하였다. 유전자가 변형된 농작물의 신품종이 육성되고 재배되면서 생산자인 농민들의 입장에서는 과거 품종보다 재배에 안정화를 도모할 수 있고 생산비를 절감할 수 있다는 점에서 이들 생명공학작물의 재배를 선호하고 있는 실정이다. 이는 이들 작물의 재배를 허용하는 국가에서 해마다 재배면적이 크게 증가하고 있다는 점에서도 쉽게 알 수 있다. 현대를 살아가는 사람들은 생명공학작물에 대해서 식품 또한 환경적인 측면에서 정말 안전한가 하는 염려를 가지고 있다. 웰빙 시대를 살아가는 소비자들은 과거와는 달리 식품이 어떻게 생산되고 새로운 기술들이 인간뿐만 아니라 환경에 어떤 영향을 미치는지 알고 싶어 한다. 소비자가 제대로 알고 있지 못하는 새로운 기술이나 방법으로 생산된 식품에 대해서는 일부 사람들은 두려워하며 불안해한다. 그리고 일부는 생명공학이 이 사회와 환경에 가져다 줄 영향에 대해 우려를 표명하기도 한다. 이와 같이 일부에서는 생명공학작물에 대한 불안이나 불신을 갖는 반면, 다른 한편에서는 앞으로의 식량문제 해결은 생명공학을 통하지 않고는 해결할 수 없다는 입장을 가지고 있다. 지금까지 부단한 노력으로 새로운 기능을 가진 생명공학작물의 개발 및 상용화가 가능하게 되었으나, 생명공학작물의 상품화에 따른 세계적인 찬·반 논란도 심화되고 있는 실정이다.

1. 생명공학작물에 대한 논쟁

생명공학작물에 대해서 다양한 집단과 개개인에 따라서 찬반 입장을 서로 달리한다. 환경에 대한 관심도 및 사회문화적 배경 등에 따라서도 생명공학작물에 대한 입장을 달리하는 것으로 보인다. 생명공학작물이 농업의 생산성을 증가시키고, 작물 재배가 어려운 사막같이 건조하고 더운 지방이나 또는 추운 지방에서도 생산을 가능케 하며, 이런 증가된 생산성은 원시림 같은 자연 파괴 등을 최소화하면서 계속 늘어만 가는 인구를 부양하는데 필수적인 수단이라는 것이 생명공학 농작물을 개발해야 한다는 주요 요지이다. 지금까지 없던 새로운 기능을 가진 식품 등의 생산을 가능케 하고, 또한 농약의 사용 절감에 따른 환경 보호에도 순기능을 할 수 있으며 생물공학을 이용한 환경정화에 따른 환경개선 가능성에도 기여를 할 수 있다.

반대하는 주요 이유는 인체나 자연생태계에 악영향을 끼치며, 선진국 및 다국적 기업에 의한 기술 독점 심화에 따른 부작용이 따르며, 또 한편에서는 생명공학 기술이 유발할 윤리적 문제를 우려하며 신의 영역을 침범하는 일로 보아 원천적으로 반대하는 입장도 있다. 생명공학작물에 대한 잠재적 유용성과 위해성을 표 2-9에 정리하였다. 생명공학작물 지지자들은 생명공학작물 재배자나 소비자들에게 경제성이 있으며 환경보호 개선에 커다란 역할을 기대하고 있다. 반면에 비판론자들은 생명공학작물을 개발하더라도 다국적 기업에 예속될 가능성이 크며 인체 및 환경에 크나큰 위협을 가할 것이라고 주장하고 있다.

표 2-9. 생명공학 농산물의 잠재적 유용성과 위해성

번호	구분	잠재적 유용성	잠재적 위해성
①	건강	• 알레르기와 독성물질의 제거 • 백신의 생산	• 알레르기 증대 • 항생제의 효과 저하 • 종간 바이러스 전파
②	사회/경제	• 노동생산성 증대 • 농가소득 향상 • 소비자 가격하락 • 비경제적 농지의 활용 • 개도국의 식량수입 비용감소	• 농민에 대한 다국적기업의 독점 확대 • 연구투자가 부족한 소농의 소외 • 유기농산물 생산의 제약 • 소농의 경쟁력 하락 • 생명공학 기업의 책임 배상 미약
③	소비자 선택	• 과채류의 품질, 저장능력 증대 • 맛과 느낌, 영양 성분의 개선 • 가격하락	• 사회/윤리/종교/식이요법/환경 선호 등에 의한 선택권 위협
④	환경	• 요소 투입 감소로 환경적 부담 완화 • 생명공학 농산물에 의한 토양 독성 물질 제거	• 단종재배를 통한 생물다양성의 상실 • 생명공학 농산물로부터 외래 유전자의 전이 • 잡초/해충의 저항력 증대로 더 높은 수준의 투입재 사용 • 토양 비옥도 감소

출처: Oxfam (1999)

생명공학작물이 개발되고 시장에 유통됨에 따라 이에 대한 안전성을 확보하기 위한 각종 제도와 장치도 마련되고 있다. 현재 생명공학작물에 대해 우려하고 있는 점들을 살펴보면 크게 인체 안전성과 환경 안전성을 들 수 있다. 인체 안전성에 고려되는 점들은 생명공학작물이 새로운 독성물질을 생산할 가능성, 알레르기 유발 가능성, 필수영양 성분의 변화 유발 가능성, 항생제 내성 문제, 생명공학 식품 소비로 인한 장기적 영향 등이다. 환경 안전성 측면에서는 생명공학작물이 환경 또는 자연 생태계를 교란하여 생물 다양성이 파괴되고, 유용한 익충수의 감소, 슈퍼 잡초(super-weed) 탄생문제, 생명공학작물의 유전자가 타 생물종으로 이동하여 소위 '유전적 오염(genetic pollution)' 문제를 일으키지 않나 하는 것 등이다. 실제로 이러한 GMO의 안전성 문제가 국제적으로 이슈화 된 것은 한 생물체의 유전자가 다른 생물체로 도입되어 그 유전물질이 성공적으로 발현된 1973년 이후부터이다. 생명공학기술 실용화의 시작과 더불어 과학자들 사이에 이러한 실험결과가 인체 및 환경에 미칠 잠재적 위해성이 제기되기 시작하였다. 그 후 1976년 캘리포니아 아실로마에서 유전자재조합 생물체 실험의 안전성에 관한 국제학술회의가 열려 이와 관련한 자발적 지침을 만들기로 합의하였다. 이를 토대로 바로 미국 국립보건원(NIH)에서 유전자재조합 생물체의 실험 지침이 제정되었는데, 세계 각국에서는 이를 자체 GMO 안전성 지침 및 법 제정을 위한 근간으로 널리 활용하고 있다(한국생명공학연구원, 2003).

1980년대부터 GMO 연구개발이 본격적으로 시작되면서 경제협력개발기구(OECD), 세계보건기구(WHO), 국제연합환경회의(United Nations Environment Programme, UNEP) 등의 국제기구에서는 재조합기술의 산업적 이용과 관련한 안전성 지침을 제정하여 각국이 적용토록 권장하고 있다. 2000년 1월 캐나다 몬트리올에서 생명공학 생물체의 수출입 등 국가간 이동시 인체 및 환경 안전성을 확보하자는 취지에서 국제 규범인 '바이오안전성에 관한 카르타헤나 의정서(the cartagena protocol on biosafety)'가 극적으로 채택됨에 따라 각국에서는 GMO 관련법을 재정비하려는 움직임을 보이고 있다. 우리나라에서는 산업자원부가 국가 책임기관으로 지정되어 2001년 3월 '생명공학 생물체의 국가간 이동 등에 관한 법률'을 제정하여 GMO의 국내 생산 및 수출입에 대하여 안전성을 확보하려는 노력을 기울이고 있다(한국생명공학연구원, 2003).

2. GMO에 대한 안전성 검토

해충에 대한 저항성이나 수확량을 높이기 위해서 유전자를 변형하거나, 맛이나 유통기간을 향상시키기 위해서 유전자를 조작하여 작물의 생산성, 경제성, 가공성, 저장성 등을 생산자와 소비자가 원하는 방향으로 유전 형질을 변화시키고 있다. 다른 관점에서 본다면 지금까지 획득한 재배품종들은 수 천 년에 걸쳐서 선발되고 순화된 것들이다. 오늘날 농업 생산에 주종을 이루는 품종들은 원래의 야생 품종에서 재배가 가능한 품종으로 개량된 것들이다. 가장 대표적인 방법이 자연의 생식과정을 인위적으로 조절하는 인공교배에 의해 유전변이를 유도하는 것이다. 즉 인공교배에 의해 유도된 변이집단에서 유용한 개체를 선발하여 재배 품종으로 육성하는 교배육종법이 농작물의 품종 개량에 가장 폭넓게 이용되어지고 있다. 이러한 교배육종은 교잡이 가능한 종이나 개체 간에만 유전자 재조합이 가능하고, 잡종집단에서 유용개체를 선발할 때 정밀도가 떨어지고 많은 시간이 소요되는 것 등의 단점이 있다.

오늘날 우리가 먹는 많은 농산물은 인공교배에 의해 유전자가 변형된 생물체에서 온 것이다. 예를 들어 우리가 먹는 쌀은 자연에 존재하는 고대의 쌀과는 상당히 다르다. 옥수수나 감자 등의 작물 또한 마찬가지이다. 우리가 가꾸고 기르는 모든 농작물과 가축은 오랫동안에 걸친 선발과 교배에 의해 탄생된 것이다. 생명공학작물의 재배를 찬성하는 쪽에서는 발현되기를 원하는 형질에 대한 유전자만 삽입되므로 유전공학의 이용이 기존의 인공교배에서 보다 안전하며 효율적이라고 주장한다. 인공교배에서는 우리가 개량하기를 원하는 목표 형질에 관여하는 유전자를 변화시킬 뿐만 아니라 우리가 모르는 수많은 유전자들도 변화시킬지 모른다. 이런 면에서 인공교잡은 정확도가 떨어지는 단점이 있기 때문에 보다 안전성이 있고 원하는 대로 조절이 가능한 생명공학을 이용하는 것이 오히려 더 유리하다는 것이 찬성론자들의 견해 중의 하나이다.

이를 반대하는 사람들은 생명공학의 우수성은 인정하지만, 생명공학적 방법으로 개량된 생명공학 농산물은 우리 몸에 해를 끼칠 수 있다고 주장한다. 유전자재조합 식품은 지금까지 식품으로 이용해 온 경험이 없었기 때문에 개발단계에서부터 연구자들에 의해 안전성이 조심스럽게 검토되고 있다. 하지만 지금까지의 연구 조사에 의하면 식품의 안전성 측면에서 유전자재조합 기술 그 자체의 위험성은 이미 없는 것으로 밝혀져 있다. 2003년 영국 정부가 내놓은 GMO 보고서는 찬성과 반대의 입장을 달리하는 24명의 과학자가 600여개의 과학논문을 검토하고 작성한 것으로 생명공학식품이 건강과 환경에 해롭지 않다는 결론을 내렸다(이인식, 2003). 즉 유전자재조합 기술이 보편화된 초창기에 과학자들은 이들 기술에 대한 잠재적 위험을 우려하여, 미국 아실로마에 모여 유전자재조합 실험의 안전성에 대해 논의하고 국가별로 이의 안전관리에 대한 제도적 장치를 마련하게 되었다. 그 후 이 기술은 모든 생명과학분야에서 광범위하게 이용되고 있으나 기술이용 그 자체로 안전성에 문제를 유발시킨 사례가 없어서, 이 기술에 대한 안전성에는 문제가 없음이 상식화되었다. 그러므로 유전자재조합식품의 안전성 문제는 식품 그 자체 즉 물질에 대한 안전성문제로 다루어지고 있다. 여기에는 일반적인 식품의 안전성 문제뿐만 아니라 유전자 삽입에 따른 알레르기, 항생제 내성, 독성 문제 등도 포함되고 있다.

1) 알레르기 유발 가능성

인체의 위해성으로 가장 설득력 있는 주장은 생명공학 농산물 및 식품의 알레르기 유발 가능성이다. 식품 가운데 알레르기를 일으키는 것은 우리의 주식인 쌀을 포함해 콩, 우유, 달걀, 과일 등 거의 모두가 해당된다(그림 2-13). 다만 사람마다 반응하는 식품이 다를 뿐이다. 실제로 땅콩이 일으키는 알레르기 때문에 미국의 어린이 70여명이 매년 사망한다는 보도도 있었다. 그만큼 식품 알레르기가 흔하면서 위험한 일인 것이다. 따라서 지금까지 식용이 아닌 생물체의 유전자가 이식된 생명공학작물이라면 일단 알레르기를 유발한다고 생각할 수 있다. 이 같은 일을 방지하기 위해 개발 과정에서 알레르기 유발 가능성이 철저히 조사된다.

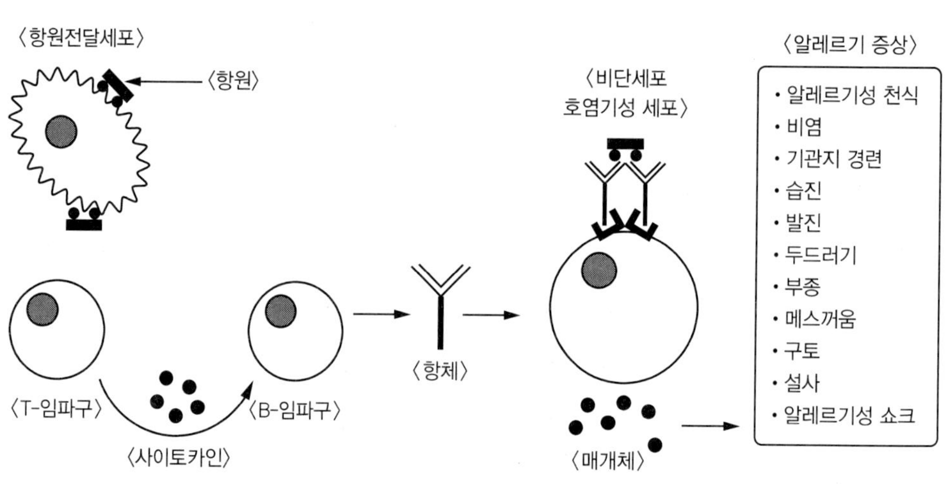

그림 2-13. 알레르기(allergy)를 일으키는 일련의 과정을 나타낸 모식도

항원(allergen)의 노출로 T-임파구(T-cell)가 활성화되어 사이토카인(cytokine)인 IL4나 IL5를 분비시킨다. 또한 그 세포의 파트너인 B-임파구를 자극시켜 항체인 IgE를 생성하게 한다. 비만 세포(mast cell)나 호염기성 세포(basophil)는 이 항체와 반응할 수 있는 수용체들을 세포 표면에 많이 갖고 있어서 항체에 의해 매개체(mediator)를 유리하여 알레르기성 천식, 구토, 발진 등의 증상을 나타낸다.

유엔식량농업기구(FAO)와 세계보건기구(WHO)는 새로운 유전자나 생명공학 작물을 개발할 때 알레르기 유발 가능성을 검색하기 위한 체계를 수립해 이를 적용토록 권고하고 있다(그림 2-13). 따라서 새로 개발된 생명공학작물이 새로운 알레르기 유발원을 포함하지 않고 있음을 보장하기 위하여 도입유전자가 알레르기 유발 식품으로부터 유래되었는지의 여부, 새로운 유전자를 도입하려는 목표 식물이 알레르기를 유발한 내력이 있는지의 여부, 도입유전자와 단백질 염기서열이 이미 알려진 알레르기 유발원과의 상동성 여부 등에 근거하여 잠재적인 알레르기 평가를 실시하여야 한다(Metcalfe et al., 1996; Taylor, 1997).

다음 단계로 알레르기 환자의 혈액을 이용해 해당 유전자와의 항원 항체 반응을 시켜본다. 이를 통해 면역학적 분석을 거치는데, 필요하다면 환자의 피부 반응 실험을 실시하기도 한다. 이 실험을 통하여 진행 중인 연구가 중단된 사례도 있었다.

파이오니어 종묘회사(Pioneer Hi-Bred International)에서는 콩의 황 함유 성분을 높이기 위해 아미노산의 일종인 메티오닌과 시스틴이 풍부한 브라질 땅콩(brazil nut) 단백질의 유전자를 콩에 도입하려 하였으나 브라질 땅콩에 알레르기를 보인 사람들이 보고되어 피부반응시험, 면역반응시험 등을 추가로 실시한 후에도 형질전환 콩에서 알레르기 증세가 우려되어 당초에 계획했던 콩의 개발을 중도에서 중단하였다(Pioneer, 2004). 이것은 알레르기를 일으킬 수 있는 단백질을 합성하는 유전자를 다른 작물에 도입하였을 때도 알레르기 유발 가능성이 있음을 밝힌 사례이다. 이 경우는 유전자가 변형된 콩이 문제가 된 것이 아니라 브라질 콩의 단백질 자체가 알레르기를 일으키는 단백질이었기 때문에 문제가 된 것이다(Nordlee et al., 1996).

생명공학작물의 개발과정 중 알레르기 유발 가능성을 검색하기 위해 국내에서도 농촌진흥청과 대학 및 연구소와 서로 연계하여 공동연구를 수행해 검사체계를 갖추고 있다. 어찌 보면, 생명공학 농산물이나 식품이든 아니든 인체 위해성에 대한 철저한 확인검사 체계를 확립해 안전한 식품이 공급되도록 하는 일은 너무나 당연한 것이다.

2) 항생제 내성 문제

식물세포는 형질전환 효율이 매우 낮아 극소수의 세포에서만 외래유전자 도입이 이루어지며 세포에서의 발현 수준 또한 매우 낮다. 수백만 개의 세포 중 형질전환세포만 선발하기 위하여 대개 항생제 저항성 유전자가 선발마커 유전자로 이용된다. 이들 형질전환 세포를 선발하기 위하여 항생제가 들어 있는 선발배지 상에서 세포들을 키우고 여기에서 살아남는 세포만이 식물로 재분화된다(그림 2-14). 형질전환작물의 개발과 관련하여 항생제 내성 유전자가 식품으로부터 생태계의 병원균으로 전이되어 항생제 내성 병원균이 발생하는 것이 아닌가 하는 우려가 제기되었다. 즉 항생제 내성 문제는 개발과정에서 이용하는 표지유전자 중 항생제 내성 표지유전자에 의해 야기된다. 항생제 내성 표지유전자에 의해 생성되는 단백질이 경구에 투여하는 항생제의 활성을 저하시키거나 내성유전자가 장내 또는 환경 중의 병원성 미생물로 전이하여 생긴 항생제 내성 병원성 미생물에 감염되었을 때 항생제 치료가 어려워질 가능성이 있다. 그밖에도 식품이 인체 면역기능이나 생식력에 영향을 미친다는 연구가 있어 유전자재조합 식품의 안전성 문제로 지적되고 있다.

형질전환체를 만들기 위해서는 먼저 유용유전자를 선발하고 유용유전자는 플라스미드를 이용하여 재조합 유전자에 삽입된다. 재조합 유전자에는 항생제 저항성 유전자와 유용유전자가 들어 있다. 이것이 아그로박테리움과 같은 유전자 운반체에 의해 식물에 도입되며 재조합유전자가 들어있는 식물세포는 항생제 배지에서 자랄 수 있으나 재조합유전자가 없는 식물세포는 항생제에 견딜 수 없으므로 자라지 못한다. 하지만 무엇보다도 일반인의 가장 큰 관심거리는 사람이 생명공학작물을 먹었을 때 어떤 해를 입지 않을까 하는 것이다. 사실 생명공학작물 개발 기술이 급속히 발전하면서 인체에 대한 생명공학작물의 안전성 논란이 끊임없이 제기되어 왔다. 급기야 1990년 FAO와 WHO는 공동으로 생명공학기술을 이용한 식품의 인체 위해성을 주제로 한 회의를 개최하였고, 그 이후 생명공학 작물의 인체 위해성과 관련된 주장이 공론화됐다.

구체적으로 제기되는 주장의 첫번째는 생명공학작물의 개발과정에서 필요한 선발마커(selection marker)에 대한 것이다. 식물체 배양배지에 항생제를 첨가해서 살아남은 식물체만이 유전자가 제대로 이식된 생명공학 식물체임을 확인할 수 있는데, 문제는 인간이 '항생제 저항성 유전자의 선발마커'가 포함된 생명공학 작물을 섭취하면 소화 장기에 서식하는 미생물에게로 이 유전자가 전이되는 일이 발생하지 않을까하는 것이다. 만약 미생물로 항생제 저항성 유전자가 이

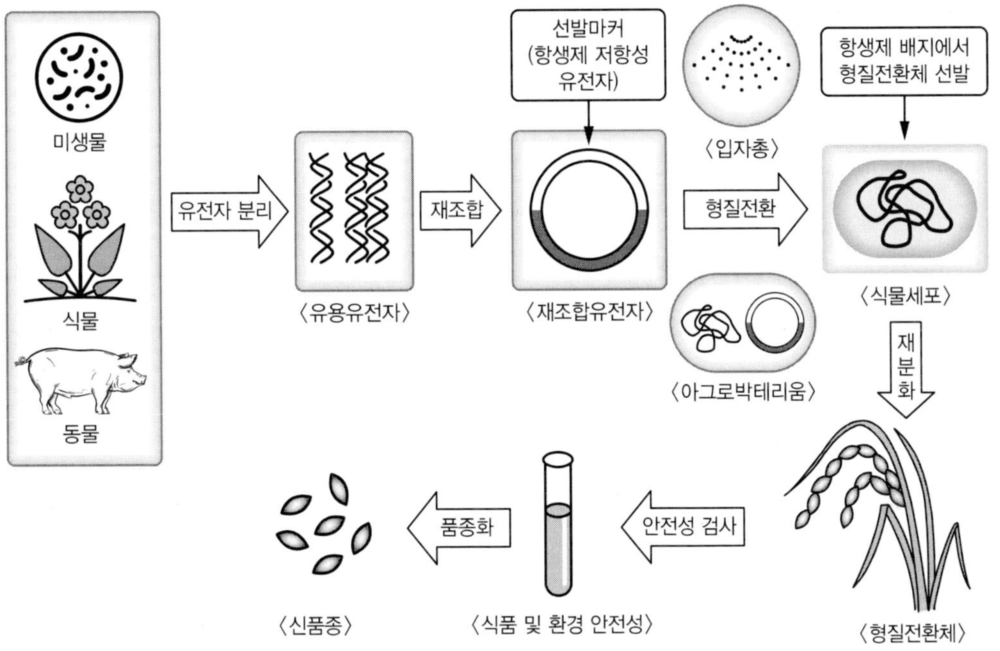

그림 2-14. 외래유전자 DNA 이식 발현을 통한 분자육종 기술의 개요(최양도 외, 2002)

동한다면, 항생제에 내성을 보이는 슈퍼미생물이 출현한다는 말이 된다. 인체의 면역체계에 변화를 초래하는 일이 발생하는 것이다. 그러나 실제로 이런 일이 일어날 가능성은 매우 희박하며, 항생제 저항성 유전자나 이것으로부터 합성된 단백질은 인간이 섭취한다 하더라도 소화 효소와 산성 위액에 의해 단일염기와 아미노산으로 분해되어 영양분 이상의 기능을 갖지 못한다. 또한 식품의 유전자가 미생물로 이동한다는 증거는 아직까지 발견되지 않았으며, 만약 미생물로 유전자가 들어간다 해도 그 유전자가 그리 쉽게 살아남으리라고 생각하기 힘들 것이다. 이를 뒷받침 하여 미국 식품의약품안전처는 항생제 저항성 유전자가 포함된 생명공학 작물을 승인하면서 항생제 유전자 선발마커로 인해 인체에 미치는 악영향이 없음을 공식으로 발표했다(NAS/IOM, 2004).

이런 연구 결과와 공식적인 발표에도 불구하고 GMO에 대한 소비자의 입장은 정서적으로나 문화적으로 거부하는 경향이 큰 편이다. 때문에 과학자들은 항생제 저항성 유전자 대신 안전한 다른 마커를 이용하거나 아예 마커가 없는 생명공학작물 개발을 연구 중이다. 식물체에 흔히 존재하는 유전자나, 해파리에서 분리한 형광단백질 생성 유전자가 바로 항생제 저항성 유전자의 대체용으로 쓰이고 있는 것들이다.

3) 독성에 대한 문제

독성 및 알레르기성의 경우 새로 도입한 유전자와 그 유전자 산물 및 유전자의 삽입에 의해 기존의 농작물에서 볼 수 없는 유해성분 또는 알레르기성이 증가할 가능성이 우려되고 있다.

대부분의 식물들은 자체 방어를 목적으로 독소를 생성한다. 그러나 대개 인간에게 순화되어진 재배식물에서는 이러한 독소의 농도가 매우 적기 때문에 인체에는 영향이 없다. 만약 생명공학작물의 개발 과정 중 각각의 계통들에서 어떤 기준이상으로 독소물질이 생성된다면 이는 심각한 문제이다. 과학자는 생명공학작물의 상업화 이전에 이들 독소물질이 인체에 해를 주지 않는 범위에 속하는 지를 확실하게 평가하여야 한다. 식품에 들어있는 특정한 단백질들이 독소로 작용할 가능성이 있는지를 검토하여야 하며 그 전에 도입된 유전자의 염기서열이 독성단백질과 유사성이 있는지도 사전에 살펴봐야 한다. 만약 이러한 계통이 육성되었을 경우에는 철저한 안전성 심사를 하여야 한다(그림 2-15). 또 다른 우려는 잠복해서 발현이 억제되었던 독소생산 유전자가 외래유전자의 도입으로 인하여 활성화될 가능성이다. 다른 생물체와 마찬가지로 식물은 진화과정에서 발생하는 돌연변이에 의해서 그 기능이 정지된 대사경로를 가지고 있다.

이러한 대사경로 중 어떤 것에서 유래한 산물 또는 중간산물은 독소 물질화할 가능성을 가질 수도 있지만 문제는 과연 형질전환 과정이 잠복된 대사 경로를 활성화할 수 있는가이다. 그러나 오랜 기간동안 안전하게 인류가 이용해온 작물유래 식품에서 이러한 일이 일어날 확률은 거의 없다고 보며, 만약 이런 일이 일어난다 하더라도 그 작물의 육성과정이나 식품으로의 이용 과정에서 탐지되어 사전에 쉽게 제거될 수 있다.

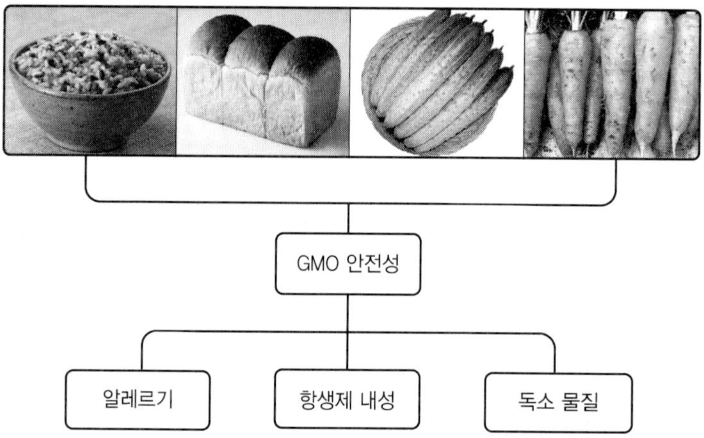

그림 2-15.
생명공학 작물 및 식품에서 독성 문제

최근 미국에서 상업화 승인을 받은 콩, 옥수수, 감자 등의 생명공학작물은 오랜 동안의 육종 역사 및 식품으로 사용된 내력을 가지고 있으므로 이러한 내력들은 새로운 작물의 독성 물질 생성 가능성을 평가할 때 유용하게 쓰인다. 그림 2-15에서 보는 것처럼 생명공학 식품은 상업화가 되기 전에 전통 식품이나 식품첨가제가 들어간 식품과 다르게 엄격한 검사가 이뤄진다.

표 2-10. 전통식품, 식품첨가제 그리고 생명공학 식품간의 안전성 검정체계 비교(Custer, 2001)

종류	전통식품	식품첨가제	GMO
식품 안전성 평가	없음	있음	있음
품질과 특성 검사	없음	개별적으로 검사함	• 개별적 독성검사 • 식품비교검사 • 식품전체 독성검사

3. 자연환경에 대한 우려

생명공학이 이 세상에 어떤 영향을 미치게 될지 우려하는 목소리가 적지 않다. 이것은 우리가 이 세상에 존재하는 다른 많은 생물들과 함께 공유하고 있으며, 서로 공존해야 안심하게 살 수 있다는 것을 뜻한다. 그래서 많은 사람들은 유전자 재조합 생물이 환경에 유출될 때 기존의 생물들을 고려하는 것이 중요하다고 생각한다. 우리는 우리의 환경과 같이 존재하고 있으며, 우리가 일으킨 환경 폐해는 먹이사슬과 수자원 그리고 우리가 숨쉬는 공기 등을 통하여 결국 우리 자신에게 돌아올 것이라고 믿기 때문이다.

토양에서 자연적으로 발생하는 세균인 *바실러스 투링겐시스*(*Bacillus thuringiensis*, Bt)는 해충을 억제하는 능력을 지닌 것으로 유명하다(Slater et al., 2003). 이 미생물이 분비하는 독소가 곤충의 소화 기능을 방해하여 죽음에 이르게 한다는 것을 과학자들이 밝혀낸 이후로 Bt는 옥수수, 감자, 목화 등과 같은 작물에 살충제로 쓰이고 있다. Bt 유전자가 도입된 작물의 생산에 대한 대중적인 우려는 곤충이 Bt의 독소에 내성을 가지게 될 것이라는 것이다. 결국 Bt의 사용은 오직 Bt의 독소에 내성을 가진 곤충만이 생존하게 되는 결과를 가져오게 된다는 것이다. 그리고 그러한 내성을 지닌 곤충들이 서로 번식하고 그 종류가 늘어나게 되면 해충방제를 위한 Bt의 사용은 오히려 역효과를 가져오게 될 가능성이 크다는 것이다.

세균인 *바실러스 투링겐시스*(*Bacillus thuringiensis*, Bt) 독성에 관한 또 다른 염려는 환경과 해충 외의 다른 생명체들에게 미치게 될 영향이다. Bt 독성이 먹이사슬을 통하여 무당벌레와 같이 이로운 곤충까지 해치게 될 것이라고 주장한다. 생존을 위해 곤충을 필요로 하는 새처럼 곤충을 먹고사는 다른 생명체나 야생의 생물에게 위험이 초래되지 않을까 하는 염려의 목소리도 있다. 또한 땅속에 사는 여러 생물들조차 많은 양의 Bt 독소에 노출되어 악영향을 받을 수 있다. 만약 식물들이 Bt 독소를 해독하지 못한다면 자신의 몸속에 그대로 축적될 가능성도 있다. 사실 Bt 독소는 곤충들에게는 해를 입히지만 인간 같은 포유류나 조류에게는 해가 없으며 또한 햇빛에 노출될 때는 빠르게 분해된다. 또한 토양에 스며든 Bt는 토양속의 미생물 즉 선충, 곰팡이, 박테리아 등에 대해서는 독성 효과가 없는 것으로 판명이 났다(NAS/IOM, 2004).

환경과 관련하여 또 다른 염려는 식물 생명공학이 생물의 다양성에 가져올 영향이다. 일부 사람들은 생물의 다양성이 잡초에 저항성을 지니도록 만든 식물의 위험에 노출되어 있다고 느낀다. 생물의 다양성은 일정한 지역 안에서 발견되는 생물의 수와 종류로 말할 수 있다. 생물의 다양성을 둘러싼 논쟁은 유전적 오염에 따른 결과로 생길 수 있는 즉 해충 내성 유전자가 다른 식물에 전이되어 해충에 대한 내성을 지닌 식물이 만들어지고 이것이 유익한 생물을 위한 먹이로 쓰일 때 문제가 된다는 것이다. 그러나 Bt에 대한 익충의 피해를 고려할 때는 자연에서 발생할 가능성이 거의 없다. 이것은 유전자가 변형된 옥수수 꽃가루를 가지고 실험한 예에서 볼 수 있다(Mendelsohn et al., 2003; Sears et al., 2001).

과학자들은 해충들이 내성을 지니게 되는 것을 방지하기 위하여 Bt 외의 다른 살충제와 함께 혼합하여 사용하기를 권장한다. 또한 재배방법을 적절히 조절함으로써 유전적 오염을 미연에 방지할 수 있어 재배기법에 의한 조절 방법도 동시에 사용하기를 권장한다. 이를 위해서는 첫째로 살충제 저항성 해충이 생겨날 집단에서는 해충박멸의 대체 방법을 개발하는 것으로 예를 들어 윤작을 생각할 수 있다. 한 포장에서 계속적으로 같은 작물을 심지 않고 몇 해마다 다른 작물로 바꿔주는 것이다. 둘째는 유사한 종을 서로 근접해서 재배하지 않는 것이다. 서로 유사한 종을 심으면 생명공학작물의 유전자가 유사종으로 전이될 가능성이 높다. 세 번째는 내충성이 아닌 작물을 내충성 생명공학작물과 함께 재배하거나 넓은 지역에 심는 것이다. 따라서 저항성이 없는 해충이 저항성이 있는 해충과 짝을 지을 수가 없는 것이다. 이러한 방식은 해롭지 않은 곤충과 내성을 지닌 해충이 함께 번식하며 살 수 있도록 하기 위한 것이다.

환경적 관점에서 볼 때 생명공학작물에 대한 또 다른 염려는 제초제 저항성작물이 제초제 저항성잡초를 만드는 즉, 슈퍼잡초(super-weed)의 탄생이다. 제초제 저항성 유전자가 잡초에 전이된다는 것인데, 이런 일은 생명공학작물이나 전통적인 육종으로 개발된 작물 모두에서 일어날 수 있다. 생명공학작물 재배자들이 제초제 저항성작물 주변에 완충 지역을 만들어 경작한다면 제초제 저항성작물이 농장 가장자리에 있는 잡초들과 접촉하는 것을 줄일 수 있다. 앞으로도 슈퍼잡초에 대한 우려를 불식시키기 위한 방법을 개발하거나 대체 방법을 계속적으로 고려해야 한다. 잡초를 제거하는 제초제에 내성을 가진 농작물이 가지고 있는 장점에 대해 부정할 사람은 아무도 없을 것이다. 슈퍼잡초는 현재의 수단만으로는 완전히 제거하기 어려운 부분이 있어서 이로 인한 피해도 배제 할 수 없다. 그러나 다른 측면에서 보면 제초제 저항성 작물을 재배함으로써 얻는 이익을 생각할 수 있다. 즉 농약 사용 경감으로부터 오는 토양 및 수질 오염 감소와 경운을 줄임으로써 오는 이산화탄소 배출량 감소 등 환경 보호에 많은 기여를 할 수 있다. 생명공학이 가지는 또 다른 이점은 해충과 병에 대한 저항성부터 가뭄이나 고온에 대한 내성도 가지게 할 수 있다는 것이다. 기아가 문제인 수많은 개발도상국들은 유전자재조합 식물의 생장량 증가와 높아진 수확량 덕택에 셀 수 없을 정도의 인적, 경제적 성공을 거두었다. 생명공학작물 비판론자들은 유전

그림 2-16. 생명공학작물 옥수수 꽃가루에 의한 제왕나비 애벌레 생육 저해 영향 평가 실험 과정

자변형작물의 근본적인 한계는 이런 것들이 아직 초기 단계에 있으며 앞으로 20년간 어떠한 영향을 미칠지 아무도 모른다고 지적한다. 많은 사람들은 미지에 대해 두려워하며, 아직도 무슨 문제가 생길지 모르는 새로운 과학에 대해 그 결과를 받아들이는데 어려움을 겪고 있다.

미국 보건복지부 산하 국립보건원(NIH)은 실험실에서 유전적으로 응용하는 물질에 대한 지침서를 작성하였다. 국립연구자문위원회는 환경적 위협을 연구하고 기존의 전통적인 방식에 의해 만든 식물과 최신의 기술로 생산한 생명공학작물의 위험 수준에 있어선 사실상의 차이가 없는 것으로 결정하였다. 또한 동식물검역청(animal and plant health inspection service, APHIS)은 생태계의 여러 다른 식물 속에서 한 식물이 안전한지, 그리고 기존의 방식에 의해 생산한 식물처럼 안전한지를 판단하기 위해 조사하고 있다(한국생명공학연구원, 2003). 미국 환경보호국(environmental protection agency, EPA)은 유전자가 조작된 작물이 시장에서 거래가 되기 이전과 이후의 환경적 위험성을 알아보기 위하여 독립적인 과학자들로 구성된 과학자문위원회를 조직하였다. 미국 환경보호단체는 제초제와 살충제가 가지고 있는 효과와 인간에 대한 안전, 환경에 작용하는 물질의 역할, 다른 생명체에 미칠 영향을 지켜봄으로써 생태계 내의 두 약제의 안전성을 조사하고 있다. 우리나라는 산업통산자원부, 농림축산식품부, 환경부, 보건복지부 등 범정부 차원의 생명공학 생물체 안전관리를 위해 각 부처별로 지침 및 시행령을 마련하여 GMO 안정성에 대한 심사와 승인 체계를 마련하였다(부록 참조). 산업통산자원부는 「생명공학 생물체의 국가 이동 등에 관한 법률」(2001년)을 마련하여 시행령을 제정하였고, 농림축산식품부는 「생명공학 농산물 표시 요령」(2001년)을 고시하여 시행 중에 있으며, 보건복지부 식품의약품안전처는 유전자재조합 식품 등의 표시 기준」(2001년)을 고시하여 시행하고 있다.

4. 환경과 GMO 작물 안전성 평가

자연에 방출된 생명공학작물이 다른 생물체에 악영향을 미칠 수 있을까? 즉 해충 저항성 생명공학작물은 나비목 곤충의 애벌레만을 선택적으로 죽일 수 있는 미생물로부터 분리한 독소 유전자를 이식시켜 해충을 제거할 때, 다른 곤충이 피해를 입을 가능성은 없을까? 이 문제는 생명공학 옥수수의 재배면적이 증가하면서부터 밭 주변에 서식하는 잡초를 먹고 자라는 제왕나비의 애벌레가 엉뚱하게 피해를 입을 수 있다는 논란에서 촉발됐다. 제왕나비 애벌레가 먹고사는 잡초로 해충 저항성 생명공학작물 옥수수의 꽃가루가 날아오면, 이를 먹은 애벌레가 피해를 입을 수 있다는 이야기다. 이를 확인하는 최초의 실험결과는 생명공학작물 옹호론자들에게 반격할 수 있는 하나의 무기와 같았으며 그 결과는 반대론자들의 예측과 같았다(Losey et al., 1999). 그러나 이에 대한 정밀조사 결과, 생명공학작물에 의해 애벌레가 죽은 것이 아니라 이들이 자라기에 부적합한 실험환경 탓으로 밝혀졌다(Mendelsohn et al., 2003).

연구자들은 생명공학 옥수수 꽃가루에서의 독소유전자 발현이 매우 약하고, 수천개 정도의 꽃가루를 먹기 전에는 악영향이 나타나지 않았으며, 잎의 넓이(cm^2)당 쌓일 수 있는 꽃가루수를 감안할 때 제왕나비 애벌레가 위험에 노출될 기회는 거의 없다고 주장했다(그림 2-16). 또한 옥수수 밭과의 거리, 꽃가루가 날리는 시기와 애벌레가 발육하는 시기의 중복 등을 감안한다면 비의도적 악영향은 거의 없다고 주장한다. 미국 환경청은 이들의 연구결과를 바탕으로 독소유전자가 삽입된 생명공학 옥수수 재배에 의해서 제왕나비의 생육이 저해되는 것은 아니라고 공식적으로 발표했다(Mendelsohn et al., 2003; Sears et al., 2001).

생명과학자들은 여러 연구와 방법을 통해 생명공학작물의 위해성을 경감시켜 일반 소비자가 안심하고 이용할 수 있는 GMO를 산업화하기 위한 노력을 하고 있다. 생명공학작물의 위해성 때문에 실용화에 강한 반대 입장을 보여 온 유럽연합조차 1985~2000년까지 15년간 생명공학작물의 안전성 확보를 위한 연구 결과를 종합하여 책자로 발간했다. 그 결과 앞에서도 밝혔듯이 생명공학작물의 유해성은 일단 없는 것으로 결론을 내렸다. 여기에서 생명공학작물의 위해성을 찾아내기 위한 과학자들의 노력을 엿볼 수도 있는 것이다(한국생명공학연구원, 2003).

생명공학작물의 안전성 논란은 새로운 과학이나 신기술이 산업화되는 과정에서 사회적 합의점을 찾아가는 자연스러운 과정이라 할 수 있다. 서로에 대한 의견을 존중하여 특히 생명공학작물 개발자는 비판자들의 염려를 불식시키기 위한 방법이나 새로운 기술을 마련해야 하며, 비판자들은 단지 생명공학작물을 거부하는 형식이 아니라 생명공학이 가져다 줄 이익을 고려해야 한다. 무엇보다 중요한 것은 생명공학작물에 대한 인체와 환경에 대한 염려를 불식시키기 위한 철저한 검증이 필요한 것이다. 산업화 측면에서 고려해보면, 자동차가 배출하는 오염물질이 지구환경을 크게 해치고 인류의 생명을 앗아가는 가장 큰 원인임에도 불구하고 신형 자동차는 계속 발표되는 것처럼 인체와 환경 위해성을 평가해 생명공학 기술의 산물이 가져다주는 이익이 위해성 보다 크면 자연스럽게 산업화될 수 있다는 것이다. 자동차가 유발하는 위해성을 줄이기 위해서 자동차배기가스 허용치를 정하고 충돌안전실험을 하며, 도로주행 시 자동차와 보행자가 지켜야할 법을 만들어 운영하는 것과 같은 과정이 생명공학작물에서도 유해성을 막기 위한 노력은 끊임없이 이뤄지고 있는 것이다. 현재로서는 특이한 문제점은 나타나고 있지 않고 소득은 늘어나고 지구의 온난화를 일으키는 이산화탄소 발생을 줄이고 있어 GMO 작물재배는 늘어날 것으로 예측된다.

제4절 작물의 기능성

최근 국민들의 생활수준이 향상됨에 따라 건강과 웰빙(well-being)에 대한 관심이 높아지고 있다. "어떻게 하면 건강하게 장수할 수 있을까?"에 대해 누구나 생각하게 된다. 농산물의 수입 개방과 더불어 안전하고 신뢰할 수 있는 먹거리를 찾는 소비자가 늘어남에 따라 고품질 친환경 농산물의 생산이 급속도로 늘어나고 있으며, 다양한 생리 기능을 가진 기능성 농작물에 대한 관심 또한 그 어느 때보다 높다고 할 수 있다. 여기에서는 건강에 유익한 농작물의 기능성 소재와 생리작용을 간략히 소개한다.

1. 고품질과 기능성 식품의 정의

1) 고품질 식품의 정의

농산물의 품질(agricultural product quality)이란 "유통과 소비 과정에 있는 농산물이 갖추어야 할 소질"을 말한다. 농산물의 품질분류는 학자들에 따라 다르지만 일반적으로 네 가지로 구분할 수 있다(표 2-11). 시장 품질, 이용 품질, 영양 품질 및 기호 품질로 나눈다. 여기서 시장적 품질은 외적 품질이라 하고 필요가치와 영양 생리적 품질은 내적 품질, 그리고 그 외 요인을 기호 품질이라고 할 수 있다. 결론적으로 고품질 농산물은 이상의 네 가지 요인을 두루 갖춘 신선한 농산물이라고 정의할 수 있다.

표 2-11. 고품질 식품의 품질 분류

번호	품질 분류	품질 요인	측정 항목
①	시장 품질	외관, 기호도	색깔, 크기, 무게, 모양, 균일도, 결함정도
②	이용 품질	생식용, 가공용	용도에 따라 조직의 경도, 크기 등
③	영양 품질	유기 및 무기영양소	비타민, 무기물, 유기산, 당도, 약리 물질
④	기호 품질	약리나 만족 효과	개인 기호도가 큰 역할을 함

2) 기능성 식품의 개념

농작물의 기능성을 올바르게 이해하려면 먼저 기능성 식품(機能性食品, functional foods, bioactive foods)을 이해할 필요가 있다. 기능성 식품은 식품의 3차 기능이 강조된 식품을 말한다. 이 용어는 일본에서 처음 사용되었는데 1984년에서 1986년까지 일본 문부성 특정연구 '식품 기능의 계통적 해석과 전개'라는 보고서에서 처음으로 '식품 기능'이라는 용어가 제안되었다.

이 보고서에서 식품의 특성(property)을 식품의 기능이라는 용어로 바꾸고 1차 기능은 식품 중 영양소의 생체에 대한 단기적 그리고 장기적으로 나타내는 기능으로 생명유지에 불가결한 영양기능이고, 2차 기능은 식품이 미각, 후각 등 감각에 작용하는 기능, 그리고 3차 기능은 생체 방어, 몸의 컨디션 조절, 정신의 앙양과 각성, 질병방지와 회복, 노화억제 등에 관계하는 생체 조절 기능을 포함하고 있다. 이리하여 일본 후생성은 기능성 식품을 '식품 성분이 생체 방어, 생체 리듬의 조절, 질병의 예방과 회복 등 생체조절기능을 발현하도록 설계, 가공된 식품'이라고 정의하였다. 그 후 미국에서는 1994년 IOM/FNB(institute of medicine's food and nutrition board)에서 "영양성분을 능가하여 건강에 도움을 줄 수 있는 식품 또는 식품성분"으로 정의하였다.

한편, 식품의 3차 기능을 기능성이라는 단어로 제안한 부분은 어학적 측면이나 학문적 측면에서 상호간에 모순되는 단어라 생각되어 자칫 혼란이 생길 수 있다. 예를 들면 단백질의 기능성이라 하면 수용성, 유화성 등 단백질의 물리화학적 특성을 총칭하기 때문이다. 아직 개념의 중복을 피하기 위한 용어는 국제적으로 만들어지지 못하고 있다.

3) 기능성 식품과 일반 식품, 의약품과의 관계

기능성 식품과 일반식품, 강화식품, 특별용도식품, 건강식품 및 의약품간의 개념 사이에는 명확한 정의가 쉽지 않으나 다음 그림처럼 구분해 볼 수 있다(그림 2-17).

생체 조절의 유효성에서 기능성 식품은 의약품에 필적하는 효능을 가지고 있는 것도 있어 가장 상위에 위치하지만, 의학품적 형상에서는 일반식품에 가깝다. 정제나 캅셀이 아닌 통상의 형태를 한 식품이어야 한다는 점에서 의약품과 차이를 두고 있다. 이중 건강식품의 유효성은 기능성 식품보다 떨어지나 형상에서는 일반식품보다도 의약품 쪽에 가깝다고 할 수 있다. 기능성 식품과 건강식품, 기능성 식품과 의약품, 건강식품과 의약품의 경계에는 불분명한 부분도 있고 중복도 되고 있다. 향후 명백한 구분이 요구된다.

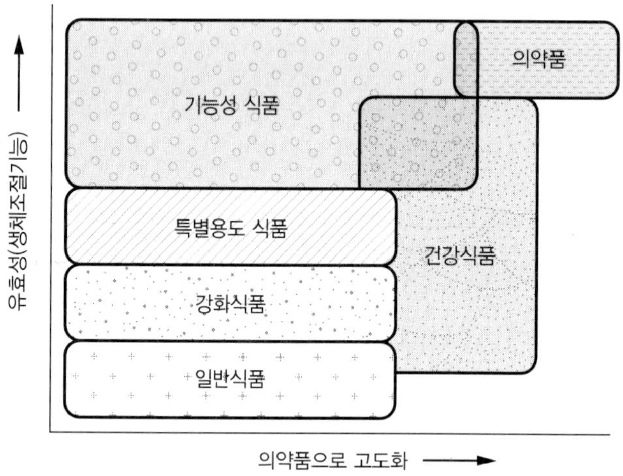

그림 2-17. 기능성 식품의 구분

2. 기능성 농작물의 정의

기능성 농작물(functional crop)은 '생체방어, 생체리듬의 조절, 노화억제, 질병의 방지와 회복 등 생체에 대한 조절기능을 갖는 성분을 함유 또는 보강되도록 개량되고 재배된 농작물'이라고 정의 할 수 있다. 수확 후 기능성 성분이 첨가된 경우에는 기능성 식품으로 보아야 한다.

우리나라, 중국 등 아시아지역에서는 예로부터 약식동원(藥食同原) 또는 의식동원(醫食同原)이라 하여 식품과 약은 서로 같기 때문에 인체에서의 기능 역시 같다는 생각이 지배되어 왔다. 이는 일상에서의 식사로 병을 예방하고 치료하려는 사고방식을 의미한다. 근래에 와서는 과학자들도 이러한 개념에 과학자들이 동의하고 있다. 한편, 생명공학 기술을 사용하여 경구용 백신, 항암성분, 혈압강하제 등의 기능성이 부가된 작물을 '제3세대 맞춤농작물(designer crop)'이라고 한다. 최근의 예로 황금 쌀(golden rice)과 철분강화 쌀(iron-enriched rice)을 들 수 있다. 이들은 유전자 변형으로 철분과 베타 카로틴 함량을 높인 것으로 철분결핍성 빈혈과 비타민 A 결핍에 의한 실명(失明)의 예방에 도움이 될 수 있을 것이다.

3. 기능성 농작물의 조건

① 사람의 건강유지나 증진에 기여할 수 있어야 한다.

② 함유성분이 보건용도로서 명확하게 판명된 것이어야 한다.

③ 해당 농작물의 섭취가 의학, 영양학적으로 효과가 있는 것이어야 한다.

④ 기능성 농작물에 함유된 성분을 섭취하여도 인체에 절대 안전해야 한다.

⑤ 기능성 농작물에 들어있는 유기물과 무기물은 분석을 통해서 정량화할 수 있어야 한다.

⑥ 신선한 상태나 건조상태로 이용하더라도 특정성분이 존재해야 한다.

⑦ 농작물에 들어있는 성분이 다른 의약품으로 사용되고 있지 않을 것 등으로 인간에게 보건적 이익을 주어야 한다.

기능성 농작물을 분류해 보면 표 2-12과 같다. 앞에서 언급한 바와 같이, 기능성 농작물이란 농산물의 기능 가운데 영양 생리적 기능과 상상적 기능이 잘 어우러져 있는 새로운 개념으로 단순히 비타민, 무기급원, 조섬유 등의 급원으로서가 아니라 그 급원을 통해서 인체에 생리적, 약리적 효능을 나타낼 수 있는 농작물을 말한다. 따라서 식물체에 특별한 기능을 함유하고 있는 작물 또는 기능성 있는 물질을 투입, 흡수시켜 기능성을 추가시킨 작물, 기존에 함유된 기능성 물질을 외부적 처리를 통하여 이를 증가시킨 농작물 등으로 구분할 수 있다.

표 2-12. 기능성 농작물의 기능과 분류

기능 구분	분류	주요 기능
1차 기능	영양기능성 작물	고비타민, 각종 무기염류, 조섬유 등 함유
2차 기능	감각기능성 작물	맛, 향, 색택이 좋은 농작물
3차 기능	생체조절기능성 작물	생체방어, 신체리듬조절, 노화억제, 질병방지 및 회복
4차 기능	플라시보 기능성 작물	실제 함유된 영양가와 상관없이 병 치료를 위해 섭취하면 회복할 수 있다는 신념을 가질 수 있도록 하는 상상적 기능(플라시보 효과, placebo effect)

4. 주요 작물의 기능성

최근 천연물로부터 새로운 생리활성물질을 개발하려는 연구가 활발히 진행되고 있는 가운데, 특히 여러 곡류, 과채류 및 약용식물에 함유되어 있는 항암, 항산화성 생리활성물질인 "파이토케미컬(phytochemicals)"에 대한 관심이 크게 고조되고 있다.

지금까지 밝혀진 대표적인 항암성 식물화학물질(phytochemical)에는 천연항산화물질인 폴리페놀화합물(플라보노이드, 리그닌 및 페놀산 등)을 비롯하여, 카로티노이드, 식이성 섬유소 및 황화합물 등 12종이 알려져 있다. 이들 화합물들은 비타민을 능가할 차세대 요법의 약으로서 암, 에이즈 및 치매 뿐만 아니라 뇌경색, 뇌졸증, 고혈압, 협심증 및 심근경색 등의 여러 뇌, 심혈관계질환의 예방과 치료에 탁월한 효과가 있는 것으로 밝혀지고 있다.

최근 미국의 암 연구소에서 조사한 세계 여러 나라의 주요 식품과 그 재료의 항암활성 정도를 비교해 보면 놀랍게도 우리나라에서 널리 재배 이용되고 있는 마늘, 양배추, 콩, 당근, 생강 등의 채소양념류가 가장 우수한 항암식품으로 밝혀진 바 있다(그림 2-18). 항암성분을 비롯한 생체기능성 물질을 다량 포함하고 있는 농작물의 종류와 그들의 생리활성성분은 다음과 같다.

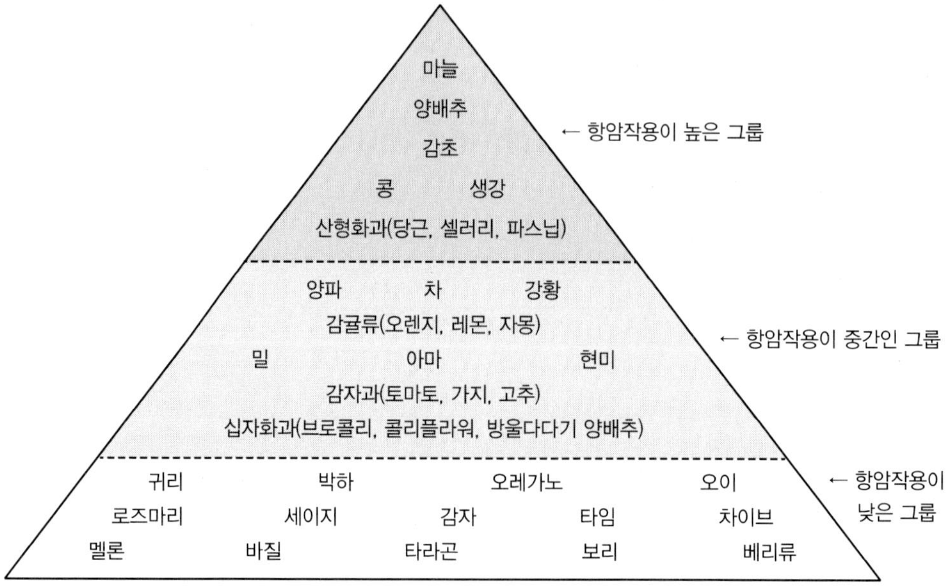

그림 2-18. 여러 항암식품의 분석(Alegria B. Caragay, Food Technol., 1992)

1) 귀리(Oat)

귀리는 콜레스테롤을 낮추는 수용성 식이성 섬유소 성분인 베타 글루칸(β-glucan)을 다량 함유하고 있는 대표적인 곡물이다. 특히 귀리는 동맥경화증의 주된 원인이 되는 총콜레스테롤 및 저밀도 콜레스테롤 수치를 감소시켜 고혈압, 심장병, 협심증과 같은 관상동맥경화증을 예방하는데 매우 효과적인 것으로 밝혀져 있다. 최근 미국의 경우 식이성 섬유소 성분을 다량 함유하고 있는 귀리와 여러 가지 곡물류 제품의 소비가 급격히 증가하고 있다.

2) 콩(Soybean)

콩은 단백질, 지방, 아미노산, 플라보노이드 등을 다량 함유하고 있어 심장병, 암, 골다공증 및 여성의 갱년기 장애를 예방하는 효과가 우수한 대표적인 기능성 작물이다. 이러한 콩의 생리작용 중에서 가장 널리 알려진 것이 바로 콜레스테롤 저하 효과이다. 콩의 단백질은 동맥경화증의 원인이 되는 총콜레스테롤 및 저밀도 콜레스테롤 수치를 낮게 해줄 뿐만 아니라 동맥경화증을 예방하는 고밀도 콜레스테롤의 수치를 높이는 것으로 밝혀져 있다. 또한 콩은 사포닌, 페놀산, 피틴산 및 이소플라본과 같은 여러 항산화물질을 함유하고 있으며 이 중에서 최근 가장 각광을 받고 있는 화합물이 바로 이소플라본화합물이다. 이소플라본은 인체의 장에 있는 미생물 분비 효소에 의해 여성호르몬 에스트로겐과 유사한 화합물(phytoestrogen)로 변환되기 때문에 여드름 치료에 효과가 있고 골다공증, 대장암 및 전립선암의 발생을 줄이며 특히 유방암은 발생률이 반으로 줄어든다고 연구보고 되었다. 이 밖에 레시틴, 플라보노이드, 터핀 등의 성분이 혈관조직의 산화를 막아주는 효과가 있어 최고의 건강식품이라고 할 수 있다. 미국에서는 1980년대에 미국 상원에서 지방섭취를 줄이도록 하고 콩에 심장병 예방효과가 있다는 것을 발표한 후 해마다 심장마비와 대장암등의 발생률이 줄고 있다. 그런데 우리나라의 경우 심장병 사망률이 지난 10년 동안 두 배나 증가하였고, 선진국형 질환인 대장암, 유방암, 전립선암 등이 크게 늘어나고 있다. 우리는 적어도 음식에서만은 서구인들에게 좋은 것은 다 내주고 나쁜 것만 받아들인 셈이다.

3) 토마토(Tomato)

토마토는 비타민C를 다량 함유하고 있을 뿐 아니라 루틴과 같은 플라보노이드 성분과 더불어 특히 리코펜(lycopene) 이라는 대표적인 카로티노이드 색소를 함유하고 있어 항암식품으로 잘 알려져 있다. 최근 토마토의 생리활성성분 중에서 가장 주목을 받고 있는 성분이 바로 리코펜이라는 붉은 색소성분이다. 이 성분은 수박의 붉은 색소와 같은 화합물로써 활성산소를 소거하는 항산화성분으로 지질의 과산화반응을 억제하여 암, 노화 및 심근경색을 예방하는 것으로 알려져 있다. 특히 이 색소는 전립선의 주된 카로티노이드 성분으로 전립선암을 예방해주며, 아울러 유방, 소화기관, 목, 피부, 방광 등의 기관에 존재하여 여러 가지 암을 예방하는 주된 생리활성성분으로 밝혀지고 있다.

4) 마늘(Garlic)

마늘은 동서양을 막론하고 오래 전부터 가장 널리 이용되고 있는 향신료 중의 하나이다. 마늘에는 400개 이상의 물질이 들어있지만 대체적으로 알려진 바에 의하면 항산화, 항균, 항바이러스제 기능을 하며 콜레스테롤 수치를 낮추고 혈압을 내려서 혈전을 방지한다고 한다. 또한 항암과 소염효과가 있으며 뇌기능 강화로 기억상실증, 우울증, 치매 등을 예방하는 것으로 밝혀지면서 미국, 독일 등 서구에서 큰 인기를 끌고 있다. 마늘의 주된 향기와 매운 맛은 수용성 및 유용성분과 더불어 황화화합물이다. 이 중 마늘의 황화화합물인 알린(alline)은 마늘이 부스러질 때 활성을 띠는 알리네이스(allinase)라는 효소에 의해 알리신(allicin)으로 전환되었을 때 비로소 마늘의 주된 매운 맛을 띄게 된다. 그리고 이 알리신은 다시 알리이소티오사이네이트(allyisothiocyanate), 알리티오설포네이트(allylthiosulfonate) 및 알리디설피드(allyldisulfide) 등으로 분해되며, 이들 성분 중 일부가 마늘의 항암, 항혈전, 항고혈압 등의 여러 생리작용을 나타내는 것으로 알려져 있다. 최근 폐경기 이후의 여성 4만 명을 대상으로 한 연구보고에 의하면 마늘은 거의 50%까지 대장암의 발병을 예방할 수 있으며, 또한 마늘과 양파 등 알리움(Allium)속(屬)의 채소는 위암 예방에 큰 효과가 있다는 사실이 밝혀졌다. 한편, 마늘은 심장병 예방에도 효과가 우수한 것으로 밝혀지고 있다. 하루 800mg의 마늘(반쪽에서 한쪽)을 섭취하면 심장병 유도물질인 총 혈청콜레스테롤 함량이 9% 가량 감소하며, 900mg의 마늘은 총콜레스테롤 함량을 12% 가량 감소시키는 것으로 밝혀지면서 이를 이용한 건강보조 의약품의 개발이 활발히 이루어지고 있다.

5) 브로콜리(Broccoli)와 십자화과 채소(Cruciferous)

십자화과 채소류는 암의 발생을 크게 감소시켜 주는 것으로 밝혀져 있다. 십자화과 채소류의 종류에 따라 항암활성의 차이는 있지만 대체로 많이 섭취할수록 암 발생이 크게 감소됨을 알게 되었다. 십자화과 채소류의 주된 항암성분으로서 알려져 있는 것이 황배당체인 글루코시노레이트(glucosinolate) 화합물이다. 이 성분은 마늘의 알리신 성분과 같이 십자화과 채소류에 함유되어 있는 미로시네이스(myrosinase) 효소작용에 의해 항암성 이소티오시아네이트(isothiocyanate), 인돌카비놀(indole-3-carbinol) 성분을 생성하는 것으로 알려져 있다. 인돌카비놀 성분은 에스트로겐 대사과정을 조절하여 유방암의 발생을 억제하는 것으로 밝혀져 있다. 일주일 동안 하루 500mg의 인돌카비놀(350~500g 양배추/일)을 사람에게 투여한 결과 유방암의 발병이 현저히 감소됨을 알 수 있었으나, 인돌카비놀 또한 생체내 실험에서 발암을 조장할 수 있어 과다한 섭취는 조심해야 한다는 보고가 있다.

한편, 천연 유래 또는 합성 이소티오시아네이트(isothiocyanate) 성분은 동물의 발암을 억제하는 것으로 밝혀져 있는데 특히 최근 주목을 받고 있는 이소티오시아네이트 성분의 하나가 바로 브로콜리에서 분리된 설포라판(sulforaphane) 성분이다. 최근 보고에 의하면 어린 브로콜리 싹에는 성숙 브로콜리보다 글루코라파닌(glucoraphanin)의 함량이 10~100배 높은 것으로 나타났다. 그러나 이러한 채소류의 항암활성은 단일성분에 의한 항암작용이라고 말하기는 어렵다.

6) 감귤류(Citrus)

감귤류(오렌지, 레몬, 라임 및 자몽)는 비타민 C가 풍부할 뿐 아니라 엽산 및 식이성 섬유 등을 다량 함유하고 있어 여러 가지 암을 예방할 수 있는 대표적인 기능성 식품이다. 특히 이들 감귤류에는 리모닌(limonene)이라는 대표적인 방향성 항암물질을 함유하고 있으며, 지금까지의 보고에 의하면 쥐의 암을 예방하는데 매우 효과적이라는 사실이 밝혀지고 있다.

한편, 감귤류의 껍질에는 나린진(naringin) 및 헤스페리딘(hesperidine)과 같은 플라보노이드 성분을 함유하고 있어 해열 및 이뇨작용이 있을 뿐만 아니라 항혈전 작용이 매우 우수하여 현재 그를 이용한 혈전치료제의 개발이 진행 중에 있다. 예로부터 감기, 몸살치료제로 한방에서 귤껍질을 사용한 것은 바로 감귤껍질에 들어있는 플라보노이드 및 리모닌에 기인된 것으로 생각된다.

7) 녹차(Tea)

차는 차나무의 어린잎을 이용하며 차 잎 중에는 500여 종류의 화학성분이 함유되어 있다. 그 중에서 카페인, 타닌(tannin), 카테킨, 플라보노이드, 다당체, 비타민, 무기염류 등이 함유되어 각성작용, 강심작용, 근육수축작용, 피로회복, 이뇨작용 등의 효능이 있다. 특히 폴리페놀 화합물인 카테킨은 인체에 약리작용을 가지는 주요 성분이다. 녹차에는 폴리페놀(polyphenol) 성분이 건물중의 30% 이상 다량 함유되어 있으며, 그 주된 폴리페놀 성분으로 에피카테킨(epicatechin), 에피카테킨 갈레이트(epicatechin gallate), 에피갈로카테킨(epigallocatechin) 및 에피갈로카테킨 갈레이트(epigallocatechin gallate)와 같은 4가지의 카테킨 성분이 함유되어 있으며 항암, 항균, 콜레스테롤 저하, 항산화, 항혈전 등에 놀라운 효과가 있다고 한다. 최근 일본의 연구 보고에 의하면 하루 5~6잔의 차를 마시면 유방암의 발생을 크게 억제할 수 있다는 사실과 더불어 녹차의 주된 항암성분은 여러 카테킨 화합물 중 가장 많이 함유되어 있는 '에피갈로카테킨 갈레이트(epigallocatechin gallate)'라는 사실이 밝혀졌다.

표 2-13. 플라보노이드 투여가 사람의 혈장 및 적혈구세포의 비타민 함량에 미치는 영향

비타민(Vitamins)	플라보노이드 흡수(Flavonoid intake, mg/day)		
	0~26.0	26.1~38.7	38.7 이상
플라스마(Plasma)			
레티놀(Retinol, μg/dℓ)	58.1 (4.9)	59.2 (4.0)	53.9 (3.6)
β-카로틴(β-Carotene, μg/dℓ)	21.1 (3.3)	19.3 (2.7)	30.6 (5.0)*
α-토코페롤(α-Tocopherol, μg/mℓ)	14.9 (1.0)	15.2 (1.0)	14.2 (1.1)
적혈구 세포(Red Blood Cell)			
β-카로틴(β-Carotene, μg/dℓ)	0.65 (0.18)	0.50 (0.11)	0.94 (0.30)*
α-토코페롤(α-Tocopherol, μg/mℓ)	2.24 (0.23)	2.31 (0.18)	2.26 (0.26)

*Pietta P. et al.,1996

한편, 최근 네덜란드의 연구보고에 의하면 차에는 카테킨 이외 퀘르세틴(quercetin), 캠페롤(kaempferol), 미라세틴(myricetin), 아피제닌(apigenin) 및 루테올린(luteolin)과 같은 여러 플라보노이드 성분이 들어있어 이들에 의한 관상동맥경화증 예방효과가 우수한 것으로 밝혀지고 있다. 최근 이태리에서 실시한 연구보고에 의하면 여러 과채류에 함유되어 있는 플라보노이드를 많이 섭취하는 사람은 혈장 및 적혈구세포에서의 베타카로틴(β-carotene) 함량이 크게 증가함을 알

았다(표 2-12). 이러한 연구결과로 미루어 볼 때 플라보노이드의 섭취는 체내 항산화 방어시스템을 크게 강화시키지 않나 생각된다. 또한 녹차에서 발견되는 여러 종류의 복합다당류에는 혈당강하작용이 있어 당뇨병 치료 효과가 있는 것으로 알려져 있다.

8) 포도(Grape)

포도는 페놀산, 플라보노이드 및 안토시아닌 색소 등의 여러 가지 폴리페놀화합물을 함유하고 있으며, 최근 이들의 항암, 항혈전 및 항산화작용이 밝혀지면서 포도주의 소비가 크게 증가하고 있다. 특히 포도주를 많이 섭취하는 프랑스인은 다른 유럽이나 미국인에 비해 관상동맥경화증에 의한 사망률이 낮은 사실(french paradox)로부터 포도주에는 알코올 이외 비알코올성 항혈전 성분이 존재함을 알게 되었다(표 2-14). 그 이후의 연구에서 적포도 껍질에는 백포도에서 보다 20~50배 높은 폴리페놀 함량을 지니고 있으며, 특히 항암, 항혈전, 항염증 및 항산화활성이 우수한 파이토알렉신(phytoalexin) 성분인 트렌스-레스베라트롤(trans-resveratrol)이 다량 함유되어 있음이 밝혀졌다. 따라서 적포주의 심장병 예방효과는 바로 적포도 껍질에 많이 존재하는 트렌스-레스베라트롤이 일부 관여함이 밝혀지게 되었고 아울러 최근 그 성분의 항암효과도 점차 확인되고 있다.

표 2-14. 몇몇 나라의 심장병에 의한 사망률 비교

번호	국가(지역)	혈장 콜레스테롤(mg/dL)	사망률(명/만명)
①	미국	209	182
②	영국	240	380
③	일본	–	33
④	프랑스	216	102

*평균 35~64세 남성을 대상 *Renaud & Lorgeril, 1992

9) 참깨(Sesame)와 들깨(Perilla)

참깨와 들깨는 우리나라의 주요 유료작물이다. 이들 작물의 종자유에는 리놀레산(linoleic acid) 및 리놀레익산(linolenic acid)과 같은 ω-지방산을 많이 함유하고 있어 영양학적으로 우수한 유료식물 종자일 뿐 아니라 그들의 탈지박에 들어있는 플라보노이드, 리그난 및 페놀산과 같은 여러 폴리페놀 화합물은 혈압 저하, 혈전증 개선, 암세포 증식 억제 효과가 밝혀지면서 최근 그를 효과적으로 이용할 수 있는 새로운 기능성 가공식품, 노화방지 화장품 및 의약품의 개발이 크게 주목을 받고 있다.

(1) 참깨(Sesame)

참깨는 종실에 상당히 높은 유지를 함유하고 있어 기름을 착유하여 조미 식용유로 이용하거나, 통깨를 깨소금이나 라면 스프로 이용하는 주요 유료작물이다. 참깨의 종실에는 리놀산, 리놀렌산 등의 여러 불포화지방산 이외에 항암, 항염증 및 항바이러스 등의 여러 생리적, 약리적 작용을 지닌 지용성 리그난(lignan) 화합물인 세사민(sesamin, $C_{20}H_{18}O_6$, 0.9~1.8%), 세사모린(sesamolin, $C_{20}H_{18}O_7$, 0.3~0.6%), 세사미롤(sesaminol, $C_7H_6O_3$, 0.1%)을 함유하고 있으며, 참깨를 볶았을 때 위의 성분 함량이 크게 증가함이 밝혀졌다. 최근의 연구보고에 의하면 참깨 종실의 리그난(lignan)은 쥐의 조직과 혈장에서 알파-토코페놀(αtocopherol) 함량을 증가시키며, 또한 참기름은 다른 식물성 기름과 달리 카로틴의 이용률을 높여 주는 것으로 밝혀졌다. 그리고 볶은 참깨의 주된 성분인 세사민(sesamin)은 콜레스테롤 흡수를 억제시키고, 유방암을 예방하는 효과가 있다.

(2) 들깨(Perilla)

들깨는 종실은 식용으로, 기름은 식용과 공업용으로, 깻잎은 채소로, 깻잎의 정유 성분은 향료로 이용될 수 있는 다용도 작물이다. 들깨종실의 기름함량은 35~45%로서 기름 중에는 리놀렌산이 60% 이상 함유되어 있으므로 생리적인 기능성 식품으로 우수한 특성을 갖고 있으며 필수지방산의 공급원으로서도 중요하다. 오메가-3(ω-3) 지방산인 알파-리노레닉산(α-linolenic acid)은 체내 아라키도닉산(arachidonic acid) 대사과정에서 세포막의 지방산 조성에 변화를 주어 에이코사노이드(eicosanoid) 생성에 영향을 미침으로서 대장암의 발생을 억제하는 효과가 있다고 한다. 아울러 동맥경화 예방 및 콜레스테롤 저하 효과가 확인되었다. 들기름은 고도의 불포화지방산인 리놀렌산이 주성분이기 때문에 들기름을 짜서 상온에 보관하게 되면 산패되기 쉬우므로 장기간 이용하기가 어렵다. 깻잎은 비타민 C와 베타카로틴 함량이 많으며 깻잎의 정유성분인 페릴라 알데하이드(perilla aldehyde)는 식품이나 식품첨가제로 쓰일 때 광범위한 항균작용을 나타낸다. 들깨나 자소 잎의 붉은 색소 중에는 안토시아닌이 다량 함유되어 있으며 이는 식품색소로 널리 쓰인다.

표 2-15. 기능성 농작물과 생리활성 성분

번호	식물	식물성 항암 물질	생리적 기능	효능
①	감귤류	• Limonoids • Vitamin C • Folate • Naringin, hesperidine	• 항산화제 • 항염증제	• 발암 예방 • 항염증 • 노화 예방
②	고추	• Capsaicin • Vitamin C	• 항산화제 • 항염증	• 해열 및 염증 예방
③	귀리	• β-Glucan	• 식이성섬유	• 동맥경화증 예방 • 심장병 예방
④	녹차	• Catechin & its derivatives • Flavonoids	• 항산화제 • 항암제 • 항균제	• 발암 예방 • 심장병 예방 • 항염증
⑤	들깨	• α-linolenic acid • Luteolin • Rosemarinic acid	• 항산화제 • 항염증	• 혈전예방 • 염증 및 알레르기 예방
⑥	마늘	• Oil • Allicin • Thiocyanate	• 필수 아미노산 • 황화합물 공여체	• 발암 예방 • 항균, 항고혈압 • 콜레스테롤 저하
⑦	브로콜리	• Glucosinolate • Sulforaphane	• 황화합물	• 발암 예방
⑧	생강	• Cassumunins	• 항산화제, 항염증	• 염증 및 노화 억제
⑨	아마	• n-3 Fatty acid (α-linolenic acid) • Lignans	• 필수지방산	• 유방암, 전립선암예방 • 동맥경화증 예방 • 혈전 예방
⑩	참깨	• Lignan	• 항산화제	• 노화예방
⑪	칡뿌리	• Daidzein, pueratin formononetin	• 진경작용 • 이뇨작용	• 감기몸살 치료 • 알코올 해독
⑫	콩	• Protein • Isoflavones (genistein & daidzein)	• 필수단백질 • 항산화물질	• 콜레스테롤 수치저하 • 유방암, 대장암 예방 • 폐경기 후 hot flush, night sweat 예방
⑬	크랜베리	• Benzoic acid • Fructose	• 항균제 • 항산화제	• 신장장해 예방 • 혈전 예방
⑭	토마토	• Lycopene • p-Coumaric acid	• 항산화물질	• 발암 예방 • 심근경색 예방
⑮	포도	• Flavonoids • Ellagic acid • Resveratrol	• 항산화제 • 항혈전 • 항암	• 심장병 예방 • 고혈압 예방 • 암 예방

10) 기타 작물(Other Crop)

그 외 항암, 항염증 및 항혈전 효능을 지닌 식품소재로 알려져 있는 것으로는 고추, 생강 및 버섯류가 있다. 특히 고추에 들어있는 특유한 색소 성분은 여러 다양한 생리작용을 나타내는 것으로 밝혀지고 있으며, 최근 이를 이용한 항암 및 항염증 치료제가 개발되고 있다. 한편, 최근 버섯류에는 항암을 비롯한 여러 생리적, 약리적 작용이 밝혀지면서 이를 이용한 기능성 식품, 화장품 및 의약품의 개발이 활발히 진행되고 있으나 아직 주된 활성성분의 구조는 밝혀지지 않는 상태이다. 그 외 여러 과채류 및 곡류에 함유되어 있는 감마-토코페놀(γ-tocophenol)과 베타-아이오논(β-ionon) 등이 최근 항암성분으로 밝혀지고 있으나 아직 그들의 임상학적인 연구결과는 미흡한 실정이다.

한편 약용작물에서 가장 관심을 받고 있는 것이 갈근(칡뿌리)과 황기와 같은 콩과식물이다. 이들은 콩과 마찬가지로 이소플라본(isoflavone) 화합물에 속하는 다이드제인(daidzein), 푸에라틴(pueratin), 포르모노네틴(formononetin)을 함유하고 있어 진경 및 이뇨작용이 우수하다. 아울러 뽕나무 뿌리껍질 및 감초에 들어있는 이소프레노이드 측쇄를 가진 플라보노이드 화합물, 모루신(morusin), 리코리콘(licoricon) 및 쿠와논 G(kuwanon G) 등은 혈압강하 및 항균작용이 있는 것으로 밝혀졌다. 지금까지 항암을 비롯한 여러 생리적, 약리적 작용을 지니고 있는 식물성 항암물질을 함유하고 있는 농작물을 요약하면 표 2-15와 같다.

오늘날과 같은 환경오염시대에 살아가는 우리 인간은 자율적인 신체 기능에만 의존해서는 건강을 지킬 수 없는 경우가 많다. 환경오염으로 인해 과거에 없던 여러 가지 새로운 질병이 생겨나고 우리의 인체는 면역력이 떨어져 질병에 걸리기 쉬운 상태에 있다. 더구나 생활양식이 빠른 속도로 변화하여 자연생체리듬에 대한 혼란이 가중되고, 교통기관의 발달 및 디지털혁명으로 인해 운동량이 부족하게 되고 화학합성품의 사용의 증가로 인해 암, 당뇨병, 심장병, 뇌졸중 등 각종 성인병이 증가하고 있다. 이런 환경 하에서 건강을 지키고 장수하려는 소비자의 욕구를 충족시키기 위해 기능성물질을 함유한 농산물의 소비가 꾸준히 증대되고 있다.

기능성 농작물은 생체방어, 생체리듬조절, 노화억제, 질병방지와 회복기능 등 생체조절기능을 갖는 성분을 함유해야 하므로 일반 농작물과는 달리 농산물의 안전성이 가장 중요시 된다고 할 수 있다. 따라서 기능성을 가진 농산물을 생산하려면 인체에 유해한 중금속이나 농약성분 등이 농작물에 축적되지 않도록 엄격한 기준 하에서 친환경적으로 재배 관리되어야 한다. 포장이나

물관리는 물론 농약이나 화학비료 사용을 철저히 규제하고 생산물에 대한 첨가물이 없이 자연 그대로 소비자에게 공급하는 것이 중요하다.

또한 소비자의 식탁에까지 신선하고 안전한 상태로 공급될 수 있도록 농산물의 유통과 저장에도 관심을 가져야 하며, 특히 기능성 농산물의 경우 특정성분의 적절한 섭취가 중요하다. 과잉섭취는 오히려 인체에 심각한 해를 끼치게 된다. 아울러 기능성 농산물의 섭취만으로는 건강과 장수를 유지할 수 없으므로 적당한 사회활동과 운동을 소비자에게 요구하는 것이 필요하다.

제5절 기능성 작물의 개발과 생산

1. 기능성 작물의 개발

기능성 작물의 개념 설명을 통하여 우리는 기능성 작물이라는 것이 아무 작물에나 이름만 붙인다고 되는 것이 아니며 소비자들에게도 그만큼의 보건적 이익을 공유해야 한다는 것을 알 수 있다. 그래서 기능성 작물은 임상실험 등을 통해 직접 증명되지는 않았지만 우리의 전통적이면서도 과학적 근거가 있는 것이면 가능하다고 본다. 특히 약용식물학 등에 명기된 사항을 기능성이 있는 것으로 이와 같은 문헌을 통하여 입증된 식물을 선발해서 육종할 필요가 있다. 아울러 기능성 물질을 재배적 방법을 통해 첨가시키는 것도 하나의 방법이다.

기능성 작물의 육성법에는 크게 두 가지로 나눌 수 있다. 먼저 육종법에 의한 육성으로 특수성분이 많은 농작물을 선발하여 전통육종이나 생명공학기술을 이용한 분자육종을 실시한다. 특히 육종에 있어서는 외국에서 우수한 기능성 농작물을 도입하여 육종을 하고 분자육종의 경우에는 형질전환을 통해 유전자를 도입하고 기능성 물질의 함량을 증가시키는 방향으로 육성을 한다. 다른 하나는 기능성 물질을 수경재배를 통해서 식물에 주입시킨다. 항암작용이 많은 것으로 알려진 각종 특수 무기염류나 비타민 같은 것을 양액에 넣어서 재배하여 판매할 수 있으나 이것은 고도의 기술이 필요하다. 그러면 기능성 농작물을 만들기 위한 설계는 어떻게 할 것인가? 가장 중요한 것은 기능성 있는 농작물의 선발과 육종이다. 예를 들어 최근에 흡수가 용이한 글루코스

그림 2-19. 인티빈(intybin)의 함량이 높은 치커리

(glucose)의 일종인 인티빈(intybin)이 많이 들어 있는 치커리가 생채소로서 인기가 있는데, 이는 상추의 쓴맛을 나타내는 락투신(lactucin)과 다른 성분이다. 그러나 소화흡수가 잘되는 다이어트 기능성 채소로서 소비자들에게 인기가 있다(그림 2-19).

국내에서 재배되고 있지는 않지만 특수성분이 들어 있는 농작물을 선발 육종하는 것은 많은 정보만 있다면 가능하다. 대체로 상추는 비타민 C가 10mg 내외로 배추(40mg)의 25% 밖에 안 된다. 그래서 일본의 농가는 양액에 비타민 C를 희석시켜 관수함으로써 상당히 높은 비타민 C가 들어 있는 상추를 생산 했다고 한다. 물론 비타민 C 상품 가격도 비싸지만 이와 같은 물질의 주입으로 기능성화가 가능하다. 그러므로 기능성 농작물의 생산설계는 농산물을 출하하기 전에 의견수렴이 중요하다. 육종의 측면에서는 농작물의 종류에 따라 어떤 항암 성분이 들어 있는가를 조사해 볼 필요가 있다. 주요 성분으로는 플라보노이드, 카로티노이드, 그리고 테르페노이드(terpenoids) 등이 있다. 그 외 항산화성 물질이 포함되어 있는지의 여부 등을 조사해서 기능성이 있는가를 알아봐야 한다. 결론적으로 기능성 농작물의 설계는 육종적 측면에서 부단한 선발과 유전공학 기법을 이용한 신작물 창출이 중요하며 재배적 측면에서는 신물질 주입이나 이미 생성된 물질의 분해나 파괴를 극소화시키는 것이 중요하다.

2. 기능성 농산물의 생산

농촌진흥청은 수출경쟁력이 큰 고품질 기능성 농작물을 개발하여 국립종자관리소에 국가품종목록 등재와 품종보호출원, 생산물판매신고 과정을 거친 후 농가에 보급할 계획이라고 발표하였으며 대표적인 신품종을 살펴보면 밥맛이 월등하게 우수한 '고품벼', 항산화 함량이 많은 '조생흑찰벼', 혼식용으로 적합한 '청자콩3호', 맛과 향기가 좋고 껍질째 먹을 수 있는 '웰빙형사과', 국내 최초로 육성한 토종감귤 '하례조생', 쌈채소로 맛이 좋은 '하청상추', 비타민 C 함량이 풍부한 '새보라들깨', 건강 기능성 '생올마늘' 등이 있다. 기능성 농작물 개발의 대표적인 예로 게르마늄 농업을 들 수가 있다. 게르마늄은 대부분의 식품에 미량이나마 함유되어 있다. 특히 우리나라 농산물에는 게르마늄이 많이 들어 있다. 현재 우리나라의 농업은 세계무역기구(WTO)로 위기에 처해 있다. 2005년부터의 농수산물 개방은 다른 산업 부문처럼 치열한 경쟁을 겪게 될 것이고 경쟁력이 없는 농수산물은 시장에서 도태될 것이다. 현재 우리 농산물은 가격 경쟁력이 다른 경쟁국 특히 중국에 비해 크게 뒤진다. 따라서 맛있고 건강증진 기능을 가진 고기능성 농산물의 생산기술만이 21세기에 우리나라 농업과 농민을 살릴 수 있는 길이라고 할 수 있다.

표 2-16. 기능성 작물의 재배 과정

번호	생산요인	재배과정에서 점검 사항
①	작목 선택	소비자의 기호와 약리적 효과를 고려한 농작물의 선발과 재배
②	관수 조절	관수량을 줄여 기능성 물질의 함량과 맛 및 향을 증가시킨다. 점적관개에 의한 관수량 조절 필요
③	시비법 개선	배추과 채소의 매운맛 증진을 위해서는 암모니아태 질소(유안)와 기능성 성분을 함유한 유기질 비료 사용. 당도증진을 위한 미생물 비료 이용
④	온도 관리	기능성 물질의 합성, 전이 및 축척에 적합한 온도조건 유지
⑤	병충해 방제	환경 친화적인 병충해 방제 방법이용. 침투성 살충제는 맛과 향을 결정적으로 나쁘게 하므로 사용에 주의한다.
⑥	수확 시기	수확 시기에 따라 기능성 물질의 함량이 다르다. 허브류는 개화 직전에 기능성 성분의 함량이 가장 높다.
⑦	포장 및 유통개선	유통 중에 기능성물질이 변질, 휘발하게 되므로 랩 등을 이용하여 포장한 후 콜드체인을 이용한 저온 수송이 요구됨. 잎채소류는 대량포장에 따른 변색에 유념
⑧	기타	다양한 기능성 물질의 개발과 이용. 제초제 사용 금지

기능성 농산물의 생산방법은 재배 식물의 종류나 기능성 성분에 따라 매우 다양하다. 일부 체계화된 기능성 물질 생산 방법도 있으나 대부분은 아직도 연구단계에 있거나 구체적인 생산방법

이 미확립된 상태로 재배되고 있다. 따라서 보다 안정적인 기능성 농산물 생산을 위해서는 작물별로 기능성 물질이 최대로 얻어질 수 있는 재배방법을 확립하여야 한다. 표 2-16에서는 기능성 농산물 생산에서 고려되어져야 할 사항을 요약하였다.

① 기능성 작물의 선택

기능성 작물은 농가 스스로 선택할 수 있다. 예를 들어 일부 지방에서 이용하는 산채류를 쌈용이나 나물용으로 개발해서 공급한다면 훌륭한 먹을거리가 될 수 있다. 유럽에서는 우리가 잘 먹지 않는 밭에서 나는 쇠비름(*Portulaca oleracea*)을 샐러드 채소로 이용한다. 이유는 이뇨작용과 소염 등의 효과가 있으며, 도라지, 인삼 등에 들어 있는 사포닌도 있어서 강장에도 효과가 있다. 우리나라에서도 지금까지 약제로만 쓰이던 참당귀 잎을 채소로 개발하기 위한 노력을 기울인 결과, 향이 약한 계통을 선발하여 그 잎을 쌈채소로 이용하기에 이르렀다. 유럽이나 기타 선진국에서 기능성 작물로 재배하고 있는 식물들의 국내 재배를 위한 선발시험도 적극적으로 추진할 필요가 있다.

② 관수 조절

여러 실험을 통해서 식물체 속에 함유된 기능성 물질은 식물이 스트레스를 받을 때 증가되는 경향을 보인다. 특히 허브식물 같은 것은 건조한 지대에서 재배하면 향이 높지만 충분한 수분을 제공할 때는 생육은 좋으나 향이 낮다. 그리고 무나 배추 같은 경우도 건조하게 기를 경우에 매운맛이 강하다. 그 외에도 상추의 경우 다소 건조하게 길러야 쓴 맛이 증가한다. 그러므로 기능성물질을 증대시키기 위해서는 다소 건조하게 재배하는 것이 유리하다. 그러기 위해서는 관수량의 조절이 쉬운 점적관개(trickle irrigation) 시설을 설치하는 것이 좋다.

③ 시비법 개선

기능성 물질은 시비를 통해서 증대 시킬 수 있다. 양배추 속에 들어 있는 항암성 물질인 이소티오시아네이트(isothiocyanate, SCN)는 유황을 함유하고 있다. 그러므로 유기물이나 황산암모늄(유안)를 충분히 시비하면 매운 맛이 증대된다. 최근에는 각종 미생물 비료, 특수 미량원소 비료, 그리고 특수 유기질 비료 등을 이용한 기능성 증진이 농가에 따라 실용화 되고 있다. 그러므로 농가가 재배하고자 하는 작물의 기능성 물질 성분을 찾아내 이것과 관련된 성분의 시비를 하는 것이 기능성 증진에 중요하다. 채소를 재배할 때는 알맞은 온도조절을 부여해야 한다. 우리가 즐겨 먹는 엽채류는 호냉성 작물로서 재배 적온이 상온(18~20℃)에서 잘 자란다. 만일 온도조건이 재배조건보다 높으면 원만한 생육이 이루어지지 않는다. 특히 여름철의 엽채류 재배는 많은 문제가 있다. 이를 대비하기 위하여 여름철에 알맞은 차광시설이나 쿨링포그시스템(cooling fog system)을 이용해서 온도를 낮추어 재배해야 한다.

④ 온도 관리

기능성 작물은 최적온도에서 재배하고 주야간에 온도차(변온)를 두어 호흡을 줄여야 기능성 성분의 생산량이 많아지고 품질이 우수해진다. 지나치게 낮거나 높은 온도는 재배 기술로 회피시킨다. 그러나 경우에 따라서 스트레스는 기능성 성분을 향상시킬 수 있다.

⑤ 병충해 방제

농작물은 일반적으로 진딧물, 흰나비 애벌레의 피해를 많이 받게 된다. 그러나 농가에서는 이를 방제하기 위하여 가끔 침투성 살충제를 사용할 수 있다. 침투성 살충제는 샐러리나 기타 향을 내는 허브류에서는 맛과 향을 변화시켜서 맛을 나쁘게 한다. 그러므로 가능하면 끈끈이 같은 것을 이용해서 해충을 제거하거나 천적을 이용하는 농법이나 망사를 덮어서 가꾸는 방법을 도입하여야 한다. 특히 쌈채소의 경우 신선하게 이용하므로 농약 살포 후에 분해까지 기다리는 시간을 지킨 다음 수확해야 한다.

⑥ 수확 시기

대체로 기능성 물질은 허브에서는 개화 직전에 가장 높다. 작물에 따라서는 잎채소의 경우는 잎이 완전히 성숙될 때 가장 높은 함량을 갖는다. 그러므로 너무 어린잎을 수확하면 부드럽지만 싱겁다. 때에 따라서 당귀와 같이 너무 향이 진한 작물은 어린잎을 수확하는 것이 좋을 경우도 있다. 서양고추냉이의 경우는 잎이 너무 오래된 것은 섬유소가 많아서 쌈채소로서 부적당하므로 잎이 완전한 녹색을 띠고 너무 오래되지 않은 잎을 수확한다.

⑦ 포장 및 유통개선

기능성 성분은 출하 과정에서 온도가 너무 높거나 개별 포장을 하지 않고 출하하면 성분이 급격히 휘발되거나 변화된다. 그러므로 신선함이 중요해 수확, 포장, 출하 시에 가능하다면 콜드체인을 이용하는 것이 좋다. 그래야만 기능성 성분이 소비자에게 많이 공급될 수 있다.

⑧ 기타

제초제를 사용하거나 생장조절제 등을 처리할 시에는 안전수칙은 물론 농약허용기준강화제도(PLS)를 잘 지켜야 한다. 그래야 제초제가 함유되지 않은 정상적이고 안전한 농산물을 소비자에게 공급할 수 있다. 그리고 오염되지 않은 지하수를 이용하거나 정밀한 환경제어가 되는 식물공장적 생산을 고려할 수도 있다.

3. 생명공학기술을 이용한 기능성 작물의 생산

몇 해 전까지 만해도 생명공학(biotechnology)이라는 말이 언론매체를 통해 새로운 용어로 쓰여 왔다. 최근 들어서는 생명공학이라는 새로운 용어가 일상이 되고 있다. 농업, 특히 종자시장에는 앞으로 생명공학으로 인한 품종들이 미래의 농업생산을 좌우할 것이라는 것이다. 생명공학이란 "생물이나 세포의 작용을 이용하거나 그 작용을 모방하여 인간에게 유용한 물질을 새롭게 생산하는 기술"을 말한다. 구체적으로는 ① 조직배양, ② 세포융합, ③ 유전자조작, ④ 유전자 가위 기술 등으로 식물이 어떤 특수 환경이 주어지면 새로운 물질을 생산하는 성질 등의 기술을 이용하여 종자, 식물, 의약품 등을 생산해 내는 것을 의미한다.

세포융합의 가장 대표적인 예로 쌈추를 들 수가 있다. 원래 채소의 품종개량은 주로 교배(crossing)하는 방법으로 이루어져 왔는데 이 방법으로는 식물학적으로 동일한 종에 속하는 양친 사이에서만 잡종을 만들어 낼 수가 있었다. 생명공학의 발전으로 종래의 불가능 했던 종속간 식물의 조합으로 새로운 작물을 만들어 낼 수가 있게 된 것이다.

생명공학기술을 이용해서 만든 농산물을 바이오 농산물이라고 한다. 일본에서 가장 먼저 실용화된 바이오 농산물은 배추와 양배추의 잡종이었다. 일반적으로 "하꾸란"이라 부르나 재배품종으로는 기후그린(gifu green)이 있다. 배추는 무름병에 약한 데 비해 양배추는 비교적 강하다. 이 새로운 잡종은 무름병에 강하고 잎은 결구하며, 부드럽고, 즙이 많아 생으로 먹을 수 있다. 우리나라에서도 1998년에 배추와 양배추의 종간 교잡을 통해 기존의 배추와 양배추와는 생태적 특성이나 모양이 전혀 다른 새로운 개념의 식물 개체가 탄생되었다. 이런 새로운 쌈채소를 쌈추라고 명명하였고 현재는 기능성 채소로서 그 우수성이 입증되어 생산 판매되고 있다 (그림 2-20). 쌈추는 염색체 수에 있어서도 특이하게 40개이다. 일반적으로 배추는 20개, 양배추는 18개로 알려져 있다. 또 맛에 있어서도 독특하게 배추의 쌉쌀하고도 약간 매운맛과 양배추의 고소하고 단맛이 함께 어우러져 매우 새콤한 맛을 느끼게 한다. 이미 실용화되어 생산 판매되고 있는 쌈추와는 달리 유전자 재조합 기술에 의해서도 매우 다양한 농작물이 개발되고 있다.

건강 장수시대를 맞이하여 기존의 생산성 향상을 위한 생명공학 농산물이 경구용 백신, 항암성분, 혈압 강하제를 함유하는 등 기능성이 강화된 제3세대 맞춤농작물 시대로 변하고 있다.

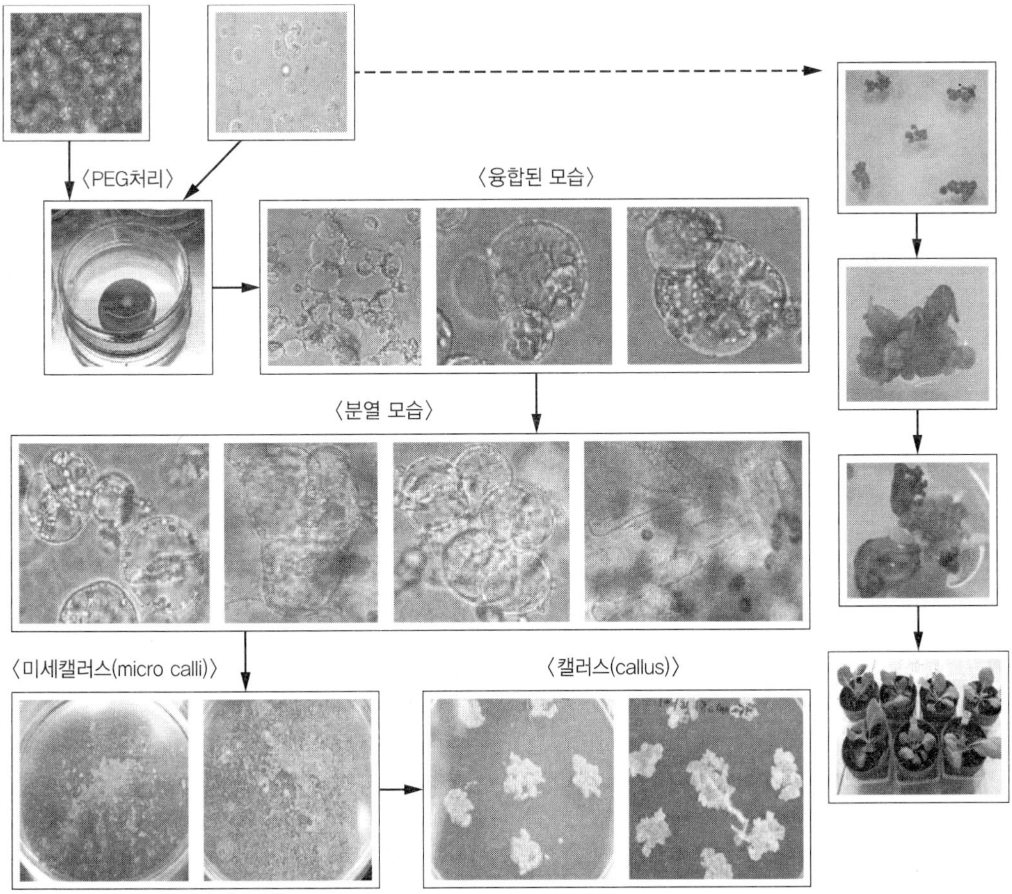

그림 2-20. 무와 양배추의 세포융합 과정도

*PEG(polyethylene glycol)

제3세대 맞춤농작물이란 비타민 A 함유 황금 쌀, 기관지염 바이러스 예방용 토마토, 카페인이 없는 커피 등 영양과 건강에 좋은 생명공학 농산물이다. 유통기간이 연장된 토마토 등 가공특성을 향상시키거나 가공비용을 절감시키는 것이 제2세대 맞춤농작물이고, 제초제 저항성, 병해충저항성 등 생산성 향상에 관여하는 것이 제1세대 맞춤농작물이다(표 2-17).

표 2-17. 맞춤 농작물 분류와 특성

맞춤농산물	특성
제1세대	• 생산성을 향상시키는 유전자 변형(GM) 농산물 -제초제 저항성 -병해충 저항성 • 종묘, 농약회사 등 생산자가 유리하다.
제2세대	• 가공성을 향상시키는 유전자 변형(GM) 농산물 -지방산 조성 변화 -저항기간 연장 -가공특성 향상 • 가공회사가 유리하다.
제3세대	• 기능성을 향상시키는 유전자 변형(GM) 농산물 -식용 백신 -항암, 혈압강하 등 의약용 소재 -영양가 향상 식품 • 소비자가 유리하다.

21세기는 맞춤농작물의 시대가 될 것으로 보이며 현재 재배 중인 대부분의 생명공학 농작물은 제초제저항성 혹은 해충저항성 작물들로 생산성 증가에 관계된 제1세대 생명공학 농작물이지만, 앞으로 소비자의 요구에 부응하는 영양과 건강에 관련된 고부가가치의 제2, 제3세대 농작물에 대한 연구개발과 특허출원이 더욱 활발히 촉진될 것으로 예상되고 있다.

그림 2-21.
배추와 양배추의 종간교잡을 통해 육성된 쌈추

우리나라의 경우 1999년 유전자를 변형시킨 농산물이 국내에서 처음 개발되었다는 사실이 보도 되었다. 그동안 농촌진흥청 산하 농업과학기술원에서는 1990년 초부터 국내에서 소비량이 많은 8개의 농작물(벼, 배추, 양배추, 담배, 토마토, 오이, 들깨) 19종의 유전자를 변형시키는 실험을 수행해 왔다.

이 중에서 벼, 고추, 배추, 들깨는 개발이 완료되어 상품화가 임박한 단계다. 생명공학 들깻잎은 노화방지와 두뇌발달 촉진에 효과가 있는 오메가-3 지방산을 일반 들깻잎보다 10% 이상 더 함유했으며, 백신을 생산하는 토마토, 혈압강하 들깨 및 비타민 E의 함량이 강화된 들깨 등을 개발하였다고 보고한 바 있다. 국내의 한 종묘회사의 생명공학연구소에서는 쥐의 간으로부터 분리한 비타민 C 생합성 관련 유전자를 상추에 형질 전환시켜 비타민 C의 함량이 4배 이상 증가한 기능성 상추를 개발하여 포장시험 중이라고 보고한 바 있다(그림 2-22). 그 외에도 국내의 한 생명공학 벤처기업에서는 분자농업(molecular farming)을 이용하여 고가의 의약품 등을 개발하고 있다. 최근 외국의 생명공학 기술은 병충해에 강한 작물을 개발하는 전통적 단계에서 인체에 유용한 성분을 작물에 배양하는 단계로 바뀌는 추세다.

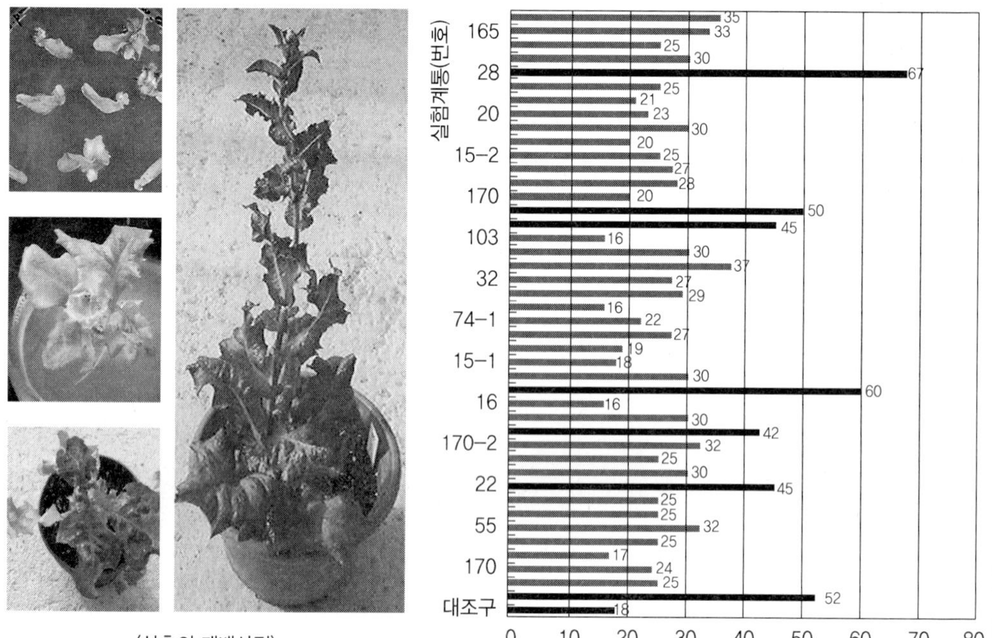

〈상추의 재배사진〉

그림 2-22. 형질전환 상추의 비타민 C 검정

4. 기능성 작물의 개발전망

농가에서 맛이 뛰어나고 기능성도 높은 농산물을 생산하여 소비자에게 공급하는 것은 국민 보건적 측면에서 매우 중요하다. 그러므로 다양한 식물 중에서 기능성이 높은 식물을 선발하여 이를 농가에 보급하여야 한다. 기능성 작물은 재배방법에 따라 기능성성분 함량이 달라질 수 있으므로 기능성이 향상되도록 재배에 주의를 요한다. 아울러 수확 후 출하과정에서도 기능성이 저하되지 않도록 해야 한다. 앞으로 기능성 농작물은 계통출하를 해야 하고 기능성이 있음을 출하상자에 표시해야 한다. 그래야 소비자의 선호도를 증진시킬 수 있다.

미래에는 '소비자-생산자 농업생산체제'가 유력한 선진화된 농업생산구조로 자리 잡을 것으로 전망된다. '소비자-생산자 농업생산체제'란 "소비자는 단순히 생산자에 의해 생산된 농산물을 구입하여 소비만 하고, 생산자는 단순히 생산만 하는 것이 아니라 직업적인 농업생산자와 소비자가 함께 직·간접적으로 농산물 생산과정에 공동 참여하여 농산물을 생산하고 유통하는 체제"를 의미하고 있다. 이 체제에서는 소비자가 농산물 생산과정에 직접 관여할 수 있다는 장점이 있다. 소비자는 자신이 직접 생산에 참여함으로써 보다 저렴한 가격에 원하는 농산물을 구입할 수 있고, 생산자는 인건비와 판매비용 등의 비용을 절감시켜 이윤을 안정적으로 확보할 수 있다. 특히 '소비자-생산자 농업생산체제'는 경지면적이 넓지 못한 우리나라의 농업여건에 적합한 생산체제이다. 우선, 소량 다품목생산에 적합하여 중소농(가족농)의 높은 이윤을 창출할 수 있고, 판매와 인력 조달의 문제도 어느 정도 완화할 수 있다. 그러한 점에서 규모화가 어려운 농가의 대안적 생산체제도 될 수 있다.

농산물 소비자들은 깨끗하고 안전하며(clean and safety) 저렴한 농산물을 원한다. 소비자-생산자 농업생산체제는 그러한 소비자의 요구에 부합되는 농산물 생산 방안이 될 수 있다. 소규모이면서 다품목으로 생산되는 기능성 농산물의 안정적인 소비를 위해서라도 소비자와 함께하는 생산체제는 매우 중요하다.

우리나라에서는 아직도 기능성 농산물에 대한 표시기준이 마련되지 않아 유통과정에서 혼란이 되풀이되고 있다. 농가에서는 게르마늄, 셀레늄, 칼슘, 키토산 등을 이용해 농작물을 재배하고, 이들 물질이 가지는 기능성을 농산물에 표기하여 품질 차별화를 통한 농가소득 증대를 도모하고 있다. 이러한 농가의 요구를 충족시키기 위해서는 작물별로 생산된 농산물의 기능성을 정확하게 표기할 수 있는 기준을 마련해야 한다. 안전과 맛에 대한 소비자들의 판단기준이 엄격해지는 추세에 맞춰 기능성 농산물을 생산하고 이를 판매하려는 생산자의 움직임은 앞으로 더욱 증가할 것이다. 따라서 기능성 농산물의 생산에 이용된 재배방법이나 재배과정을 표기하는 농산물생산이력제가 도입되었다. 이들 기능성 농산물을 객관적으로 검증할 수 있는 평가기준의 설정과 평가기관의 구비요건 등을 확립해야 하고 이에 맞는 관련 제도의 개선도 이루어져야 한다. 기본적으로 기능성 농산물은 소비자에게는 안전성이 생산자에게는 수익성이 보장되어야 한다. 기능성 농산물 생산기술이 향상되고 시장이 활성화되기 위해서는 다음과 같은 점이 개선되어야 한다.

① 사용기술이나 관련 농자재를 이용할 때 동일한 생산이 가능한 재현성을 유지해야 한다. 재배환경에 따라 재현성이 상실되면 신뢰성에 의문이 생기게 된다.

② 안전성이 확보되어야 한다. 질산염에 관련된 제도나 농약허용기준강화제도(PLS)의 정착이 빨리 이루어져야 한다.

③ 유기농산물이나 농자재의 가이드라인이 설정되어야 한다.

④ 가공기술이 개발되어 기능성 농산물 가공사업도 더욱 활성화되어야 한다.

⑤ 적극적인 홍보 및 판로개척과 전자상거래가 활성화되어야 한다.

이를 위해서는 관련된 법의 정비와 제도적 보완이 필요하다. 현재의 법규로도 기능성이 증진된 기술로 1차 농산물을 생산해도 '기능성'이란 표기가 불가능하지만, 2차로 가공하여 가공식품으로 판매하면 '기능성' 표시가 가능하다.

우리나라 식품의약품안전처에서는 고시형 건강기능식품과 개별인정형 건강기능식품으로 구분하고 있다. 개별인정형은 영업자가 제조 혹은 수입하고자 하는 제품이 고시형 건강기능식품에 해당되지 않는 경우 해당 원료의 안전성과 기능성에 관한 자료를 제출하여 기능성 원료로서 인정받고 그 원료로 만든 제품의 기준 규격을 인정받아야 하는 건강기능식품을 말한다. 또한 식품의약품안전처에서 인정하는 건강기능식품에는 속하지 않을지라도 '건강을 지향하는 식품'에 유념할 필요가 있다. 풍기지역에서 한방찌꺼기를 이용하여 생산한 '한방사과'나 인삼 성분을 사용해 생산한 '인삼딸기'가 그 좋은 예이다. 기능성 농산물의 생산, 유통과 관련된 식품위생법 10조 '표시기준'과 11조 '허위표시 등의 금지' 조항은 유전자조작 농산물의 표기에 대해 주로 언급하고 있기 때문에 기능성 농산물을 둘러싼 각종 논란을 해소하고 이를 육성 발전시키기에는 턱없이 미흡하여 이의 보완이 필요하다. 소비자의 신뢰성 확보를 위해 농산물의 기능성인증은 국가가 지정하는 전문기관에서 이루어져야 한다.

제3장
농업기술과 농자재

제1절 재배기술의 발달

고대의 인류는 지구상에서 살아가기 위하여 야생식물의 종자와 열매를 채취하거나 야생동물들을 사냥하고 강과 바다에서 물고기를 잡아먹었을 것이다. 그리고 어느 지역에서 먹을거리가 부족하면 다른 곳으로 이동하여 채취하였다. 이러한 생활이 계속되는 동안 인구가 일정수준 이상 늘어나게 되면서 자연에서 채취한 것만으로는 먹거리가 부족하여 특정지역에서 식물의 씨를 뿌려서 가꾸게 되고 가축을 기르게 되었다. 인간이 야생식물 중에서 이용가치가 높은 것을 골라 그 씨앗을 주거지 근처에 뿌려 가꾸면서부터 원시농경(原始農耕)이 시작되었다.

원시농경 중의 하나로 산에 불을 질러서 밭을 일구어 재배하는 것이 화전농업(火田農業, slash and burn farming)이었다(그림 3-1). 산야를 태운 곳에서 몇 해 동안 농사를 지은 다음 지력이 쇠약해지면 다른 곳으로 옮겨가서 같은 방법을 되풀이하는 화전농법을 이동경작(shifting culture)이라고 한다. 우리나라의 북부산간지대에서는 1900년대 중반까지도 화전농업이 행해져 왔으며, 아프리카와 라틴아메리카의 일부지역에서는 지금도 화전농업이 이루어지고 있다. 화전농업에서는 불에 타서 남은 식물의 재가 재배식물의 양분으로 공급되어 작물의 생산량을 증가시켰고, 땅 표면에 떨어진 잡초종자나 병해충에 이병된 식물들이 불에 타서 없어지는 것도 작물생산에 유리한 요소가 되었다. 그러나 산지(山地)를 이용한 화전농업은 한명이 먹을 식량을 생산하는데도 넓은 농지가 필요하다. 이는 그만큼 생산성이 낮기 때문이다. 이 이외에도 화전농업에서는 일정기간 경작 후에 다른 곳으로 옮겨가야하는 불편함도 있었다. 그리고 화전농업에서 지력이 떨어지면 20여 년 동안 휴경(休耕)을 하여 지력을 회복시킨 후에 다시 돌아와 농사를 지었다.

이러한 화전농업으로는 늘어나는 인구의 식량수요를 충족시키기에 한계가 있었다. 따라서 화

그림 3-1.
산야를 불태워 화전을 만들고 있는 모습

전으로 일구는 경작지가 야산에서 경사가 완만한 초지나 평야지로 옮겨가게 되고, 휴경기간도 1~2년으로 단축되는 방향으로 발전하게 된다. 농사를 짓지 않는 기간이 짧아지면서 지력(地力)을 유지하고 보강하는 방법들도 필요하게 되었다.

유럽에서 작물의 재배와 휴한(休閑, fallow)을 1년씩 되풀이하는 2포식농법(二圃式農法, two field course)을 시작으로 지력회복을 위한 휴한농업과 콩과작물을 이용하는 순환농업으로 발달하게 된다. 8세기 초에 독일에서 시작된 3포식농법(三圃式農法, three course rotation)은 경작지를 3등분하고 2/3에 해당하는 면적에 가을밀이나 봄보리를 재배하고 1/3은 휴한하면서 해마다 휴한지를 1/3씩 이동하여 경작지 전체를 3년에 한번씩 쉬게 하는 방식이다. 그 후 휴한지에는 목초를 심어 가축을 방목하면서 가축의 분뇨를 지력증진에 이용하는 방식으로 발달하고, 마침내 휴한지에 공중질소를 고정하는 클로버, 알팔파, 베치 등과 같은 콩과작물을 재배하여 지력을 증진시키고 토양의 이화학적 성질을 개선하는 개량3포식농법으로 발전하게 된다. 개량3포식농법의 원리는 작물의 종류나 재배순서, 지력유지, 병해 및 잡초방제, 노력분배 등의 측면에서 가장 유리하게 순환시키는 과학적인 순환농법인 윤작(crop rotation)으로 발달하게 된다.

18세기에 영국에서 탄생한 '노퍽(Norfolk)식 농법'이 그 대표적인 예이다. 이 방법은 휴한을 없애고 순무→보리→클로버→밀이라는 4년 순환(cycle)의 윤작법으로, 유럽 밭농사의 생산성이 이 방법에 의해 크게 향상되었다(그림 3-2). 유럽의 경작지가 수백 년 간 황폐화되지 않고 유지되어 온데는 이러한 윤작식 농법이 큰 역할을 해왔다고 본다. 19세기 중반에 와서 식물의 영양공급에 획기적인 계기를 마련하게 되는데 그것이 1840년에 제창된 리비히(Liebig)의 무기영양설(無機營養說, 최소율의 법칙)이다. 1843년에 최초의 인조비료인 과인산석회가 제조되고, 1913년에는 질소가스(N_2)와 암모니아 가스(NH_3)로부터 요소($(NH_2)_2CO$)를 합성하는 방법이 발명되었다.

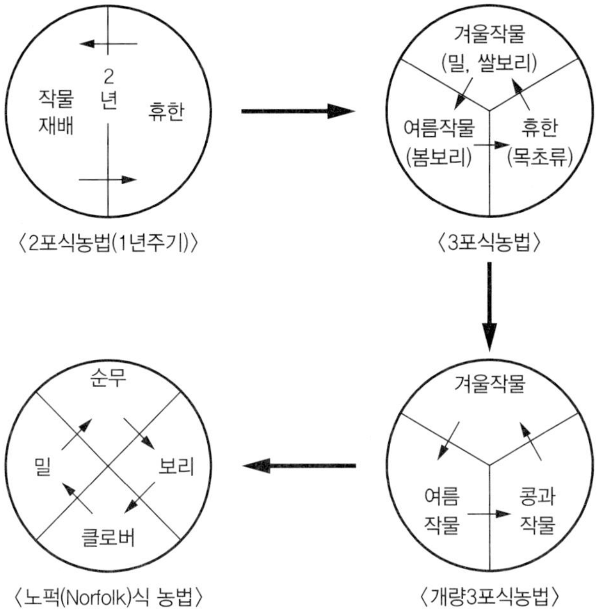

그림 3-2.
휴한농법과 윤작농법의 발달

그 이후 질소, 인산, 칼륨과 같은 3요소 비료 생산이 보편화 되면서 농작물의 생산량은 크게 증가하고 가격은 낮아지게 된다(그림 3-3). 한편, 1878년에 포도 노균병이 미국에서 유렵으로 전파되어 그 피해가 크게 늘어날 즈음에 프랑스 보르도대학 교수인 밀라드(Millardet, 1885)는 보르도액(bordeaux mixture)을 개발하여 포도 노균병의 방제에 크게 기여하게 되었다. 석회보르도액으로 알려진 이 약제는 우리나라에서 지금까지도 과수원 살균제로 자가 제조하여 이용되고 있다. 20세기에 들어오면서 병해충 방제를 위한 여러 가지 화학 농약들이 개발, 보급되고 생장조절제의 발명, 제초제의 합성과 이용 등으로 농작물의 생산량이 늘어남과 동시에 재배에 안정화도 도모하게 되었다.

원시농경에서는 나뭇가지, 동물의 뼈, 돌 등으로 만들어진 불완전한 농구(農具)들을 사용하였으나 철기문화가 발달하면서 쇠로 만든 농기구가 등장하였다. 처음에는 인력(人力)을 이용하는

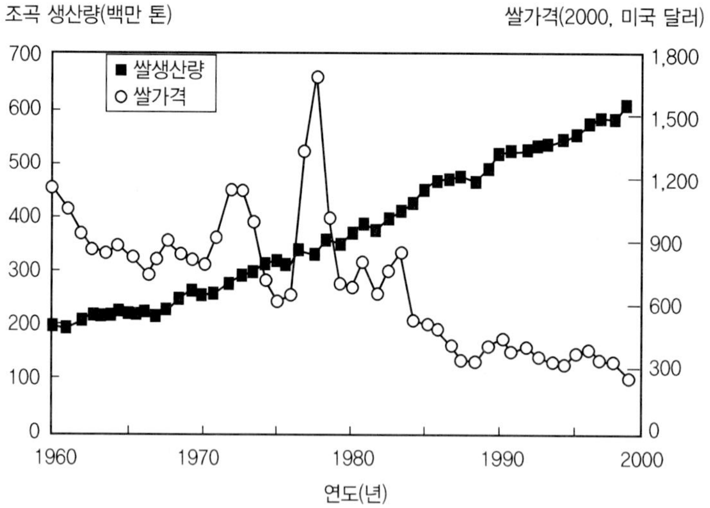

그림 3-3.
세계의 쌀 생산과 가격 추세

농기구가 대부분을 차지하였으나 점차 소나 말같은 가축의 힘, 즉 축력(畜力)을 이용하는 농업으로 발달하였고(그림 3-4) 18~19세기의 산업혁명을 계기로 하여 동력(動力)을 이용하는 농기계들이 등장하면서 농작물의 재배기술을 생력화(省力化)하여 영농에 소요되는 노동력과 노동시간을 크게 감축시키게 되었다.

농업이란 원래 자연에 순응하고 자연을 상대로 이루어지는 산업이기 때문에 자연환경에 이상이 초래되면 농업의 생산기반은 크게 흔들리게 된다. 예로부터 농업은 자연의 영역을 크게 벗어나지 않고 오랜 기간 동안 환경친화적으로 유지되어 오면서 각각의 기후생태에 적합한 영농방식으로 발전해 왔다.

그림 3-4. 소로 밭을 갈고 논을 써레질하던 모습

화학비료와 농약의 사용은 식량난을 해결하는 데는 피할 수 없는 선택이었으며, 식량증산에 기여한 이들의 성과도 매우 크다. 그러나 화학농약과 화학비료의 사용량이 증가하면서 식량증산이라는 긍정적인 측면 이외에 토양과 수질의 오염, 자연생태계의 파괴, 잔류농약의 유해성과 같은 갖가지 문제점들이 야기되었다. 이렇게 과다한 화학비료나 농약의 사용으로 유발되는 농업환경 문제는 우리나라와 같은 집약농업 방식을 택할 수 밖에 없는 나라에서는 더욱 큰 문제를 유발시키고 있다. 이런 점 때문에 화학비료와 농약의 사용을 최소화하고 가급적 토양을 자연의 물질순환계에 맞게 건전하게 하고 지력을 비옥하게 유지하기 위한 환경친화적이고 지속가능한 영농기술의 중요성이 과거 어느 때보다 높게 강조되고 있다.

〈다단식 컨테이너를 이용한 벼 육묘과정의 자동화〉

〈승용이앙기를 이용한 이앙〉

〈헬기로 병해충을 방제하는 모습〉

〈콤바인으로 벼를 수확하고 있는 모습〉

그림 3-5. 벼농사의 자동화와 기계화

제2절 비료와 작물생산

1. 화학비료의 개발

식물의 무기영양에 관한 이론(Liebig, 1840)이 정립되면서 식물체의 영양생리에 관한 연구도 급속도로 발달하였다. 식물이 생육하는데 필요한 영양소의 필수성(essentiality)의 개념이 도입되었고 무기원소가 식물의 생장촉진에 필수적이라는 사실을 알게 되었다. 따라서 식물의 종류나 토양의 특성에 맞게 필수영양소를 적절하게 공급하여 작물의 수량과 품질을 조절할 수 있는 지식으로 발달하였고, 식물이 필요로 하는 필수영양소를 공업적으로 생산할 수 있는 기술이 개발되면서 비료 공업이 발달하였다. 공장에서 생산되는 비료를 화학비료(chemical fertilizers)라 하는데 지금까지는 이 화학비료의 사용으로 작물의 생육과 수량을 크게 향상시켜 왔다(그림 3-6).

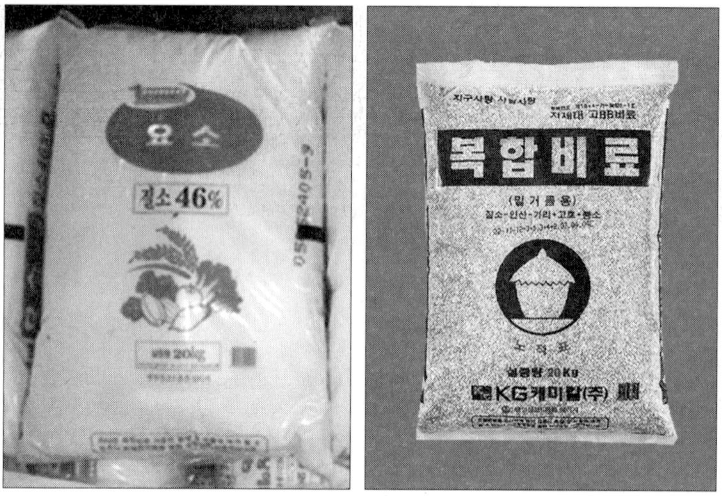

그림 3-6.
화학비료인 요소(왼쪽)와
복합비료(오른쪽)

2. 비료의 종류 및 분류

식물이 생육하는 데 필요한 양분(비료)이란 무엇인가? 하는 질문에 대한 답을 알기 위해서는 식물체의 구성성분이 무엇인지 먼저 알아야 한다. 식물체를 분석해 보면 평균적으로 약 70%의 수분과 27%의 유기성분(C, H, O, N, S, P) 및 약 3%의 무기성분(K, Ca, Mg, Fe, B, Mn, Zn, Cu, Mo) 등으로 구성되어 있다.

표 3-1. 지각, 인체, 식물에 포함된 주요원소들의 함량(중량, 단위 %)

번호	지각(earth crust)		인체(human body)		식물(plant)		
	원소명	비율	원소명	비율	원소명	비율	옥수수 줄기에서 비율
①	산소	47.4	산소	65.1	산소	45.0	44.5
②	규소	26.8	탄소	18.0	탄소	45.0	43.6
③	알루미늄	8.41	수소	10.0	수소	6.0	6.2
④	철	7.07	질소	3.0	질소	1.5	1.5(잎은 3.2)
⑤	칼슘	5.29	칼슘	1.5	칼륨	1.0	0.92(잎은 2.1)
⑥	마그네슘	3.20	인	1.0	칼슘	0.5	0.23(잎은 0.52)
⑦	나트륨	2.30	황	0.3	마그네슘	0.2	0.18(잎은 0.32)
⑧	칼륨	0.91	칼륨	0.2	인	0.2	0.20(잎은 0.31)
⑨	타이타늄	0.50	나트륨	0.2	황	0.1	0.17
⑩	수소	0.15	염소	0.2	염소	0.01	0.01

*규소(Si)는 필수원소는 아니지만 벼재배에서 가장 많이 공급하는 비료이다.

필수원소 16가지 중 C, H, O는 물이나 공기, 이산화탄소에서 얻으며 그 외 다른 원소는 모두 토양으로부터 얻는다. 여기서 탄소(C)만 대기 중에서 공급받고 나머지 15개의 원소는 물에 녹아 토양에서 흡수된다. 특히 질소(N)와 인(P), 칼리(K)는 식물이 비교적 다량으로 요구하기 때문에

표 3-2. 식물영양소의 생화학적 기능에 따른 분류

분류	원소의 종류	주요 생화학적 기능
제1그룹 (식물체 구성)	C, H, O, N, S	• 유기물질의 주요 구성요소 • 효소(단백질)합성의 필수원소 • 산화환원 반응에 의한 동화작용
제2그룹 (에너지 전이)	P, B, Si	• 알코올 기의 에스터화 • 에너지 전이 반응에 관여
제3그룹 (생리대사)	K, Na, Mg, Ca, Mn, Cl	• 삼투압의 조절 • 효소단백질의 모양유지 • 반응의 가교 역할 • 음전하와 균형유지 • 막침투성과 전기 에너지의 조절
제4그룹 (전자전달)	Fe, Cu, Zn, Mo	• 전자전달에 관여 • 효소의 활성화작용

3요소라 하며, 여기에 칼슘과 마그네슘을 포함시켜 비료의 5요소라 한다. 식물의 영양소는 식물이 요구하는 양에 따라 16가지 필수다량원소(C, H, O, N, S, P, K, Ca, Mg)와 필수미량원소(Fe, Mo, Cu, Zn, Mn, B, Cl)로 분류하는 것이 일반적이고 생화학적 기능에 따라 표 3-2와 같이 4개의 그룹으로 분류하기도 한다.

넓은 의미의 비료로는 무기질비료와 유기질비료, 천연비료, 합성비료 등이 있으며 정상적인 식물의 생육을 위하여 필요한 원소(element)를 공급하는 물질로 정의할 수 있다. 그러나 이산화탄소(CO_2)나 물(H_2O)에서 공급되는 탄소(C)와 수소(H), 산소(O)는 식물생육의 필수원소(essential element)이지만 비료성분으로 취급하지는 않는다. 우리나라 비료관리법에 명시된 비료란 '식물에 영양을 주거나 식물의 재배를 돕기 위하여 흙에서 화학적 변화를 가져오게 하는 물질, 식물에 영양을 주는 물질, 그 밖에 농림축산식품부령으로 정하는 토양개량용 자재(상토) 등을 말한다.'로 정의되어 있다. 그러므로 비료는 식물생육과 토양의 물리, 화학적 성질의 개선, 유용한 토양 미생물의 활동을 활발하게 하여 토양 중 고정 태의 양분을 식물이 흡수할 수 있는 가용성으로 전환해 주는 모든 물질을 비료라고 정의할 수 있다. 현행 우리나라 공정규격상(公定規格上)에 분류되어 있는 비료의 종류는 표 3-3와 같이 98종의 비료가 등록되어 있다.

표 3-3. 공정규격에 따른 비료의 종류(2021. 1. 15)

구분	비료의 종류(종수)
보통 비료	무기질질소비료(15), 무기질인산비료(5), 무기질칼리비료(4), 복합비료(13), 유기질비료(18), 석회질비료(7), 규산질비료(5), 고토비료(4), 미량요소비료(4), 규인비료(1), 규인칼리비료(1), 기타비료(6) 총 83종
부산물 비료	1급 그린퇴비, 퇴비, 부숙겨, 재, 분뇨잔사, 부엽토, 아미노산발효부산비료(액), 부산동물질비료(액), 가축분뇨발효비료(액), 건 계분, 건조축산폐기물, 부숙왕겨 및 톱밥, 토양미생물제제(미생물 발효) 및 토양활성제제비료 총 15종

비료는 원료, 제조법, 형태, 함유성분, 비료의 효과, 시비법, 반응성, 성분의 농도, 시비 시기나 방법, 수급형태 등을 고려하여 편의에 따라 분류할 수 있으며, 성분별 및 비료반응에 따라 비료를 분류한다.

1) 성분별 분류

비료의 성분 중 식물의 생장에 관련되는 유효성분을 주성분(主成分, main ingredient)이라 하며 그 밖에 혼재된 성분들을 부성분(副成分, secondary component)이라 한다. 특히 부성분 중에서 식물의 생육에 해를 주는 성분이 함유될 수 있으며 이를 유해성분(pernicious ingredient)이라 하고 유효성분(有效成分, active ingredient, ai)과 구별되어야 한다. 비료는 주성분의 종류에 따라 질소질비료, 인산질비료, 칼리질비료, 규산질비료 등으로 나눈다.

2) 비료반응에 의한 분류

화학비료는 화합물의 종류이기 때문에 화학적 반응에 의해 분류할 수 있으며 식물체가 유효성분을 흡수하고 난 후 부성분간의 화학반응에 의하여 다른 화학 반응성을 나타낼 수 있다. 비료성분이 물에 용해되었을 때의 반응성(pH)에 따라 분류되며, 산성비료로는 과석(過石)과 중과석(重過石) 등이 있으며 중성비료는 질산암모늄(NH_4NO_3)과 요소($(NH_2)_2CO$) 등이 있다. 염기성 비료는 석회질소와 용성인비 등이 있다. 비료의 주성분을 식물이 흡수하고 난 후 토양에 존재하는 물질의 반응성에 따라 분류하는 것을 생리적(生理的) 반응에 의한 분류라고 한다. 생리적 산성비료는 황산암모늄($(NH_4)_2SO_4$), 염화칼륨(KCl), 황산칼륨(K_2SO_4) 등이 있으며 황산암모늄의 경우 부성분으로 존재하는 황산근(SO_4^{2-})이 토양 중 수소이온과 화학반응을 일으켜 황산(H_2SO_4)을 생성하므로 토양을 산성화시키는 원인이 된다. 생리적 중성비료로는 질산암모늄, 과석 등이 있고, 생리적 염기성 비료로는 칠레초석, 석회질소 등이 있다.

3. 작물생산에서 비료의 중요성

작물의 생육에는 수분, 공기, 온도, 광, 양분 등이 필요한데 이들 중에서 양분이 인위적으로 가장 쉽게 개선할 수 있고 또한 작물의 생육과 생산량을 향상시키기 위하여 그 공급량을 적절하게 조절해 줄 수 있다. 작물이 정상적으로 생육하는데 필요한 양분의 일부는 토양 중에 천연적으로 존재하지만 그 양만으로는 작물이 정상적인 생육을 유지하는데 충분하지 못한 경우가 대부분이므로 비료의 형태로 보충해 주어야 한다. 즉, 비료의 시용으로 토양 중에 존재하는 양분이 충분하면 작물은 흡수 에너지를 적게 소모하면서 양분을 흡수하고 이를 대사과정에 이용하면서 정상적인 생장을 하게 된다.

해마다 일정량의 생산물을 수확하면서 토양 중에 비료를 공급하지 않으면 토양 중 양분의 함량이 점차 감소하게 되어 생산량은 줄어들게 될 것은 분명한 일이며, 특히 재배작물은 야생 식물에 비해서 뿌리 뻗음이 깊지 못하고 생육기간이 짧으므로 토양 중에 존재하는 양분의 수준에 의해 생육과 생산량이 결정적으로 지배를 받게 된다. 따라서 매년 일정량의 생산물을 얻기 위해서는 한해에 작물이 흡수하여 소모된 양 만큼의 양분을 토양으로 되돌려 주어야 한다. 이와 같이 양분을 인위적으로 조절해 주는 것은 작물생산을 통해 자연 소모된 양 만큼의 영양소를 토양으로 되돌려 주어서 그 다음해 작물의 생육을 정상적으로 유지할 수 있도록 일정한 농도의 양분을 유지하도록 해 주는 것이다.

또한 작물은 그 종류에 따라 양분의 흡수특성이 각각 다르므로 어떤 작물을 재배하느냐에 따라 공급하는 영양소의 농도와 종류가 다르며, 재배지의 토양의 특성에 따라 그 정도도 달라진다. 그러므로 토양의 특성이나 작물의 영양소 흡수특성에 맞게 작물이 필요로 하는 양만큼의 비료를 더 공급해 주어 정상적인 생육을 유지시켜 주어야 한다. 토양의 비옥도 관리는 토양에 공급된 비료가 작물이 흡수할 수 있는 양분의 형태로 존재하게 하여 작물의 생장과 수확량확보에 매우 중요하다.

따라서 작물재배에 있어서 비료공급의 필요성은 직접적으로는 작물의 필수영양소를 공급해 주는 것이며, 간접적으로는 토양의 생산력을 유지 또는 증진시키기 위하여 토양을 개량하거나 토양의 비옥도를 높여 작물의 생산량을 일정수준 이상으로 올리게 하는데 있다.

4. 화학비료의 공급과 수량

대체로 화학비료의 시용량이 증가하면 생산성은 높아진다는 것이 정설이다. 시비에 의한 영양소의 공급과 건조물 생산량과의 생장반응 곡선은 그림 3-7과 같으며 초기에는 많은 양의 영양소가 요구되지만 너무 많은 양을 공급하게 되면 오히려 독성을 일으킬 수도 있으므로 적절한 양의 공급이 우선되어야 함을 알 수 있다.

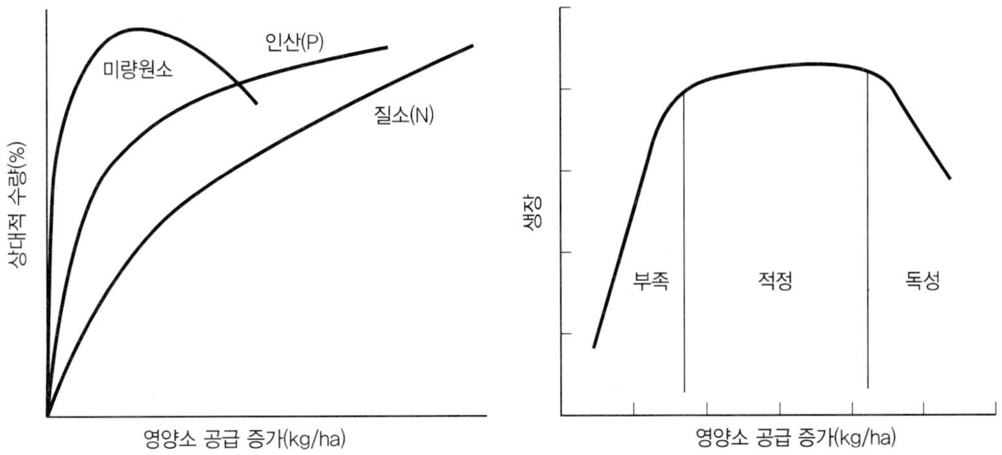

그림 3-7. 영양소의 공급과 작물생장과의 관계

영양결핍 수준에서부터 영양소의 공급을 증가시키면 작물의 성장속도와 수량은 일정 농도까지는 증가하지만 그 증가되는 속도는 점차 감소한다. 이런 상관관계를 무기양분에 대한 수확체감의 법칙(law of diminishing returns)이라 한다. 한 종류의 무기양분의 공급이 증가할 때, 다른 무기양분(생육인자) 또는 작물의 유전적 잠재력이 제한인자가 된다. 만약 양분 공급량을 동일한 질량단위로 나타낼 때 미량원소는 가파르며, 질소는 완만하다(그림 3-7).

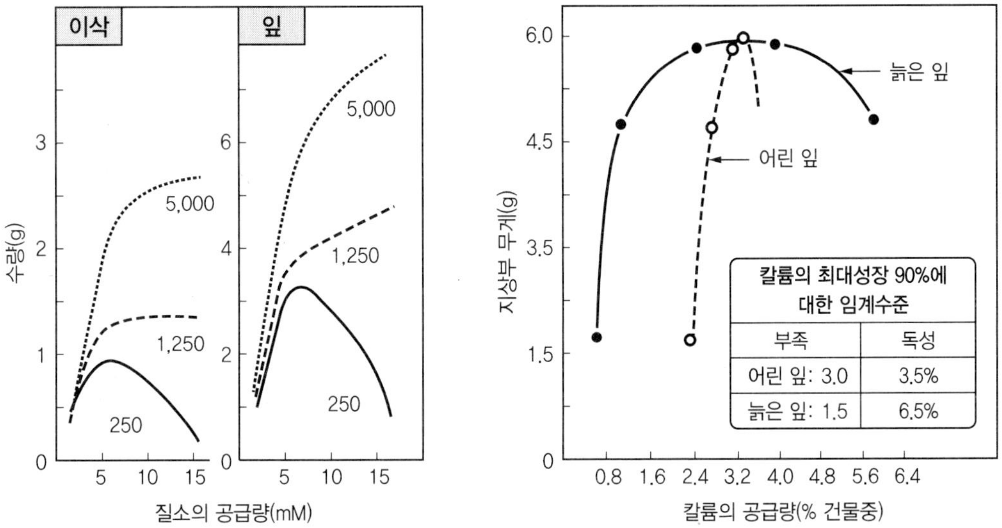

그림 3-8. 질소와 칼리의 공급량과 작물의 생장

질소비료의 경우 이삭과 줄기의 생육에 미치는 영향은 시비수준을 높일수록 수확량도 증가하므로 비료의 시용량과 작물의 생산성은 밀접한 관계가 있다는 것을 알 수 있다(그림 3-8). 그러나 질소의 경우 다량으로 공급할 경우 영양생장을 지나치게 촉진시키거나 병충해의 발생을 유도시켜 오히려 수확량이 감소할 수도 있으며 영양소 그 자체의 독성이나 또는 다른 영양소의 상호작용에 의한 결핍이나 독성에 의한 수확량의 감소로 나타날 수 있다.

5. 화학비료와 작물생산

우리나라 토양은 비옥도가 낮기 때문에 토양비옥도 향상에 목표를 두고 화학비료를 많이 사용하도록 권장하였으며 목표수량을 최고수준으로 설정하고 비료를 공급하는 다비다수농법(多肥多收農法)이 시행하였다. 이로 인해 시비기준량을 훨씬 상회하는 과다시비가 농가에 보편화되기에 이르렀다. 토양에 공급한 비료의 종류별 토양 중 수지(input-output)를 조사한 결과(표 3-4), 질소, 인산, 칼리 등의 토양 투입 양이 너무 많아서 축적되는 현상을 나타내고 있는데, 이는 작물생산 환경이 점차 악화되고 있음을 뜻한다. 그러나 최근 친환경 농업정책이 시행되면서 이러한 과잉시비의 문제점에 대한 인식은 달라지고 있다. 친환경농업의 중요성이 강조되면서 아직은 미흡하지만 화학비료의 사용을 줄여나가려는 노력이 점차 확산되고 있다.

표 3-4. 비료의 종류에 따른 각 성분별 수지(收支)

(단위 : 천 톤)

항목	비료	질소(N)	인산(P)	칼리(K)
투입량	화학비료	456	92	202
	가축분뇨	264	111	268
	기타	36	0.3	0.5
	합계	756	203.3	470.5
산출량	작물, 목초	269	139	146
	기타(휘산 등)	76	28	167
	합계	345	167	313
축적량	투입과 산출의 수지 (input-output)	205	75	78

또한 최근 건강을 생각하는 소비자들이 늘어나면서 화학비료를 사용하여 생산한 농산물에 대한 거부감이 커지고 있다. 이와 같은 소비자의 욕구를 충족시키기 위해 화학비료를 거의 사용하지 않고 환경친화적인 농법으로 농산물을 생산하는 농가가 늘어나고 있다.

화학비료는 표 3-5에 나타난 바와 같이 여러 가지 장점과 단점을 가지고 있으나 요즈음에는 그 장점에 비해 단점이 지나치게 부각되어 화학비료를 공급하여 생산한 농산물은 마치 유해한 성분이 많이 축적되어 있는 것처럼 이해되는 경우도 있다. 화학비료를 공급하여 생산한 농산물에 비해 퇴비나 기타 유기질 비료를 공급하여 생산한 농산물은 품질이 양호한 것으로 생각하는 경향도 있다. 그러나 비료성분 함량이 지나치게 높은 부산물비료(퇴비)를 과량으로 토양에 시용하였을 경우 화학비료와 마찬가지로 토양환경을 악화시키며 생산물의 품질을 떨어뜨리게 된다.

이러한 점에서 볼 때 화학비료는 퇴비가 갖지 못한 장점, 즉 가격의 저렴함, 다루기 편함, 효과의 빠름 및 목표성분의 임의 조절기능 등을 갖고 있으며, 퇴비는 화학비료가 갖고 있지 못한 토양 개량 효과와 토양 산도 교정 효과가 있으므로 이들을 적절하게 사용하는 지혜가 필요하다. 다만 화학비료가 가지는 단점들은 화학비료 그 자체에 문제가 있는 것이 아니라 비료를 지나치게 많이 주는 풍조와 토양특성을 고려하지 않는 시비 등 시비방법적인 측면에서 발생하는 문제라는 점을 반드시 인식해야 할 것이다.

표 3-5. 화학비료 부산물비료(퇴비)의 장단점

구분	화학비료	부산물비료(퇴비)
장점	• 가격이 저렴함 • 사용이 편함 • 효과가 빠름 • 목표성분 임의 조절 가능	• 토양 개량효과가 큼 • 생장 촉진물질 공급 • 토양산도 교정
단점	• 토양산성화 초래 • 토양 물리성 악화 • 토양 염류집적 초래	• 가격이 비싸고 다루기 불편 • 목표 성분 조절이 불가능 • 시비효과가 늦음 • 생육저해를 유발하는 염류집적 및 유해물질의 혼입

농촌진흥청에서 우리나라 논토양과 밭토양, 시설재배지 토양의 이화학성을 분석한 자료에 의하면 1980년대를 기점으로 대부분의 농경지에서 모든 화학성분이 작물의 요구수준보다 훨씬 더 높은 집적현상을 나타내기 시작하여 작물생산 환경이 변화되었음을 알 수 있다(표 3-6).

최근에 화학비료의 과다 시용으로 인한 환경오염을 최소화하고 품질이 우수한 농산물 생산에 적합한 영농관리와 환경친화형 농업자재의 개발 및 시용효과에 대한 검증이 다양하게 이루어지고 있다. 영양소의 과잉축적과 토양의 산성화, 유기물의 함량 감소 등으로 인하여 농업의 생산성이 악화되는 것을 방지하기 위하여 민간단체를 중심으로 농업 생산 환경을 개선하기 위한 노력이 다각도로 시도되고 있다.

식량생산을 늘이기 위하여 많은 양의 화학비료를 지속적으로 투입하면서 토양환경이 급속도로 악화되어 1990년대 이후 토양환경을 보존하면서 고품질의 식량자원을 안정적으로 생산하기 위한 방향으로 작물생산 방법이 전환되고 있다. 이와 동시에 비료산업은 점차 토양환경을 보존하며 환경오염을 줄이고 품질이 우수한 농산물을 생산하기 위한 방향으로 전환되게 되었다. 화학비료의 시용방법을 개선하기 위하여 토양검정을 정확하게 실시하고 각각의 작물이 필요로 하는 적정량만을 공급하기 위한 주문형 비료인 BB(Bulk blending)비료의 공급량이 점차 늘어가고 있다.

표 3-6. 우리나라 토양의 이화학성 변화

구분	조사 연도	pH (1:5)	OM (mg kg^{-1})	Av. P_2O_5 (mg kg^{-1})	치환성양이온(cmol$^+$kg^{-1})		
					칼륨	칼슘	마그네슘
① 논토양	1964~1968	5.5	26	60	0.23	4.5	1.8
	1976~1979	5.9	24	88	0.31	4.4	1.7
	1980~1989	5.7	27	107	0.27	3.8	1.4
	1999~2004	5.7	22	136	0.32	4.0	1.4
	적정범위	6.0~6.5	25~30	80~120	0.25~0.30	5.0~6.0	1.5~2.0
② 밭토양	1964~1968	5.7	20	114	0.32	4.2	1.2
	1976~1979	5.9	20	195	0.47	5.0	1.9
	1980~1989	5.8	19	231	0.59	4.6	1.5
	1999~2004	5.6	24	577	0.80	4.5	1.4
	적정범위	6.0~6.5	20~30	300~500	0.50~0.60	5.0~6.0	1.5~2.0
③ 시설 재배지	1976~1980	5.8	22	811	1.08	6.0	2.5
	1980~1989	5.8	26	945	1.01	6.4	2.3
	1991~1993	6.0	31	861	1.07	5.9	1.9
	1996~2004	6.0	35	1,098	1.27	6.0	2.5
	적정범위	6.0~6.5	20~30	350~500	0.70~0.80	5.0~6.0	1.5~2.0

※농촌진흥청자료

최근 가축분뇨의 자원화 및 각종 유기성 자원의 비료화와 같은 정부의 친환경 농업정책에 힘입어 유기질비료와 부산물비료인 퇴비(compost) 생산이 증가하고 있다(표 3-7). 친환경농업 실천을 위한 비료의 개발방향이 제시되면서(표 3-8) 기존의 토양개량제나 유기질 비료, BB 비료 이외에 각종 미생물비료, 다기능성 특수비료 등과 같은 생물비료의 개발과 시용에 대한 중요성도 높아지고 있다. 토양정밀진단 및 시비처방강화 등으로 작물양분종합관리 방안을 수립하여 작물생산에 이용되는 환경친화형 시비 관리에 주력해야 할 것이다.

표 3-7. 유기질 및 부산물비료 생산 소비현황 (단위:M/T)

구분		1995년		2000년		2002년	
		생산	소비	생산	소비	생산	소비
유기질비료	계분가공, 골분 등 기타	553	513	762	537	1,610	1,406
	아미노산발효 부산비료(박)	8,524	8,280	23,635	22,808	34,037	31,941
	증제피혁분	27,962	27,585	15,980	14,489	7,701	2,047
	채종유박	4,669	4,562	10,890	9,786	2,739	2,343
	혼합유기질	16,872	16,264	47,832	44,663	50,149	45,734
	혼합유박	19,586	19,554	84,241	81,284	71,725	69,435
	계	78,166	76,758	183,340	173,567	167,961	152,906
부산물비료	건계분	85,785	79,714	45,147	37,906	49,182	42,239
	부숙왕겨 및 톱밥	36,738	30,235	39,486	27,496	32,481	27,986
	부엽토	4,531	4,255	2,092	2,079	6,551	4,618
	분뇨잔사	566	566	200	200	201	201
	아미노산 발효 부산액	42,633	41,559	74,542	64,473	61,855	61,176
	퇴비	508,155	364,723	1,564,695	1,292,236	2,178,075	1,787,956
	기타	5,429	5,349	7,580	3,555	5,820	4,196
	계	683,837	526,401	1,733,742	1,427,945	2,334,165	1,928,372
합계		762,003	603,159	1,917,082	1,601,512	2,501,483	2,080,830

또한 국제기구에서도 농업과 환경문제를 중요시하는 농업환경지표의 개발, 유기(有機)농산물의 생산기준 및 표시방법 등을 제시하면서 농업생산 환경을 개선하도록 요구하고 있다. 따라서 지속가능한 농업(sustainable agriculture)을 위한 토양 관리로 농업의 생산성을 확보하고, 환경과 조화된 정밀농업 기술의 보급과 국제기준의 농업환경 보전형 기술의 보급, 유기농산물의 생산 보급 등을 실현하여야 한다. 우리정부에서도 농업환경을 개선하기 위하여 화학비료의 사용량을 매년 약 5% 정도 감축하여 현재 375kg/ha인 시비량을 225kg/ha까지 줄이기 위한 양분종합관리(integrated nutrient management, INM)기술을 개발 보급해 나가는 친환경농업 정책을 추진하고 있다. 그러므로 국내외의 농업환경 변화에 대처하는 선진농업을 실천하기 위하여 이에 필요한 농업환경 보전기술을 개발, 보급하여야 할 것이다.

표 3-8. 환경친화형 농업을 실천하기 위한 비료의 개발 방향

번호	비종	특성	개발 제품
①	BB비료	• 작물별 시비기준에 맞게 공급할 수 있음 • 토양조건에 따른 복합비료의 개발이 가능	• 유기물을 함유시킨 BB비료 공급
②	미생물비료	• 외국수입제품이 많아서 국내환경조건에 맞는 적응시험이 요구 • 품질관리가 어렵고 작용기작이 복잡하여 장기적인 과학적 접근이 필요 • 시비공급의 결과가 명확하지 않음 • 성능시험방법, 품질관리에 대한 과학적 기준이 마련되어야 함 • 기능성을 다양하게 디자인 할 수 있음	• 퇴비부숙제, 엽면시비용, 토양시비용 미생물제제
③	양액 또는 관주용 비료	• 물과 비료를 동시에 공급 • 지속적인 환경농업을 위하여 관주용 비료의 개발이 요구 • 토양내 비료성분 축적 감소, 토양환경보전	• 특수 관주재배 비료
④	완효성비료	• 용출속도 조절과 피복물질 탐색	• IBDU, CDU, UF, MU
⑤	유기성 폐기물 비료	• 음식물찌꺼기, 산업폐기물의 비료화 • 중금속의 함유시 제거	
⑥	유기질비료	• 기존유기자원의 활용으로 토양비옥도 증진	• 기능성퇴비 등
⑦	토양개량제	• 규산질비료와 석회질 비료에서 토양물리성 개량, 부식산함유 등의 기능이 추가 • 복합비료에 토양개량제를 첨가하여 개발 • 유기물을 보강한 고강도유기복합비료 개발	
⑧	특수비료	• 농약성분을 함유 복합기능성 • 생장조절제를 함유하는 기능성 비료	• 수년 내 상품화

6. 시비관리와 작물생산

토양 중에 존재하는 여러 가지 영양소들은 복잡한 상호작용을 하고 있고 작물이 흡수 이용할 수 있는 양분의 양과 종류도 작물의 종류나 생육 시기에 따라 달라지므로 비료를 어떻게 사용하여야 하느냐를 한마디로 정의하기는 매우 어렵다. 다만 비료를 시용하는 것은 작물이 요구하는 양분 중에 부족한 것을 보충하여 작물이 자라는 생육환경을 개선하여 주는데 그 목적이 있다. 이러한 개선효과는 같은 양의 비료를 주더라도 주는 시기와 장소에 따라 나타나는 효과가 다르므로 다음과 같은 기본적인 요인을 잘 이해하여 시비효과가 가장 잘 나타나도록 사용해야 한다.

① 토양 요인으로 토양의 생산력은 서로 다르므로 토양의 물리화학적인 특성을 고려하여 시비량과 비료의 종류를 선택하여야 한다.

② 기후 요인으로 주로 온도와 일조량이며 작물의 종류에 따라서 요구되는 적정 수준이 다르므로 이에 맞게 시비하여야 한다.

③ 작물 요인으로 작물의 종류에 따라서 양분요구도가 다르므로 이에 맞도록 적절한 시비가 되도록 해야 한다.

④ 경제 요인으로 시용하는 비료 각 성분의 효과가 수확량의 증가 및 그로 인한 소득 증대와의 상관관계를 잘 고려하여 비료의 종류 와 그 양을 결정하여야 할 것이다.

식량문제를 해결하기 위해서는 안정적인 수량 확보가 중요하며 이를 위해 비료는 필수적으로 사용되어야 할 농자재이지만 환경문제와 농산물 안전성 때문에 적절히 관리해야 될 필요가 있다. 이를 위해 비료의 투입량과 배출 및 잔존량을 감안한 비료 수지를 고려한 친환경적 시비가 중요하다. 우리나라의 질소 균형지표(input-output)가 205kg/ha로 비료성분의 수지(balance)는 화학비료보다는 투입된 유기물질의 효율성을 높일 수 있도록 시비관리가 되어야 할 것이며 환경에 유출된 비료의 영향을 고려한 시비를 하여야 할 것이다. 우리나라의 시비기준은 복비 위주로 전국적으로 동일한 기준을 적용하고 있기 때문에 연차간이나 지역간 시비효과에 대한 편차도 큰 편이다.

앞으로는 정밀토양검정에 의한 시비처방에 따라 필요 성분량만을 화학비료로 사용하는 체계가 확립되어야 할 것이다. 최근 비료의 소비량 추이를 살펴보면 친환경 농업의 추진에 따라 기존에 사용하던 비료의 소비량은 감소하는 추세이며 유기질 비료, 토양개량제, BB(주문형, bulk blending) 비료 등의 사용이 증가 하고 있는 실정이다(표 3-9).

표 3-9. 비료 종류에 따른 소비량 추이

번호	비료 종류	구분	1990년	2002년	증감량	증감율(%)
①	화학비료	실중량(천 톤)	2,110	1,757	-353	-16.7
		성분량(천 톤)	1,104	690	-414	-37.5
		투입량(kg/ha)	458	342	-116	-25.3
②	유기질(퇴비)	유기질(천 톤)	72(1995)	153	81	112
		부산물퇴비	526(1995)	1,928	1,402	266
③	토양개량제	규산질(천 톤)	108(1995)	455	347	321
		석회(천 톤)	190(1995)	355	165	86.8
④	주문형(BB)비료	4개비종(천 톤)	105(1998)	246	141	127

한편, 비료를 사용할 때는 영양소의 최적관리를 위한 농작물의 생산목표 설정, 토양검정과 식물체 분석, 토양 보전 계획 수립, 수량을 증가시키기 위해 사용 가능한 유기자원의 활용, 비료시용계획 설정, 비료시용 방법 결정과 같은 영양소 최적 관리 방안의 수립이 매우 중요하다. 앞으로의 비료생산 및 공급은 농업생산성은 유지하되 환경을 고려하여야 하므로 다음과 같은 비료의 생산 및 공급 체계를 구축하여야 할 것으로 판단된다.

① 인산, 칼리비료의 공급을 줄인다.

② 완효성 비료 및 BB(주문 배합)비료의 공급을 확대한다.

③ 유기질(퇴비 포함)비료 및 토양개량제 공급을 확대한다.

친환경농업과 화학비료는 밀접한 관계를 유지하면서 양립성을 가져야 할 것으로 생각되며 친환경농업육성을 위해서는 토양, 즉 흙살이기 운동과 더불어 토양에 투입되는 화학비료 감소, 토양개량제 투입, 유기질비료 시용 등이 환경과 잘 조화를 이룰 수 있도록 하여야 할 것이다. 화학비료를 사용하면서 지속적인 농업생산을 유지하기 위해서 화학비료의 적절한 시용량을 정하여 적정시비기준을 설정하여야 하며 농업환경을 보전하는 노력이 필요하다.

제3절 농약과 작물생산

1. 농약(작물보호제)의 정의

식량증산의 방법으로는 작물의 품종개량, 재배방법의 개선, 토지, 관개시스템 개량 등과 같은 토지기반을 정비하는 것도 중요하나 작물을 병해충, 잡초 등으로부터 보호하여 안정적으로 생산하는 방법과 병해충에 의해 손실되는 농작물을 감소시키는 것도 중요하다. 이와 같이 농업의 생산성을 높이는 방법에 있어서 농약(작물보호제)의 역할이 크다.

농약(agricultural chemical)은 농작물 등을 병해충, 잡초 등으로부터 보호하거나 작물 자체의 생육을 조절하여 농업생산을 안정시키고, 생산물 품질의 향상, 농작업의 에너지 절감, 능률화를 위하여 사용되는 중요한 농업자재 중의 하나이다. 우리나라 농약관리법 제2조에 의하면 농약의 정의를 다음과 같다. "농약이라 함은 농작물(수목 및 농, 임산물을 포함)을 해하는 균, 곤충, 응애, 선충, 바이러스, 잡초 기타 농림부령이 정하는 동식물의 방제(control)에 사용하는 살균제, 살충제, 제초제, 기타 농림부령이 정하는 약제(기피제, 유인제, 전착제)와 농작물의 생리기능을 증진하거나 억제하는데 사용하는 약제를 말한다."라고 기술되어 있다.

다시 말해서 농약이란 농작물이나 그 산물에 직접 또는 간접으로 해를 끼치는 병균, 해충, 응애, 선충, 쥐, 잡초 등의 동식물을 방제(control)하기 위해서 사용하는 살균제, 살충제, 살비제, 살선충제, 살서제, 제초제와 작물 등의 생리기능 증진 또는 억제에 사용되는 식물생장조절제와 그 밖에 새로운 해충방제방법으로 사용되는 불임제, 유인제, 기피제, 곤충호르몬제, 곤충페로몬(pheromone)제 및 기타 그의 효력증진을 목적으로 사용하는 보조제 등의 약제를 말한다. 또한 최근에는 농약의 범위가 넓어져 해충을 포식하는 천적 및 해충이나 잡초에 병을 유발시켜 죽게 하는 병원균 등의 생물자재도 농약(생물농약)의 범주에 포함시키고 있다. 따라서 농약의 역할은 농작물을 재배하기 위한 토양소독부터 종자소독, 종자발아, 발아후 수확하고 저장하는 과정동안 병해충, 쥐, 새, 잡초 등으로부터 작물 혹은 수확물을 보호하는 일은 물론 작물 자체의 생육을 조절하는 일이다.

2. 농약(작물보호제)의 역할

우리나라와 같이 좁은 국토에서 식량생산성을 높이기 위해서는 밀식재배를 하거나 작물양분인 비료를 시비해 주어야 하며 아울러 발생하는 병해충 및 잡초를 농약으로 방제하는 집약농업을 하고 있다. 집약적 농업에서 예전에는 해충의 방제수단으로 윤작을 이용하였으나 새로운 경작형태에서는 윤작을 하는 경우가 적다. 더욱이 집약적 농업에서는 넓은 면적에 한 종류의 작물만을 재배하는 경우가 많은데 이러한 단일작목 재배지역은 해충과 병의 발생이 많아지게 된다.

표 3-10. 국내 병해충 및 잡초 발생 현황

구분	병(균)	해충	잡초	합계
발생 종수	1,539	2,618	461	4,618
방제대상 종수	36	42	22	100
외래유입 종수	22	27	301	350

*(자료) 한국작물보호협회, 2005

국내에서 발생하는 병해충과 잡초의 종류는 4,600여종으로 알려져 있으며 이중 작물재배 기간중에 적극적으로 방제하여야 하는 종류는 100여종에 이른다(표 3-10). 최근 농산물의 개방화 추세에 따라 수입되는 농산물에 부착되어 국내에 유입되는 병해충 및 잡초도 날로 증가되고 있다. 이와 같이 발생이 많은 병해충과 잡초를 방제하여 농산물의 수량과 품질을 향상시키기 위하여 여러 방법들이 사용되어 왔으나 그 중 가장 경제적이고 효과적인 수단이 바로 농약에 의한 화학적 방제방법이다.

표 3-11. 연도별 쌀 생산량과 병해충 및 잡초 방제효과

연도	생산량(천 톤)	방제효과(%)	증수효과(천 톤)	무방제구 감수율(%)
1980	3,550	14.7	567	22.6
1985	5,626	18.0	1,052	21.7
1990	5,606	7.0	408	10.9
1995	4,693	10.5	490	12.8
2000	5,290	12.5	69	14.0
2002	4,927	6.5	324	7.4

*(자료) 작물보호 사업보고서, 2002, 농촌진흥청

우리나라 벼농사에서만 보더라도 무방제로 인한 수량손실은 7.4~22.6%에 달하고, 농약으로 인한 방제 효과는 6.5~18%까지 수량을 증가시키고 있다. 실제적으로 전 세계를 대상으로 농작물 생산에 있어서 병해충과 잡초에 의한 손실액을 조사한 결과에 의하면 최대로 생산 가능한 생산액의 33.8%인 70,347백만 달러가 손실되는 것으로 조사되었다(표 3-12). 이는 한화로 환산하면 약 80조원에 해당하고 손실률은 평균 32.7%에 달한다.

표 3-12. 병해충 및 잡초에 의한 농작물의 손실 (단위: 백만 달러)

번호	지역	실제 생산액	생산가능액	손실 원인(%)			손실률(%)	손실액
				충해	병해	잡초해		
①	북아메리카	24,392	34,229	9.4	11.3	9.0	28.7	9,837
②	남아메리카	9,276	13,837	10.0	15.2	7.8	33.0	4,561
③	유럽	35,842	47,769	5.1	13.1	6.8	25.0	11,927
④	아프리카	10,843	18,578	13.0	12.9	15.7	41.1	7,735
⑤	아시아	35,715	63,005	20.7	11.3	11.3	43.3	27,290
⑥	오세아니아	1,281	1,707	7.0	12.6	8.3	27.9	476
⑦	러시아, 중국	20,140	28,661	10.5	9.1	10.1	29.7	8,521
계		137,489	207,786	10.8	12.2	9.8	32.7	70,347

(자료) 농약개설 제3판, 1993, 일본식물방역협회

농작물 재배에 있어서 농약의 역할은 생산성 향상 외에도 농산물의 품질향상은 물론 영농에 필요한 노동력의 감소 등으로 농업의 생산비를 절감하는 효과도 있다(표 3-13). 잡초방제는 다양한 제초제의 개발(선택성, 이행성 등)로 환경피해는 줄이고 방제효과는 높아지고 있다.

표 3-13. 연도별 잡초방제에 소요된 시간 (단위: 시간/10a)

연도	1949년	1965년	1975년	1985년	2000년
시간	55.6	17.4	8.4	4.3	2.2

*(자료) 한국작물보호협회, 2003

3. 농약의 종류

농약(작물보호제)은 사용목적, 화학적 조성, 작용기작, 제형 등에 따라 구분된다. 구분을 쉽고 용이하게 하기 위해서 살균제는 분홍색, 살충제는 녹색, 제초제는 황색, 생장조절제는 청색, 맹독성 농약은 적색, 기타 약제는 백색으로 표기하고 포장한다.

1) 농약의 사용목적에 의한 분류

(1) 살균제(Fungicide)

농작물, 유용식물, 농산물 등을 원인미생물의 유해작용으로부터 보호하기 위해서 사용되는 약제를 말한다. 병원균이 식물체에 침투하는 것을 막기 위하여 처리하는 보호살균제와 병원균의 침입을 막는 것은 물론, 식물체에 침투되어 있는 병원균을 죽이는 직접살균제로 나눌 수 있다. 또한 사용목적에 따라 경엽처리제, 종자처리제, 토양처리제 등으로 분류할 수 있다.

(2) 살충제(Insecticide)

농작물, 유용식물, 농산물 등의 해충을 방제하기 위해서 사용되는 농약이다. 해충의 먹이가 되는 잎이나 줄기에 농약을 살포 부착시켜 해충이 먹이와 함께 소화기관 내로 농약성분을 흡수시켜 살충력을 나타내는 식독제, 살포된 농약성분이 해충의 표피에 접촉 흡수시켜 죽게 하는 접촉독제, 농약을 작물에 처리하여 식물체내로 흡수, 이행시켜 작물 전체에 농약이 퍼지게 하여 작물을 가해하는 해충을 방제하는 침투성살충제로 나눌 수 있다. 그밖에도 농약성분을 가스형태 또는 연기상태로 발생시켜 해충을 사멸하는 훈증제와 훈연제가 있으며, 해충을 유인하여 포살하거나 농작물 또는 저곡작물로부터 해충의 접근을 막는 유인제와 기피제, 천적곤충이나 천적미생물을 이용하여 해충을 방제하는 생물농약 등이 있다.

(3) 제초제(Herbicide)

농작물이나 과수 또는 수목 등의 생육을 방해하는 초본식물의 방제에 사용되는 농약이다. 제초제는 작용특성에 따라 선택성 제초제와 비선택성 제초제로 구분할 수 있다. 비선택성 제초제는 식물의 종류와 관계없이 모든 식물을 대상으로 방제효과를 나타내는 농약이고, 선택성 제초제는 식물 종류에 따라 선별적으로 방제효과를 나타내는 농약을 말한다. 또한 처리시기에 따라 제초제를 경엽처리제와 토양처리제로도 구분된다.

(4) 살비제(Miticide)

진딧물은 곤충강으로 진딧물과이고 응애는 거미강 응애과로 비슷한 것 같지만 다른 종류이다. 따라서 살비제는 살충제와 다른 기작을 나타낸다. 응애류에 대해서 방제효과를 나타내는 농약을 말한다. 해충과 응애류에 대해서 모두 효력을 나타내는 농약은 살비제에서 제외된다.

(5) 살선충제(Nematocide)

선충은 토양에 서식하면서 식물의 뿌리에 기생하는 경우가 많으며 농산물 생산에 있어서 막대한 피해를 입히기 때문에 적극적으로 방제해야 하는 생물이다. 살선충제는 토양훈증으로 토양에 서식하는 선충을 박멸하거나 혹은 식물체 뿌리에 기생하는 선충을 침투성 약제로 방제하는 농약을 말한다.

(6) 살서제(Redenticide)

쥐는 농작물이나 묘목을 갉아먹어 피해를 주거나 저장중인 곡물과 사료를 섭취하여 많은 손실을 입힌다. 따라서 이들 설치류를 방제목적으로 쓰이는 농약을 살서제라 한다.

(7) 식물생장조절제(Plant Growth Regulator, PGR)

식물의 생리기능을 증진하거나 혹은 억제하여 개화촉진, 착색촉진, 낙과방지 또는 촉진, 생육조절을 목적으로 사용되는 농약이다.

(8) 보조제(Adjuvant)

농약의 원제(유효성분은 active ingredient로 10% 내외임)만을 살포되는 경우가 거의 없고 원제에 여러 종류의 물질들이 첨가되어 제제화된 농약이 살포된다. 제제화하는 목적은 넓은 면적에 골고루 살포가 용이하고 작물이나 병해충 및 잡초에 약제의 부착성을 개선하며 약효 지속, 증진 효과를 가져온다. 제제화 공정에서 첨가되는 물질들을 보조제라 한다. 보조제 그 자체에는 약효가 없는 것(inert, 비활성)이 일반적이다.

표 3-14. 우리나라 연도별 농약 소비량 (단위 : 톤)

농약 종류	1970년	1980년	1990년	2000년	2010년	2020년
살균제	767	5,448	7,778	8,726	6,023	5,496
살충제	1,735	6,407	9,332	5,567	7,414	4,726
제초제	1,122	3,374	5,509	5,822	5,224	5,259
기타	95	903	2,463	2,672	1,770	1,651
합계	3,719	16,132	25,082	26,087	20.431	17,132

*(자료) 한국작물보호협회 2021

2) 농약의 화학적 조성에 따른 분류

병해충 및 잡초방제를 위하여 사용되는 농약의 주요 활성물질인 유효성분(active ingredient) 또는 화학조성에 따라 화학농약과 생물농약으로 대별할 수 있다. 화학농약은 무기화합물을 주성분으로 하는 무기농약과 유기화합물을 주성분으로 하는 유기농약으로 구분된다. 유기농약은 식물, 동물, 미생물 유래의 활성물질을 이용하여 만든 천연유기농약과 활성성분을 합성에 의해 만들어진 유기합성농약으로 분류된다. 생물농약은 유해생물의 방제에 사용되는 병원미생물이나 천적생물을 제제화한 것을 말한다.

3) 농약의 작용기작에 의한 분류

농약이 유해생물을 방제하는데 있어서 농약의 생리·생화학적 작용기작(mode of action)에 따라 신경 저해제, 에너지대사 저해제, 생합성 저해제, 광합성 저해제, 호르몬작용 교란제, 세포분열 저해제로 분류된다. 또한 생합성 저해제는 세포벽성분의 생합성 저해제, 세포막성분의 생합성 저해제, 단백질의 생합성 저해제, 핵산의 생합성저해제 등으로 분류되며, 에너지대사 저해제는 TCA회로 저해제, 전자전달계 저해제 등으로 분류된다.

4) 농약의 제형에 의한 분류

농약은 사용목적, 화학조성, 생리작용, 안전성, 시용방법 등을 충분히 검토하여 최적의 제제형태(formulation type)를 선택한다. 이 제형에 따라서 희석살포용 제형, 직접살포용 제형, 종자처리용 제형, 특수제형으로 대별한다.

표 3-15. 우리나라 제형별 농약 사용량 (단위 : 톤)

번호	농약 제형	1970년	1980년	1990년	2000년	2002년
①	분제	268	701	417	179	146
②	수화제(수용제)	1,034	4,226	7,263	8,811	8,520
③	액제(유제)	1,842	5,254	9,619	10,253	10,861
④	입제	515	5,314	6,328	5,310	5,426
⑤	기타	60	637	1,455	1,534	891
⑥	합계	3,719	16,132	25,082	26,087	25,844

*(자료) 한국작물보호협회, 2003

또한 희석살포용 제형은 다시 수화제, 유제, 유탁제, 액제, 수용제 등으로 분류하며 직접살포용 제형은 입제, 분제, 캡슐제, 오일제로 분류하며 종자처리제는 종자처리수화제, 종자처리 액상수화제, 분의제 등으로 분리하며 특수제형은 훈연제, 연무제, 도포제, 훈증제, 정제 등으로 분류된다.

4. 농약의 활성과 선택성

농약의 구비조건 중에서 중요한 것 중의 하나가 높은 활성이다. 즉, 될 수 있는 대로 소량의 농약으로 병해충 또는 잡초를 효율적으로 방제하기를 원한다. 그러나 여기에는 인축이나 환경에 대해서 독성이나 약해가 없어야 한다는 전제 조건이 따른다. 어떤 농약이 비록 활성은 떨어지더라도 인축과 환경에 독성이나 약해가 없을 경우 이 농약을 어느 정도 다량으로 살포하는 것이 가능하다. 이와 같이 농약의 가치는 농약활성 자체뿐만 아니라 방제대상 유해생물 외에 다른 생물들에 대해서는 독성이나 약해를 나타내지 말아야 한다. 농약이 광범위한 유해생물에 대해서 활성을 갖는 것은 농약의 이용가치 면에서는 바람직할 수 있지만, 유용한 곤충이나 식물 혹은 미생물에 무차별적 영향을 줄 가능성이 높다. 따라서 농약은 방제하고자 하는 유해생물을 선택적으로 방제할 수 있게 제조하는데 이렇게 골라서 죽이는 성질을 선택성(selectivity)이라 한다.

5. 농약 사용에 있어서의 문제점

농약이 방제대상 생물이외의 생물에 영향을 끼치는 경우가 있다. 예를 들어 어떤 살충제의 살포에 의해 해충의 천적생물들이 영향을 받아 사멸하게 되면 일시적으로 해충의 밀도가 저하되어도 천적이 제거된 환경에서 해충의 밀도가 급격히 증가되는 현상이 발생할 수 있다. 농약의 이용에 있어서 가장 심각한 문제는 약제저항성 발생이다. 약제저항성이란 동일 약제의 연속사용에 의해 동일종의 집단 중에서 약제에 강한 개체가 살아남아 집단으로 증식하여 동일 약제에 전혀 약효가 없는 현상을 말한다.

약제저항성은 1908년 석회유황합제에 대한 산호세 깍지벌레의 저항성이 최초로 보고된 이래 해충, 응애, 선충, 병원균, 잡초 등에서 출현되고 있다. 약제저항성 출현은 합성농약이 대량으로 사용되기 시작한 세계 2차 대전 이후 급격히 증가했다. 막대한 비용과 긴 연구기간에 의해서 개발된 신농약이 저항성 출현으로 불과 2~3년 만에 사용지역이 한정되는 경우도 있으며, 저항성 문제는 신농약 개발에도 커다란 영향을 주고 있다. 약제저항성 출현이 일부 있어도 방제에 지장이 없는 단계로부터 해당농약의 살포량을 높이거나 살포간격을 단축하여도 방제할 수 없는 단계까지 여러 형태로 나타나고 있다. 약제저항성 발생은 주로 농약의 생리·생화학적 기작에 의해 발현하나 그 저항성 기작은 각각의 저항성 유전자의 발현에 의해 발생한다. 다시 말해서 약제저항성은 농약의 연용에 의해서 저항성 유전자가 집단 중에서 발생 후 집적되어 후대형질로 유전되어 계속 발현되는 현상이다. 약제저항성 출현을 억제·회피하기 위해서는 동일한 농약을 연속적으로 사용하는 것을 피하거나 작용 기작이 서로 다른 농약을 번갈아 사용하여야 한다.

그림 3-9.
진딧물의 천적인 무당벌레

이와 같은 약제저항성 출현을 방지하기 위한 대책의 일환으로 종합적유해생물관리(integrated pest management, IPM) 시스템의 기술이 적용되고 있다. 1960년대에 해충방제에 있어서 종합방제(integrated control)가 제창되었는데 최근에는 다른 유해생물방제에도 확대되어 종합적유해생물관리 시스템의 도입의 중요성이 강조되고 있다. 종합적유해생물관리란 유해생물 방제를 기존처럼 유해생물을 살멸하는 것이 목적이 아니라 각종 유해생물을 대상으로 각각의 방제법을 상호 적절히 관리하여 유해생물의 밀도를 농작물 생산에 있어서 경제적 손실을 끼치지 않는 수준으로 관리하는 방제 시스템을 말한다.

우리나라에서도 농작물에 피해를 주는 유해생물의 종류가 많아 어떤 유해생물은 농약을 사용하지 않는 방제법이 개발되어 있으나 대상 유해생물 외에 다른 유해생물의 방제에는 농약에 의존하지 않으면 안되는 경우가 많다. 따라서 종합적유해생물관리 시스템에서 합성농약과 생물학적 방제법을 잘 조화시키는 것이 중요한 해결책으로 남아 있다.

6. 농약의 개발방향

유기합성 농약의 탄생은 전통적인 작물보호기술에 비하여 해충구제, 잡초방제, 작물병해보호면에서 탁월한 효과를 가지고 있다. 따라서 유기합성농약은 급속히 전 세계로 보급되어 농업생산에 비약적인 향상과 공중 위생면에서 크게 기여해 왔다. 그러나 1962년 미국의 레이첼 카슨(Rachel Carson)은 그의 저서 “침묵의 봄(Silent Spring)”에서 DDT(현재 판매금지됨)와 같은 난분해성 물질의 지속적 사용이 생물이나 환경 중에 축적되어 식물 먹이사슬에 의해 생물농축의 위험성을 경고하였다.

이를 계기로 유기합성 농약들이 약효우선에서 종합적, 과학적 안전성을 평가하여 등록, 허가되고 있는 실정이다. 합성농약이 안고 있는 문제점들을 극복하기 위해서는 새로운 개념의 농약은 높은 활성, 탁월한 선택성, 확고한 안전성, 환경에 저부담, 전문화 등이 절실히 요구된다. 합성농약을 대체할 수 있는 작물 보호수단이 개발되기에도 경제성, 사용의 편리성, 안정된 효과면에서 많은 제약이 따른다. 따라서 새롭게 개발되는 신농약은 기존 합성농약의 양면성을 충분히 고려할 필요가 있다(표 3-16).

표 3-16. 농약의 특성별 장단점

번호	농약의 특성	장점	단점
①	높은 선택성	비대상 생물 보호	경제성 악화, 시장협소
②	높은 활성	환경에 저부담	선택성, 독성 문제 야기
③	수용성	미생물에 의한 분해 용이	지하수 오염 가능성
④	신속한 분해성	식품, 환경에 미잔류	단기 약효, 반복살포 필요
⑤	토양흡착성	지하수 오염 최소화	미생물에 분해 난해, 토양에 축적
⑥	효과 지속성	살포약량 감소	잔류 가능성 증대

*(자료) 식물방역강좌 3판, 1997, 사단법인 일본식물방역협회

그러나 농약이 갖추어야할 필수요건 중에서 장점만을 취하고 단점을 배제한 농약을 만든다는 것은 거의 불가능에 가깝다. 따라서 전적으로 합성농약에 의존하지 않고 다른 적절한 방제수단, 물리적 방법, 생물적 방법, 경종적 방법을 적절히 겸용하여 경제적 피해허용수준 이하로 유해생물군을 감소시키는 관리(control) 방법인 IPM에 의한 방제가 필요하다. 새로운 작물보호를 위한 수단으로 생물농약이나 유전공학적 수단 등의 개발 또한 요구된다.

작물보호는 전통적인 무기농약이나 천연 유기농약으로부터 출발하여 최근에는 과학기술의 발달과 더불어 많은 발전이 되어왔다. 생물농약이나 분자생물학 기술을 접목하여 약효중시형 농약(무기농약, 천연 유기농약, 합성농약)에서 인축에 안전형 농약(저독성, 분해성, 선택성 농약)으로 다시 친환경형 농약(극저독성, 고효능 농약, 생물농약, 유전자 농약)으로 발전할 것으로 기대된다.

제4장
친환경농업

제1절 친환경농업의 기본개념

1. 친환경농업의 필요성

예나 지금이나 농업의 가장 중요한 역할은 인간의 생존에 필수적이고 기본적인 요소인 먹거리를 생산하고 공급하는데 있으며 앞으로도 이 중요성에는 변함이 없을 것이다. 이러한 식량 생산의 중요성 이외에도 농업은 자연 환경을 유지하고 보전하는 환경 보전적 역할, 대기, 수질 및 토양 오염을 정화시키는 생활환경의 정화 기능, 동식물의 유전자원을 보존하는 역할, 식량의 안정적 공급을 통한 사회와 경제 발전의 안정화 도모에 기여하는 역할 등 다양한 분야에서 중요한 역할을 하고 있다. 이런 점에서 농업은 다른 산업과 크게 구별된다. 또한 농업은 기후의 영향을 많이 받으므로 계절성이 뚜렷하고, 토지를 기반으로 생산되기 때문에 토지 조건의 좋고 나쁨에 따라 생산성이 달라지며, 빛에너지를 이용하여 무기물로부터 유기물을 생산하는 등 여러 가지 특징을 가지고 있다. 따라서 농업 생산 기술의 발전과 생산성 향상은 농작물이나 가축을 그들이 처한 환경에 얼마나 조화롭게 재배하고 사육하느냐에 달려 있다. 농업은 원래 자연과 조화를 이루는 산업이기 때문에, 자연의 환경용량 안에서 농사를 지을 때는 전혀 환경오염문제를 일으키지 않았다. 화학비료와 농약에 지나치게 의존하는 현대농업기술은 자연환경 의존도를 최소화하여 농업생산성을 향상 시키는 데는 성공하였으나 현재의 고생산성이 앞으로도 유지될 수 있는지에 대해서는 의문이 제기되고 있다. 수량증가를 위하여 지나친 연작과 화학농약 및 비료의 사용이 농업생산환경을 오염시키고 있다는 것이 가장 큰 문제점으로 지적되고 있다.

지난 수십 년 동안 우리는 부족한 식량을 확보하기 위하여 화학비료의 사용을 증가시켜왔다. 비료 없이 농사가 불가능하다고 생각할 정도로 화학비료는 식량증산에 중요한 역할을 해왔다. 그러나 지나친 화학 비료 사용량은 농업의 토대인 토양의 물리·화학적 특성을 나쁘게 할 뿐만 아니라 농작물의 환경적응력도 약화시키는 원인이 되었고, 농작물의 환경적응력 약화는 병해충의 발생과 그 피해를 조장시키는 요인이 되어 결국에는 화학농약의 사용량을 증가시키게 되었다.

이러한 화학비료와 농약의 사용량 증가는 토양, 수질 및 공기를 오염시키고 곤충과 미생물의 세계인 자연생태계를 파괴시키는 원인이 되고 나아가서는 인류의 생존마저 위협하는 요소로까지 부각되면서 이들의 사용량을 줄이거나 전혀 사용하지 않는 환경 친화적이고 지속적인 농업인 친환경농업이 강조되기에 이르렀다. 그리고 현재와 같은 속도로 화학농약과 화학비료의 사용량을 계속 증가시켜 간다면 농업환경의 오염으로 인하여 더 이상 생산량 증가를 기대할 수 없다는 것이 전문가들의 견해다. 즉, 화학비료와 농약의 사용량을 증가시켜도 농작물의 생산량은 늘어나지 않고 오히려 감소하게 된다는 것이다. 이러한 이유에서도 환경농업의 필요성을 쉽게 이해할 수 있다.

2. 친환경농업의 개념

"친환경농업"이란 농업과 환경의 조화로 지속가능한 농업생산을 유도해 농가 소득을 증대하고 환경을 보전하면서 농산물의 안전성도 동시에 추구하는 농업이다. 친환경농업은 생태계의 물질순환시스템을 활용하여 농약안전사용기준과 작물별 표준시비량을 준수하여 환경을 보전하고, 병해충종합관리(IPM), 작물종합양분관리(INM), 천적과 생물학적 방제기술의 이용, 윤작 등을 이용하여 농업환경을 지속적으로 보전하는 포괄적인 개념이다.

친환경농업은 크게 유기농업(organic agriculture)과 저투입농업(low input sustainable agriculture)으로 구분된다. 유기농업은 화학비료, 유기합성농약(살균살충제, 생장조절제, 제초제), 가축사료첨가제 등과 같은 합성화학물질을 일체 사용하지 않고 자연적인 자재만을 사용하여 농산물을 생산하는 농업이다. 저투입농업은 병해충종합관리 기술 실천으로 농약사용량을 절감하고, 작물종합양분관리 기술 실천으로 화학비료 사용량을 절감하는 등 합성화학물질의 사용 최소화로 농업환경오염을 경감하고 자연생태계를 유지하고 보전하여 보다 안전한 농산물을 생산하는 농업이다.

우리나라에서는 농업의 환경보전적 기능을 증대시키고 농업으로 인한 환경오염을 줄이며, 친환경농업을 실천하는 농업인을 육성함으로써 지속가능하고 환경친화적인 농업을 추구함을 목적으로 1997년에 "환경농업육성법"을 제정하여 시행 중에 있다. 이 법에서는 친환경농업을 "농약의 안전사용기준 준수, 작물별 시비기준량 준수, 적절한 가축사료첨가제 사용 등 화학자재 사용을 적정수준으로 유지하고 축산분뇨의 적절한 처리 및 재활용 등을 통하여 환경을 보전하고 안전한 농축임산물을 생산하는 농업"으로 정의하고 있다.

〈무농약농산물〉 〈전환기유기농산물〉 〈유기농산물〉

그림. 4-1. 친환경인증 농산물의 종류

우리나라 환경농업육성법이 정의하고 있는 친환경농업은 앞에서 설명한 저투입 농업에 해당하며 유기농업과는 상당한 차이가 있음을 알 수 있다. 그러나 환경오염을 최소화하고 자연생태계를 유지하고 보전하면서 가급적 자연에 순응하는 농업을 영위하여 안전한 농산물을 지속적으로 생산한다는 의미에서는 저투입 농업이나 유기농업이 목적하는 바는 다르지 않다.

유럽의 경우에 친환경농업은 유기농업을 말하며, 유기농산물은 생산에서 소비에 이르는 전 과정에서 농약, 화학비료 등 인공적 화학물질과 약제, 방사능물질 등을 전혀 사용치 않고, 자연 자원을 최대한 활용하여 자연이 본래 가지고 있는 생산력을 존중하는 방법으로 생산한 농산물을 말한다. 우리나라의 경우도 친환경농업의 장기적인 목표는 유럽에서와 같은 유기농업 실현에 두고 있고 이미 농작물에 따라서는 유기농산물도 생산되고 있는 실정이다.

3. 농업의 공익적 기능

농업환경이 언제까지라도 안전하게 유지되어야 하는 것은 우리들의 먹을거리를 지속적으로 생산할 수 있어야하기 때문일 것이다. 그러나 이보다 더 중요한 것은 농작물을 생산하는 농업행위 그 자체가 공익적 기능을 하고 있다는 사실을 아는 사람은 그리 많지 않은 것이다. 이 땅에서 수천 년간 재배되어온 벼농사가 우리에게 주는 공익적 기능만 보더라도 농업환경이 얼마나 중요한가를 알 수 있다.

동아시아 중위도에 위치한 우리나라는 봄, 여름, 가을, 겨울의 4계절이 뚜렷한 기후적 특성을 가지고 있다. 추운 겨울이 지나 4~5월이 되면 기온이 상승하고 하지까지는 낮 길이가 길어지는 장일조건이 된다. 그리고 6~7월에는 반정체성 강우전선이 형성되어 우리나라 전 지역을 남

〈정서함양〉

〈수자원 보존〉

〈환경정화〉

〈전통문화의 계승〉

그림 4-2. 농업의 공익적 기능

북으로 오르내리면서 비를 내리는 장마철이 계속된다. 지역이나 해에 따라 약간의 차이는 있지만 대체로 일년 동안에 내리는 총강우량의 60%가 넘는 양이 6~8월 사이에 집중적으로 내린다. 장마철이 지나면 무더운 여름이 계속되고 9월에 접어들면 밤과 낮의 온도차이가 커지면서 맑은 날이 계속된다. 이러한 우리의 기후생태에 벼가 가장 잘 어울리는 농작물이다. 벼는 아열대 및 열대지역이 원산지이기 때문에 원래 따뜻한 기온을 좋아한다. 이런 벼를 온대지역인 한반도에 잘 적응하도록 선발하고 다듬어서 우리의 주식으로 정착시켜 온 것이 우리 민족이다. 벼농사가 우리의 기후풍토에 얼마나 잘 적응하고 있는가를 알게 되면 이 땅에서 벼농사를 지켜온 우리 선조들의 지혜에 감탄하지 않을 수 없다.

벼가 파종되어 이앙되는 5~6월에는 기온의 상승과 더불어 벼의 가지치기와 생육이 빠른 속도로 진행되어 7~8월의 고온기에 접어들면서 어린 이삭이 발달하여 밖으로 나오는 출수기가 된다. 이때가 바로 모든 사람들이 지긋지긋하게 생각하는 장마철인데도 벼는 일생동안에 물을 가장 많이 필요로 하는 시기이다. 장마철에 집중적으로 내리는 비가 없었다면 이 땅에서 벼농사는 뿌리를 내리지 못했을 것이다. 그리고 9~10월이 되면 대륙으로부터 이동성 고기압이 확장되어 남쪽으로 내려오면서 습도가 낮아지고 맑은 날씨가 계속되어 낮과 밤의 기온 차 즉 온도의 일교차가 커지게 된다. 이러한 가을철 날씨는 벼알을 영글게 하는데 가장 좋은 기상조건이다.

이삭이 나오고(출수) 40~50일 동안 벼의 색깔은 녹색에서 황색으로 변하게 되면 마침내 일생을 다하는 수확기에 도달하게 된다. 볍씨가 뿌려져서 벼를 수확할 때까지의 기간은 150~180일 정도 되지만 이 기간 동안에 한반도의 기후 변화는 매우 복잡한 변화양상을 보인다. 이러한 기후변화에 벼는 잘 적응하면서 주식인 쌀을 생산하고 동시에 기상재해를 방지하고 환경을 보전하는 갖가지 공익적 기능도 하고 있다.

만약 벼농사를 포기한다면 장마철에 쏟아지는 그 많은 물을 어디에 가두어 둘 것이며, 무엇으로 홍수를 조절할 것인지를 생각해 보라. 홍수 때 전국의 논에 가두어 둘 수 있는 물의 양이 춘천댐 총저수량의 24배(36억 톤)나 된다.

그리고 논에서 지하수로 스며드는 물의 양은 전 국민이 1년간 사용하는 수돗물 양의 2.7배(소양댐 총저수량의 8.3배)나 된다고 한다. 어디 이뿐이겠는가. 벼농사를 영위함으로써 얻어지는 국토의 토양 유실방지효과, 공기나 수질의 정화효과, 생물생태계의 유지보전효과 등과 같은 공익적 기능을 돈으로 계산하면 과연 얼마나 될까? 벼농사가 주는 이 엄청난 혜택을 우리들은 지난 5천년이 넘는 기간 동안 받아오면서도 그 고마움을 제대로 모르고 있었다. 농작물의 재배는 우리들에게 없어서는 안 될 먹을거리를 공급해줌과 동시에 자연생태계의 터전이 되고 환경지킴이 역할을 한다는 것을 알아야 하겠다. 농업이 갖는 이러한 공익적 기능도 농업환경이 오염되면 그 혜택을 더 이상 기대할 수 없게 될 것이다.

제2절 친환경농업의 변천과 유형

1. 우리나라의 친환경농업

우리나라에서는 환경보전형농업을 포괄하는 개념으로서 "환경농업", "친환경농업"이라는 용어를 사용하고 있다. 한국의 친환경농업의 역사는 짧으며 1970년 초반부터 일부 선각농업인들이 자발적, 자율적으로 유기농업의 필요성을 호소하고 실천한 것이 출발점이 되고 있다. 그로부터 현재까지는 다음의 3시기로 나눌 수 있다.

1) 친환경농업의 태동기(1970~1990)

유기농업, 저투입농업, 혹은 지속적농업 형태가 조직적으로 시작된 것은 1976년 "정농회", 1987년 "한국유기농업협회"가 설립된 이후라고 할 수 있을 것이다. 1980년에 들어서는 전세계적으로 환경에 대한 관심이 높아져가고 있는 가운데 국민도 무공해, 저농약 등 건강식품에 대해 소비지출이 늘어나는 한편, 화학비료나 농약사용을 줄여 재배한 농산물이나, 전혀 사용하지 않고 재배한 농산물에의 수요가 서서히 발생하기 시작했다. 1989년에는 전국에 1,400여 호의 농가가 이러한 환경농업을 하고 있는 것으로 알려졌다. 그러나 이 시기에는 유기농업에 대한 생산기술이 체계화되지 못했고 재배된 농산물의 품질보증은 물론이거니와 유통이나 시장형성이 제대로 이루어지지 않은 시기이기도 하다. 그것은 유기농업을 포함해서 다양하게 이루어지고 있는 친환경적 농업활동의 개념이나 기준이 정해져 있지 않았기 때문이기도 하다.

2) 친환경농업의 성장기(1991~1994)

유기농업 및 친환경농업에 대한 사회적 관심과 앞에서 밝힌 문제점을 해결하기 위해 정부차원의 조직이 최초로 발족하였다. 1991년에 농림부 "유기농업발전기획단"이 설치됨으로서 친환경농업이 중앙정부의 공식적 정책이나 사업의 대상이 되었다. 이 기획단에서는 유기농업의 개념을 정의하고 전국 유기농업의 실태조사에 주력하였다. 1993년에는 품질인증제 도입 등으로 기존의 화학자재를 사용하는 관행농업과 함께 유기농업도 농업정책의 대상으로 인정되었다. 그러나 그 당시에는 농업환경을 유지, 개량하여 농업을 지속적으로 발전시켜 나가기 위한 농업전반에 대한 정책적 접근보다는 정책의 수단으로서 환경친화적인 농법에 대한 접근이었다고 할 것이다.

3) 친환경농업의 정착기(1995~현재)

정부의 친환경농업 정책이 급속도로 발전하게 된 것은 1994년 12월에 농림부에 환경농업과(그 후 친환경농업과로 명칭변경)가 설치되어 환경농업의 정책개발, 육성지원 업무를 본격적으로 추진하기 시작할 때부터였다. 1995년에는 국회에 "환경보전형농업 육성 및 지원에 관한 법률안"을 제출하는 등 입법을 위한 노력도 시작되었다. 1996년에는 앞으로의 환경농업에 대한 중장기 계획수립과 실행을 위해 "21세기를 향한 농림수산 환경정책"이 만들어졌다. 여기서는 1996년부터 2010년까지 15년간을 환경농업의 기초확립기, 보급기, 정착기의 3단계로 나누어 친환경농업 추진계획을 제시하고 있다.

표 4-1. 친환경농업의 단계별 주요 추진과제

단계(기간)	내용
1단계 환경농업기초 확립단계 (1996~2000)	• 환경농업의 정의, 목적과 목표설정 • 농업환경정보의 네트워크 구축 • 환경농업추진체계의 정비 　– 중앙정부, 지방정부, 민간기업, 농민, 생산자단체의 역할정립 • 현재 실천 가능한 기술체계 정리와 보급 및 시행 • 환경농산물의 유통체계 정비 • 농업의 환경보전 기능에 대한 선전, 공감대 형성 • 축산분뇨 자원화 및 문제점 해결 • GR대응 방안의 구상 및 정책개발 • 환경농업 발전을 위한 기초연구 및 기술개발의 확대

2단계 친환경농업의 보급단계 (2001~2005)	• 개발된 환경농업 신기술의 보급 및 시행 • 지역단위 환경농업 추진체계의 정립 • 환경농산물 물류기능의 강화 • 농업에 의한 환경오염 모니터링 D/B화 및 대응기술개발 • Green Round 대비 정책 실행 • 축산분뇨 자원화비료의 기술발전 심화 • Green GNP 체계의 도입 • 환경농업발전을 위한 응용기술 개발
3단계 친환경농업의 정착단계 (2006~현재)	• 농업의 전분야 환경농업의 실시기반의 확립 • 생산, 유통, 소비자간의 이해증진과 상호협조 • 새로운 기술 및 자재 활용으로 수준 높은 환경농업 실천 • Green GNP 체계의 정착 • 환경농산물의 유통체계의 정착

* 자료 : 환경농업정책의 평가와 발전방향(1999, 한국농촌경제연구원)

우리나라는 1997년 12월에 "친환경농업육성법"을 제정하여 환경친화적 농업을 육성하기 위한 법률적, 제도적 기반을 마련하였다. 그 이후 정부는 1998년을 "친환경농업의 원년"이라고 선포하였고, 1999년부터는 친환경실천농가를 대상으로 친환경농업 직접지불제를 시행한 것을 계기로 환경농업의 용어가 "친환경농업"으로 바뀌었다.

2. 외국의 친환경농업

1) 유럽연합의 환경보전형농업

유럽 농업정책은 시대의 변천에 따라 식량자급을 위한 생산정책에서 효율적 농업의 육성을 위한 구조정책으로, 그리고 이제는 환경보호와 농촌인구 감소 및 고령자 대책을 위한 지역사회의 발전을 목적으로 하는 환경, 사회정책으로 그 중점이 점차 바뀌었다. 1988년부터 1991년에 걸쳐 유럽연합이 채택한 일련의 새로운 농업정책방향은 생산증대와 밀접하게 결부된 가격정책으로부터 점차 생산감소 및 생산과 결부되지 않은 직접소득보상정책으로 이행하는 것이었다. 그와 동시에 농촌환경보호와 전원사회의 유지를 꾀하는 환경정책과 지존의 가격 및 구조정책의 통합운영으로 나타났다. 유럽연합 국가 중에서도 환경농업정책을 가장 적극적으로 추진하고 있는 나라는 독일, 영국, 네덜란드 등이다.

(1) 독일의 환경보전형 농업

독일은 환경문제의 중요성을 가장 먼저 인식한 국가 중의 하나로 1970년대초부터 환경정책을 본격적으로 도입하였다. 독일에서 저투입, 조방화 농업이 본격적으로 등장한 것은 농산물의 과잉생산에 따른 재정문제가 심각하던 1980년대 중반이다. 주요정책으로는 조방화, 윤작, 휴경 장려금의 지급 등을 실시하였고 이와 같은 정책들은 대부분의 EU의 환경농업프로그램의 모태가 되었다.

그림 4-3.
독일의 유기농산물 판매 현장

(2) 영국의 환경보전농업

환경정책의 선진국인 영국의 환경농업정책은 환경부에서 추진하는 농촌환경정책과 농어업식량부가 주관하는 환경농업정책으로 구분된다. 환경부에서 추진하는 농촌환경정책은 경관보전과 레크레이션 진흥, 야생생물 보호와 과학자원의 보전, 역사적 풍토, 유적 및 건조물의 보전을 담당하고 있다. 영국에서는 다양한 환경보전지역이 지정되어 있는데 전국토의 38%(908만ha)에 달하고 1987년 농업법에 근거하여 환경보전농업지구의 지정과 함께 해당농지에 대한 보상이 이루어지고 있다. 지구의 지정목적은 농촌경관과 야생동물, 역사적 풍토를 보전하는 전통농법을 계속하는 농가에 대한 소득보상, 저투입, 저산출 농업의 장려, 생산과잉 작물의 경작 억제 등에 있다.

(3) 네덜란드의 환경농업

네덜란드는 협소한 농지에도 불구하고 세계 제3위의 농산물 수출국의 위치를 차지하고 있는데, 이는 에너지, 비료, 농약 등을 상대적으로 많이 투입하는 자본집약적 농업생산방식과 고도의 영농기술을 도입한 시설형 농업을 추구한 결과이다. 환경문제의 국제적인 관심이 구체화되어 감에 따라 네덜란드는 1990년대의 농정의 방향을 경쟁력 있고 안전하며 동시에 환경보전형 농업을 육성하는 것으로 전환하고 있다. 환경보전형 농업을 추진하기 위한 방안으로 농약, 화학비료, 암모니아가스 등의 오염물질 배출 절감을 목표로 설정하고 환경보전형 농업생산 체계를 도입하며, 유기농업을 적극 장려해 나간다는 방침이다.

그림 4-4. 네덜란드에서 천적을 이용하여 친환경적으로 재배되고 있는 파프리카(왼쪽)와 가지(오른쪽) 재배 모습

(4) 스위스의 환경농업

스위스에서는 1992년 농업법 개정 이후 1993년부터 환경농업에 대한 직접지불제가 도입되면서 환경농업에 참여하는 농가와 재배면적이 크게 증가하고 있다. 1996년 유기농업 및 저투입 환경친화형 농업이 전체 농경지(108만 ha)에서 차지하는 비중은 64.8% 수준까지 증가하였다. 스위스의 경우 향후 몇 년 이내에 관행농업은 거의 사라지고 유기농업이 15~20%, 저투입 환경친화형농업이 80~85%를 차지할 것으로 전망된다.

2) 미국의 저투입 지속농업

지속농업에 대한 미국의 관심은 1970년대의 에너지 위기 때 처음 나타났다. 화학비료와 농약 등 막대한 에너지를 사용하는 기술위에 구축된 미국의 농업은 에너지 위기가 계속될 경우 경쟁력을 상실할 가능성이 컸기 때문이었다. 또한 1980년대에 이르러 미국은 과잉생산으로 인한 농산물가격 하락과 과잉투자로 인한 농가부채 문제가 나타나 생산감축과 아울러 농업경영비 절감의 필요성이 제기되었다.

미국에서 본격적으로 지속농업이 정책에 반영되기 시작한 것은 저투입지속농업(LISA: low input sustainable agriculture)의 연구를 위하여 연구비를 지원할 것을 규정한 1985년 농업법(식량안전보장법)으로부터 비롯되었다.

미국에서 친환경농업 혹은 저투입 농업이 제도적으로 도입된 것은 1990년「식품·농업보전 통상법」이 제정되면서 부터이다. 특히 이전까지 있어왔던 친환경농산물에 대한 민간단체의 자율적 기준과는 별도로 국가차원의 기준에 관한 규정이 만들어졌다. 2002년 개정된 미국농업법 중 친환경농업에 대한 지원정책은 생산품목에 대한 지원이 아니라 농업환경(토양, 수질, 대기 등)과 야생서식지 등을 보호하거나 안락하고 아름다운 농촌 환경을 제공하는 영농활동에 대한 지원으로 이루어져 있다. 특히 중요한 것으로는 보전유보계획(CRP), 환경개선장려계획(EQIP), 습지보전계획(WRP) 등이 있으며, 연방 차원에서의 유기농산품 인증기준이 만들어져 유기농산물과 가공식품의 표준화를 이루었다.

3) 쿠바 유기농업의 발전과정

쿠바(Cuba) 유기농업의 성공은 농민의 자발적인 참여와 일반 국민의 호응, 정부와 자치단체 그리고 과학자 및 연구기관의 합작에 의해 이루어졌다. 미국의 경제봉쇄에 이어 구소련과 유럽 사회주의권의 몰락으로 인해 화학비료(연간 100만톤), 화학농약(연간 2만톤), 그리고 석유를 원료로 하는 기계 등 화학합성물질의 절대 부족 상황에서 쿠바는 1991년 9월「평화시의 국가비상사태」를 선포하고 위기 상황을 극복하기 위한 농정의 대전환을 꾀하게 되었다. 세계의 농업이 자본주의든 사회주의든 근대화학농업기술의 우산 속에서 세계화된 시점이 쿠바는 식량 및 농업환경문제의 해결이라는 전 국민적 과제를 유기농업으로 해결할 것을 시도한 것이다. 그 결과 유기농업을 실천하기 이전의 식량자급률 보다 훨씬 높아지고, 총생산성도 초기 2년 기간에는 뒤떨어졌으나 1994년을 기점으로 일반 관행농업 생산실적과 비슷해지고 1997년 이후부터는 더 증가하는 경향을 보여 주었다.

생태보전형농업과 생산성향상농업이 유기농업이란 틀로 쿠바에서 성공한 것은 단순히 무농약, 무비료라는 소극적 개념이 아니라 자연과 사회환경의 지속적 순환을 가능케 하는 현대적 생태농업으로의 전환, 즉 자원의 지역내 순환과 생활환경양식의 순환을 통해서 생태계의 지속성과 농업생산성의 지속성을 동시에 이루었기 때문에 가능하였다. 한마디로 쿠바 유기농업의 성공 비결은 적절한 토지개혁, 시장개혁, 흙살리기, 지역 순환농업의 정착, 전통농업의 현대적 부활(과학기술의 결합), 그리고 현장성과 지역성을 담보로 하는 광범위한 연구기관의 농민 참여 연구방법을 들 수 있다.

4) 중국의 환경보전형 농업

중국은 외화획득을 위한 국가 수출전략의 일환으로 1990년대에 녹색식품(안전하고 품질이 우수한 건강에 좋은 식품의 총칭, 유기단계 AA등급, 서두입단계 A등급) 육성 방안을 수립하여 단계적이고 체계적인 정책 프로그램을 추진해오고 있다. 특히 중국의 녹색식품 관리제도는 미국이나 유럽에서처럼 유기농업단체를 중심으로 인증제도를 수립하여 검사, 인증하는「민간주도형」과는 달리 정부기관이 직접 관리, 지도하는「정부주도형」이라고 특징지어진다.

5) 일본의 환경보전형 농업

일본의 환경농업은 1999년에 제정된「지속성 높은 농업생산방식의 도입·촉진에 관한 법률」에 기초하여 지속가능한 농업생산계획을 제출하고 인증을 받은 농업인(에코팜)의 수가 2000년 12건을 시작으로 2004년 47,766건으로 지난 5년간 빠른 속도로 증가하였다. 일본의 환경보전형 농업의 실천 농가 수는 50만2천호로 전체 농가의 21.5%를 차지한다. 환경보전형 농업의 경지면적은 약 71만1천ha로 전체 농경지면적의 16.1%를 차지하며 공예작물, 채소, 논 농업의 면적비율이 상대적으로 높다. 논 농업의 경우 환경보전형 농법에 의한 생산량은 전체 생산량의 21.7%에 해당하는 154만8천 톤에 달한다.

3. 친환경농업의 유형

1) 유기농업(Organic Agriculture)

일반적으로 유기농업이란 화학비료, 유기합성농약(살균제, 살충제, 제초제, 생장조절제 등), 가축사료첨가제 등 일체의 합성화학물질을 사용하지 않고 유기물과 자연미네랄, 미생물 등 자연적인 자재만을 사용하는 농법을 말한다. 따라서 유기농업은 "통합적이자 인간적인 영농법이며 환경적, 경제적으로 지속적인 농업생산체계를 창조하는 것을 목적으로 하는 농업적 접근방법"이라고 정의할 수 있다.

표 4-2. 우리나라 유기농업의 발전과정

번호	발전 단계	주요 추진내용
①	자생적 태동기 (1970년대 후반)	• 정농회, 유기농업환경연구회 등이 결성되어 "한국토착유기농업을 주도"
②	유기농업 운동의 성장기 (1980~1990년대초)	• 자생적 농민운동으로 성장
③	유기농업의 제도권 진입 (1991~1994) -정부의 유기농업 수용-	• 1991년 농림수산부에 "유기농업발전기획단" 설치 • 1993년 유기농산물 품질인증제 실시 • 1994년 농림부에 환경농업과 설치
④	유기농업의 과학화 (1991~2000)	• 유기재배 채소의 고질산염 함량 문제 제기에 따라 퇴비시용량을 8t/10a → 2t/10a로 하향조정 • 유기질비료 투입에만 의존하는 유기물농법은 유기농업이 아니라는 지적 • 유기경종에서 윤작에 의한 토양비옥도 유지, 증진, 저항성 품종, 유축폐쇄순환농법, 토양진단 최적시비를 실천해야 환경보전 기능과 안전식품 생산기능을 수행할 수 있음 • 토착유기농업이 유기농업 국제규격을 수용하고 국제교류를 통하여 선진 유기농업기술 수용
⑤	국제유기농업규격에 맞는 품질인증 기준 채택(2001)	• 2001년 농촌진흥청에 친환경 유기농업기획단 설치 • 2001년 7월 개정된 친환경농업육성법 시행령에서 코덱스(Codex) 유기식품규격 및 세계유기농업운동연맹(IFOAM) 기본규격과 정합성을 이루는 유기농산물의 품질인증 기준 채택
⑥	유기농업의 실천기(2005) 코덱스(Codex) 기준충족	국제기준에 적합한 유기농업 실천

코덱스 유기식품규격은 외부 투입자재의 사용에 의존하지 않고 그 지역농업의 생산관리체제를 고려하여 실행할 수 있는 관리방법을 실시할 것을 강조하고 있으며, 화학합성자재의 사용을 억제하며 가능한 한 총체적 생산관리체제 내에서 특별한 기능을 수행하는 경종적, 생물학적, 기계적인 방법으로 유기농업의 목표를 달성하도록 규정하고 있다. 일종의 대체농법(alternative agriculture)이라 할 수 있다.

코덱스(Codex) 유기경종에서는 철저한 작부체계의 계획 하에서 윤작, 녹비작물의 재배, 작부체계 내 두과작물의 재배가 강조되며, 저항성 품종의 재배를 규정하고 있다. 생명공학 식물의 재배, 생장조절제, 농약, 제초제 및 화학비료의 사용이 금지되고 있으며, 토양, 미생물, 작물, 축산계의 건전성 유지 및 향상을 목표로 총체적 생산체계로 유기농업이 관리되어야 하는 것을 원칙으로 하고 있다. 또한 공장식 축분의 사용이 금지되어 있다. 한편 유기축산에서는 유기농사료에 의한 사양, 가축의 복리를 규정하고 있으며, 수의약품, 사료첨가제, 성장호르몬 및 생명공학기법에 의한 번식기술의 사용을 금지하고 있다.

2) 저투입 지속농업(Low-input Sustainable Agriculture)

화학비료, 농약 등을 최소한으로 투입하여 작물의 수량성과 안전성을 추구하는 농업형태로서, 병해충종합관리(IPM)기술 실천으로 농약사용량을 절감하고, 작물양분종합관리(INM)기술 실천으로 화학비료 사용량을 절감하는 등 화학합성물질 사용 최소화로 농업환경오염을 경감하고 자연생태계를 유지, 보전하여 보다 안전한 농산물을 생산하는 농업이다.

(1) 토양정밀진단과 작물종합양분관리(Integrated Nutrition Management, INM)

작물종합양분관리(INM)는 협의적 개념과 광의적 개념으로 구분할 수 있다. 협의적 개념으로 작물종합양분관리는 작물의 양분요구, 환경이 공급해 줄 수 있는 양분의 양, 비료의 환경영향 등을 감안하여 시비량과 시비방법을 정함으로서 농업생산성의 바람직한 제고와 비료시용으로 인한 환경부담을 최소화하는데 있다고 할 수 있다고 정의할 수 있다. 한편 광의적 개념의 작물종합양분관리(INM)는 작물의 양분요구와 환경이 공급해 줄 수 있는 양분량을 감안하여 경제적이고 환경친화적인 시비전략을 추구하되 지역의 농업적 입지조건까지를 고려하여 비료의 종류, 시비량 및 시비방법 등을 정하는 것으로 정의 될 수 있다.

친환경농업의 작물종합양분관리(INM)에서 환경부하를 경감하기 위한 시비방법의 방향은 최적량의 비료를 시용하고, 시용 비료성분의 용탈, 유실 및 탈질량을 최소화하며, 작물이 최대로 흡수, 이용하여 양분효율을 높이는 일 등이다. 결론적으로 INM은 친환경농업을 실천할 수 있는 가장 핵심요건이다. 왜냐하면 작물종합영양관리의 실천 없이는 과다시비로 병충해발생의 만연을 회피할 수 없기 때문에 친환경농업의 첫단계는 작물종합양분관리이므로 이의 실천에 노력하여야 한다.

(2) 병해충종합관리(Intergrated Pest Management, IPM)

친환경농업의 주요한 수단인 병해충종합관리의 개념과 접근방법은 다양하다. IPM은 농약의 과다한 사용을 억제하고 농업의 안전성, 환경성, 지속성 그리고 농산물의 국제경쟁력을 갖추기 위하여 방제를 결정하는 방법으로 병충해의 발생량이 경제적으로 문제가 되지 않을 정도의 낮은 수준에서 유지될 수 있도록 관리하는 방법이다.

기본적으로 IPM은 경제적, 환경적, 사회적 가치를 고려한 종합적이고 지속가능한 병충해 관리전략을 의미한다. 여기서 종합적(intergrated)인 어떤 주어진 병충해 문제를 해결하기 위해서 생물학적, 유전학적, 작물학적, 물리적, 화학적 조절방법을 병합적으로 사용하는 것을 의미하고, pest(병해충)는 수익성 있고 질 좋은 상품 생산에 위협이 되는 모든 종류의 잡초, 병해, 해충을 의미하며, 관리(management)는 경제적 손실을 유발하는 병충해를 사전적으로 방지하는 일련의 과정을 의미한다.

IPM은 병충해의 전멸을 목표로 하기보다는 일정 수준의 병해충의 존재와 병해충의 피해 하에서도 수익성 있고 질 좋은 상품의 생산이 가능하도록 돕는데 그 목표가 있다. 즉, 병해충의 방제를 위해서는 화학농약에 의존해야 한다는 기본적인 생각에서 탈피하여 IPM은 농업생태계 전체를 고려하는 총체적 접근방식으로, 병해충가 발생하지 않는 조건을 미리 조성하여 모든 농장의 생태학적 균형과 지속성을 보전하는 방법으로 이끌어 가는 것이다.

3) 여러 가지 친환경 재배 사례

(1) 자연농업(Natural Farming)

한국자연농업협회는 1967년 생력다수확농법연구회로 발족하여 자연농업의 보급과 실천을 위해서 모인 생산자인 농업인들의 모임이다. 자연과 인류의 생존을 위해 자연 파괴적이고 반생명적인 현대문명사회의 위기상황에 적극적으로 대처하여 자연에 순응하는 생명의 농업과 생명의 문화를 우리들의 생활속에 깊이 뿌리내리게 하는데 목적을 두고 있다. 토양기반을 조성하기 위해서는 땅을 갈지 않으며 멀칭은 볏짚과 낙엽을 이용하며 토착미생물로 미생물의 균형을 회복시킨다. 종자기반을 조성하기 위해서는 경작하고 있는 논밭 중에 비옥하지 않은 땅에서 자란 작물로부터 씨앗을 얻는다. 수확량은 다소 떨어져도, 튼튼하고 좋지 못한 환경에서도 생활할 수 있는 능력을 갖춘 씨앗으로 키우기 위해서이다. 그와 함께 능력이 떨어지는 연약한 씨앗은 처리액을 통해 활기를 불어넣어, 주어진 환경 속에서 건강하게 살아갈 수 있는 기반을 만들어 주고 있다. 작물이 잠재력을 발휘할 수 있는 기반의 조성을 위해서는 비료를 주지 않고 씨앗을 뿌리며, 비료성분은 주위에서 얻은 가축분뇨와 유기질을 이용한다.

자연농업을 하기 위한 활성화 자재는 천연녹즙, 유산균, 토착미생물, 과실효소, 식물성 활성효소, 기타 생선아미노산, 천연칼슘, 현미식초 등을 그때그때 보조자재로 사용한다.

우리나라는 5월 중순~6월 중순 사이에 보리 수확과 동시에 추곡을 파종하고, 맥류 짚으로 파종한 볍씨를 피복한다. 10월 중하순경에 벼 수확과 동시에 보리를 파종하고, 볏짚으로 보리를 피복해 줌으로서 병충해 방제 및 제초를 위한 약제살포나 별도의 시비 없이 벼와 맥류를 순환적으로 생산하기도 한다. 이와 같이 생태계의 원리를 이용해 농약과 비료를 사용하지 않고 땅도 경운하지 않으면서 미생물과 벌레를 이용하는 이러한 방법을 민간에서는 "태평농법"으로 부르기도 한다. 보다 정확한 표현은 무경운, 이모작, 건답직파법이라 할 수 있다.

그림 4-5. 논에 쌀겨를 뿌리는 모습

(2) 쌀겨농법(Rice Bran Farming Method)

쌀겨는 씨눈과 표피부를 합친 것으로 쌀겨는 '쌀의 도정과정의 부산물'이라고 할 수 있다. 쌀겨의 최대 특징은 인산이나 미네랄, 비타민이 많이 들어 있고 미생물에 의한 발효제로서의 기능도 강하다. 쌀겨를 뿌리면 발효되면서 물속의 산소가 일시적으로 적어져 혐기상태가 되어 피 같은 잡초가 자라지 못하게 된다. 쌀겨를 뿌린 논에서 생산되는 쌀은 잘 여물어 싸라기나 분상질 쌀이 상대적으로 적고 밥맛도 우수한 것으로 알려져 있다.

(3) 오리농법과 왕우렁이농업

모내기를 하고 논에 오리를 방사할 경우 잡초방제, 해충방제, 써레질과 탁수효과, 양분공급, 벼잎 자극, 병균방제 등의 효과가 있다. 품질인증 쌀을 생산하기 위해서는 화학제초제를 사용해서는 안 된다. 따라서 무농약 쌀을 생산하는데 있어서 가장 큰 문제점이 이앙초기의 잡초방제이다. 벼가 무성하게 자라게 되면 잡초가 문제되지 않지만 그 이전까지는 잡초방제가 효과적으로 이루어지지 못하면 수확량은 크게 감소하게 된다.

그림 4-6. 오리를 이용한 벼농사 모습

이러한 초기 잡초방제에 오리와 왕우렁이가 이용되고 있다. 벼농사에 이용되고 있는 왕우렁이는 남아메리카 아마존강 유역의 얕은 호수나 늪지에서 서식하는 패류의 일종으로 배다리(복지라고도 하는데 곤충의 다리역할을 하는 돌기나 부속기)로 이동하는 연체동물이다. 먹이습성은 잡식성이나 채소, 수초, 연한 풀을 잘 먹는다. 1983년 충남 아산의 어느 독농가에 의해 왕우렁이가 국내에 처음으로 도입되었다.

그림 4-7.
왕우렁이를 이용한 벼농사 모습

(4) 기타 친환경 재배 기술

각종 채소류의 찌꺼기나 우분, 버섯 수확 후의 부산물 등에 지렁이를 사육하여 그 배설물(분변토)를 이용하여 작물을 재배하기도 한다. 이 방법은 지렁이의 자연 생태적 특성과 지렁이분변토를 활용하는 것이 특징적이다. 그밖에도 논에 참게를 방사하여 쌀을 생산하는 방법, 숯의 물리화학적 특성을 이용하는 방법, 바이오다이나믹 재배법(생명역동농업)이나 생물활성수(bioactive water) 등 여러 가지 방법이 다양하게 이용되고 있다. 또한 병해충의 친환경적 방제를 위하여 유황, 석회보르도액, 솔잎 등이 이용되기도 한다.

4. 우리나라 친환경농업 정책방향

현재 관행으로 되어 있는 화학비료와 농약의 과다시용을 회피하고 축산분뇨 등의 자원 재활용을 통한 토양과 수질환경을 보전하고 안전농산물을 생산하고자 하는 것이 친환경농업의 목표이다. 우리나라 친환경농업의 비중은 생산량으로 볼 때 전체의 2%에 지나지 않는다. 그나마 저농약, 무농약 농산물을 포함하는 친환경농산물이 대부분이고, 농약과 화학비료를 전혀 사용하지 않는 유기농산물은 0.2% 내외에 불과한 실정이다. 이는 유럽 각국, 미국, 캐나다, 호주 등과 비교할 때 1/30정도에 지나지 않는다. 친환경농산물과 유기농산물의 유통경로는 유통주체와 지역에 따라 다양한 직거래 방식이 주를 이루고 일부 친환경농산물은 과잉되는 경우 일반농산물과 차별화되지 못하고 유통되는 문제를 안고 있다. 소비자가 신뢰하는 친환경농업의 확대와 육성을 위해 우리나라가 추진하고 있는 정책방향은 크게 네 가지로 구분할 수 있다. 첫째는 영농과정에서 발생하는 농약, 화학비료, 축산분뇨 등의 오염원을 최대한 줄이고, 둘째는 토양과 수질 등 농업자원을 유지하고 개량해 나가며, 셋째는 친환경농업을 실천하는 농가를 지원하며 육성하고, 넷째는 친환경농산물의 유통을 활성화하여 농가가 생산한 친환경농산물이 원활하게 판매되도록 추진하는 것이다.

제3절 유기농업과 유기농산물

1. 유기농업의 개념과 정의

유기농업은 나라와 시대적 상황 등에 따라 다소 다르게 정의하고 실천되고 있는데 우리나라 농가에서 실천되고 있는 유기농업은 화학비료와 농약 등은 사용하지 않고, 여러 가지 형태의 유기질비료와 각종 토양 미생물제, 효소제 및 천연광물 등을 쓰는 것을 유기농업인 것으로 인식하고 있다. 이 정의에서 강조하는 것은 농산물의 품질과 환경오염 측면들인데 특히 우리나라에서는 농산물의 품질을 더 강조하는 경향이 강하다. 이는 유기농 재배작물의 경우 환경에 대한 위해성을 최소화 한 안전성이 높은 농산물이기에 품질의 경우 기존 관행농법으로 생산된 농산물에 비하여 떨어질 수밖에 없으나 소비자의 인식이 양자를 모두 요구하는 성향이 강해서 유기농 농산물이면서도 품질은 기존 관행재배 농산물 수준을 요구하고 있다. 이로 인해 생산자인 농민은 유기농 농산물을 출하할 때 친환경 농산물임을 강조하면서 다른 농산물보다 높은 값을 요구한다.

일찍이 공업화와 도시화가 진행된 서구의 경우 농업환경은 화학화, 대량화, 기계화에 의해 토양의 황폐화가 심각한 상태에 있었다. 따라서 구미의 유기농업은 황폐화된 토양의 지력을 회복시키기 위한 하나의 대안으로서 대두되기 시작한 것으로 이렇게 시작된 유기농업이 현재는 식품의 안전성과 환경보전을 위한 농법이라는 개념으로까지 확대되었다. 그리고 일본의 유기농업은 농약의 식품잔류 문제의 심각성에서 출발하였고, 지금은 생산자와 소비자가 공존 공생하는 생활공동체 운동의 개념으로까지 확대되었다.

유기농업(organic farming)과 지속농업(sustainable agriculture)의 개념이 처음 등장할 때는 화학물질의 과도한 사용에 의한 환경과 농산물에 미치는 영향에 대해 관심이 컸기 때문에 농업의 생산성보다는 환경측면과 농산물의 안전성을 강조하는 데 중점이 주어졌었다. 이로 인해 농업의 생산성과 경제성에 대한 고려는 적절하지 못했던 경향이 있다. 그러나 최근에는 유기농업이나 지속 농업에 대한 정의에 변화가 일어나고 있다. 이 현상은 미국에서 초기 유기농업에 대한 정의와 최근의 지속농업에 대한 정의에 잘 반영되고 있다. 미국농무성(USDA)은 유기농업을 다음과 같이 정의했다. "유기농업이란 화학적으로 합성된 비료, 농약, 생장조절제 사용을 가급적 피하고 윤작, 농업부산물, 농업외적 유기물, 경운, 천연광물 및 생물적 방제기술 등을 써서 토양을 물리적으로 보전하고, 토양비옥도를 높이며 잡초 및 병해충을 방제하는 농업이다". 이 정의에서

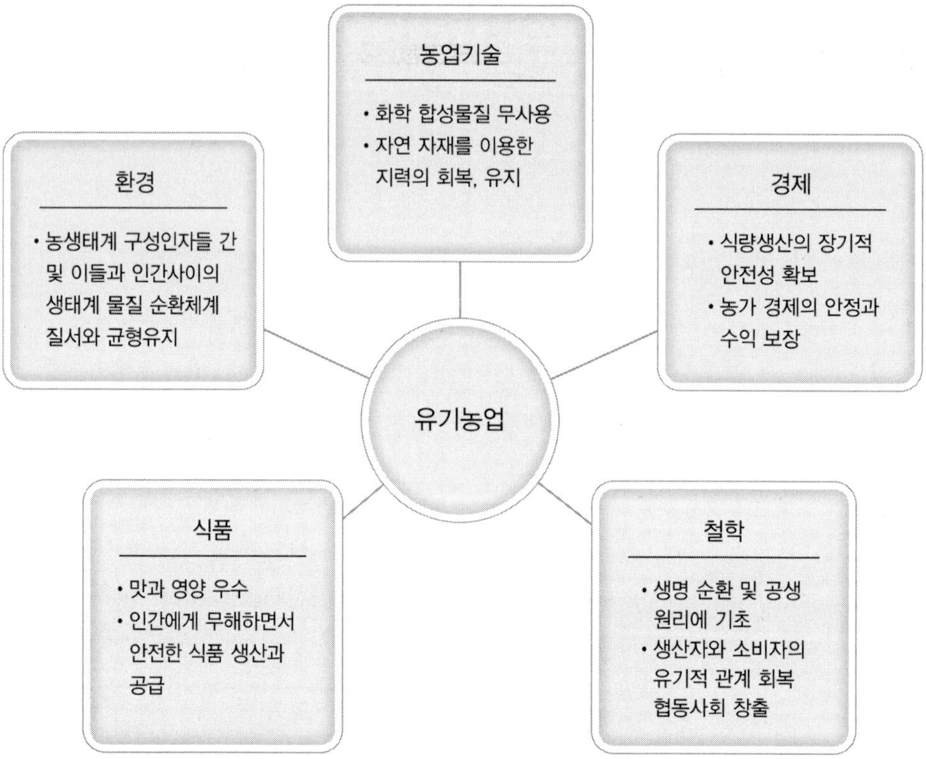

그림 4-8. 유기농업의 현대적 개념과 가치

는 농업의 생산성 제고에 기여하는 바가 큰 화학비료나 농약, 생장조절제 등의 사용을 피하는 점을 강조하면서 농업의 생산성 측면을 직접 언급하고 있지는 않으나 최근에 새롭게 등장하고 있는 지속농업에서는 환경친화적 기술과 경제비용의 최소화 및 생산성의 극대화의 개념을 통해 농업의 생산성과 경제성 양자를 크게 강조하고 있다.

현대의 유기농업 개념은 단순한 무농약, 무화학비료라는 제한적이고 기술적인 특징에만 국한될 수 없다. 유기농업은 유기농산물의 생산에서부터 그 생산물의 식품학적 특성, 또 그것을 소비하는 소비자의 생활양식에 이르기까지의 전 과정을 하나의 일관된 유기적 단일계로 파악해야 한다. 이런 배경 하에서 유기농업의 현대적인 개념을 정립해 보면, 다음과 같은 농업기술적인 측면, 환경적인 측면, 경제적인 측면, 식품적인 측면, 철학적인 측면 등의 다섯 가지의 범주(category)으로 나누어 볼 수 있다(그림 4-8).

2. 세계의 유기농업

유기농업은 전술한 바와 같이 그 생성이나 전개과정, 발전방향 등이 국가별로 차이를 보이고 있는데 이로 인해 유기농업의 역사나 현황도 차이를 보이고 있다.

1) 유럽의 유기농업

유럽의 유기농업은 최근 10년간 연평균 25%내외의 꾸준한 증가추세를 나타내고 있어 유기농 점유비율은 1998년의 2%에서 2005년 10%, 2010년 30%로 성장하며 2005년 유기식품의 소매시장이 250~350억 Euro달러 규모에 달할 것이 확실시되어 유기농업부문은 간접산업에서 주력산업으로 성장할 것으로 전망되고 있다. 1998년 말 현재 유기농업 생산면적은 280만 ha, 참여농가수는 113,000호이나, 전환기 유기농법까지 합하면 유럽 전체의 유기농업 생산면적은 1999년 현재 약 380만 ha에 도달하고 있다.

유기농 경작면적이 전체 재배가능경작지에서 차지하는 비율은 유럽 평균이 2%이나 가맹국에 따라 크게 차이가 있다. 스위스가 9.0%로 가장 높고, 오스트리아(7.96%), 이탈리아(7.01%), 스웨덴(6.25%), 덴마크(6.15%), 독일(3.2%) 순이다. 이와 달리 영국은 2.55%로 평균을 하회하고 있다(표 4-3). 유럽의 유기제품으로는 신선농산물 이외에도 유기가공품, 유기면제품, 유기 장난감, 유기 꿀, 유기 생선 등 다양한 제품들이 시장에 출하되어 소비자들에게 공급되고 있다. 우리나라보다 유기농업이 20~30년 앞서 있다고 하는 유럽에서는 2002년 말을 기준으로 무려 1,725가지 유기제품이 시중에서 유통되고 있는데 그럼에도 불구하고 유기제품의 수는 앞으로도 계속 늘어날 전망으로 추측되고 있다.

유럽 유기농법의 핵심기술과 유기농업에 관한 EU규정은 ① 환경보존적 기능 수행을 위해 축산분뇨단위를 기준으로 농가의 경작면적당 가축사육두수의 상한을 결정하는 것, ② 사료 및 유기질비료를 가급적 농장 내에서 자급토록 하는 것, ③ 관행농법이나 외국으로부터의 사료의존을 금지하는 것 등이 특징으로 국제유기농업연맹(IFOAM) 기본규약과 국제식량농업기구/세계보건기구(FAO/WHO Codex) 유기식품규격의 모체가 되었다.

표 4-3. 유럽 각국의 유기농 생산면적과 농가호수

번호	국명	유기농 생산면적		유기농 농가호수	
		면적(ha)	비율(%)	호수	비율(%)
①	그리스	24,800	0.71	5,270	0.64
②	노르웨이	20,523	2.01	1,823	2.68
③	네덜란드	27,820	1.39	1,391	1.48
④	독일	546,023	3.20	12,732	2.93
⑤	덴마크	165,258	6.15	3,466	5.50
⑥	리히텐슈타인	690	17.0	33	15.71
⑦	벨기에	20.263	1.47	628	0.94
⑧	스웨덴	171,682	6.25	3,329	3.70
⑨	스위스	95,000	9.00	5,852	9.50
⑩	스페인	380,838	1.49	13,424	1.11
⑪	오스트리아	271,950	7.96	19,031	7.05
⑫	영국	472,515	2.55	3,182	1.37
⑬	이탈리아	1,040,377	7.01	49,790	2.15
⑭	프랑스	370,000	1.31	9,260	1.36

(2000년 12월 31일 기준)

유럽국가들 중 영국의 유기농업은 오랜 역사를 가지고 있다. 유기농업의 아버지라고 불리는 영국의 하워드(Howard, 1873~1947)는 1920년부터 인도에서 퇴비에 대한 연구를 실시하였는데, 작물 재배로 토양의 비옥도가 부단히 소모되므로 토양관리에 의해 지력을 향상시키는 것이 필수적이고, 이러한 지력을 회복시키는 것은 부식에 의해 이루어지는데 이 부식이 풍부한 토양은 작물의 병해충 피해를 막아주고 거기에서 자란 채소류나 과일은 품질, 맛, 보존에 있어서 뛰어나다고 하였다. 결국 농업을 성공으로 이끄는 가장 중요한 원칙은 생장과 부식작용의 병행이라는 결론을 내려 작물의 생산과 부식(유기물)의 토양환원이 바로 농업의 원리임을 강조하였다. 이러한 하워드의 유기농업은 부식질 농업이란 용어로 유럽에 퍼져 나가게 되었다.

독일의 유기농업은 1922년에 데메테르(Demeter)라는 유기농업 단체가 창립된 이래 여러 가지 형태의 유기농업으로 발전되어 오고 있다. 국가에서는 유기농민들에게 다양한 재정적 지원을 해 주고 있으며 대학에서도 유기농업 관련 교과목이 편재되어 있고, 몇 몇의 대학에서는 유기농업학과가 개설되어 있다.

2) 미국의 유기농업

미국의 농업은 1940년대에 들어서면서 대형농기계의 사용과 화학비료, 합성농약의 투입 등 새로운 농업기술을 본격적으로 받아들이는 시대를 맞이하였으며 이 신기술이 생산성을 비약적으로 향상시키기에 이르렀다. 그러나 농업생태계의 자연법칙을 무시하고 공업의 논리에 바탕을 둔 획일적인 대응을 강행하는 새로운 농업기술은 결국 토양침식, 염류 집적, 지하수의 고갈과 오염 등 농지의 생산성 유지에 중대한 저해요인을 차례차례 유발하는 결과를 가져왔다. 이 시기에 미국 유기농업의 창시자인 로데일(Rodale, 1899~1971)은 화학비료와 농약의 독성 때문에 황폐화되었던 농경지는 퇴비중심의 농업을 실행함으로써 회복 가능하다고 하여 유기물의 토양 환원을 주장하였다. 그리고 '유기농업'이라는 용어는 로데일이 처음 사용한 'Organic farming'의 번역으로 새로운 과학적 지식, 토양학, 병해충학, 식물병리학이라는 학문의 지식을 활용하는 것이라고 하였다. 이는 기술의 무제한적 사용으로 인해 예측할 수 없는 부작용이 초래되므로 올바른 과학적 방법을 이용하여 이러한 기술의 폐허를 막는 과학적 농업을 해야 하고 그것이 유기농법이라고 주장하였다. 그리고 생산자와 소비자의 건강을 증진시키기 위해 단백질과 비타민 등 영양이 풍부한 우수한 식품을 만들고자 하는 점에 유기농업의 특징이 있다고 하여 유기농산물이 영양이 풍부하다는 식품학적 측면까지 강조하였다.

1981년 미국 농무성이 발표한 "선택의 시기"라는 보고에 의하면, 화학물질 및 화석에너지에 의존하는 현대농업을 구사함으로서 일단은 농업 생산성이 현저히 향상되었으나 그 과정에서 토양 중에 있는 양분 및 지하수 등의 기본적 농업자원을 과다하게 소모하여 고갈상태가 되어가고 있어 현재 생산성과 수익성의 구조적 저하에 신음하는 농가가 증가하고 있다는 지적이 있었다. 이러한 가운데 1980년대에 농업 경영자를 비롯한 농업관계자들 사이에 유기농업, 즉 농토 및 농업용수를 비롯한 기본적 농업자원의 장기적인 지속성과 인축의 건강유지를 가능하게 함과 동시에 농업 생산의 경제성도 안정적으로 높일 수 있는 농법을 확립하여 보급하여 줄 것을 연방정부 등에 강력히 요청하게 되어 1985년 "농업법"이 제정되었다. 그 이후 미국의 유기농산물 생산량이 크게 증대하여, 2000년 현재 전국 유기농업 농가 수는 1만5천 농가에 이르며 유기농산물의 유통액은 70억 US$에 이르고 있다. 그러나 유기농산물이 전국의 식품소매총액에 차지하는 비율은 2%미만으로 아직은 미세하나 그 성장률은 연간 20~30%까지 급속하게 늘어날 것으로 미농무성은 예측하고 있다. 1999년 유럽유기농업회의의 예측에 의하면 미국 유기농업은 연평균 25% 전후의 신장을 나타내, 2005년까지는 10%, 2010년까지는 30%로 증대될 가능성이 큰 것으로 전망하고 있다.

3) 일본의 유기농업

일본의 유기농업은 전술한 하워드-로데일의 유기농업 흐름에 연결된다. 1960년대 초반, 일본에서는 유기수은계 농약과 DDT, BHC, 드린제(알드린, 딜드린, 엔드린 등) 등의 유기염소계 농약의 식품잔류가 문제화되었다. 그 후 1970년대를 전후하여 안전한 식품을 찾는 소비자층을 중심으로 유기농업 운동이 확대되었다. 그래서 협동조합 관계자, 의학자, 생물학자, 농학자 등을 주축으로 1971년에 일본유기농업연구회가 발족되었다. 일본의 유기농업은 생산자와 소비자의 유기적 관계를 강조한 공생운동(共生運動), 산지 직거래 운동 및 협동조합 운동의 측면으로까지 확대되고 있다.

4) 우리나라의 유기농업

우리나라의 유기농업은 황산암모늄이나 대기 중의 질소를 이용하여 화학비료를 대량생산하여 농가에 보급하기 이전까지의 농업은 사실상 유기농업이었다. 플랭클린도 우리나라나 중국, 일본에서 4,000년에 걸쳐 지속적으로 경영되어 온 농업은 유축농업으로 유기농업의 이상적 모델로 제시하였다. 1951년 유기수은제 메르크론(mecron, 종자소독제)의 합성과 1950년대 파라치온 수입 그리고 이피엔(EPN)의 생산을 시발로 농약이 작물보호에 사용되기 시작하였고 6·25 한국전쟁 이후에는 식량증산이라는 지상목표와 주곡의 자급자족에 대한 국가적 목표를 가지고 농업생산성 향상에 주력하였다. 즉, 녹색혁명의 이름 아래 농자재의 대량투입과 대량생산을 목표로 한 농업정책을 통해 통일계 벼 신품종을 육종하여 주곡의 자급자족을 달성할 수 있었다. 이후 농공병진(農工竝進)에서 공업화로 그 정책이 바뀌면서 농촌인구의 도시집중, 농약과 비료의 과다한 사용과 공업화에 따른 각종 공해의 발생에 따라 환경과 건강에 대한 국민들의 관심이 점점 높아지기 시작하였다. 즉 환경문제의 발생이 빈번해지자 안전한 식품에 대한 국민들의 요구는 유기농업의 태동을 앞당기게 되었다.

우리나라 유기농업은 1970년대부터 한국유기농업협회와 같은 민간주도로 안전농산물생산, 자연환경 및 생태계 보전에 목표를 두고 생산자와 소비자가 연계되어 발전되어 왔으며, 유기농업에 종사하고 있는 농가수는 2018년 57,000농가, 재배면적은 76,000 ha, 생산량은 451,000 톤에 이른다(표 4-4). 우리나라에서는 1970년대 후반부터 정농회, 유기농업환경연구회 등 민간단체가 중심이 되어 종교적 신념을 토대로 유기농업이 주도되었다.

표 4-4. 유기농업에 종사하고 있는 농가수와 재배면적 및 생산량의 변화

항목	1999년	2000년	2002년	2013년	2015년	2018년
농가수(1,000호)	14	19	31	104	60	57
재배면적(1,000ha)	10	15	119	119	75	76
생산량(1,000t)	209	305	810	810	460	451

* 자료: 국립농산물품질관리원(2019, www.enviagro.go.kr)

현재 유기농업생산자단체는 유기농업협회, 자연농업협회, 정농회 등 13개 단체가 활동 중이고 1994년 친환경농업단체협의회를 구성하였다. 정부에서는 식량자급 및 증산정책에 따라 그동안 도외시해왔던 유기농업의 필요성을 인정하면서 1994년에는 농림부내에 친환경농업과를 설치하여 환경농업정책 개발, 유기농업 육성 등의 지원업무를 담당하고 있으며, 2000년에는 유기농업과 친환경농업을 대상으로 하는 "환경농업발전위원회"가 농림부에 설치되어 운영되고 있으며

농촌진흥청에는 2001년에 친환경유기농업기획단이 설치되어 친환경농업과 유기농업에 관련된 연구업무를 관장하고 있다. 1997년에는 친환경농업육성법이 제정 공포되었고 1998년 11월에는 친환경농업원년을 선포하는 등 친환경농업육성을 위한 제도적인 기틀이 마련되었다. 친환경농업 육성정책의 3단계가 완료되는 2010년에는 농업 전 분야가 친환경농업으로 전환될 예정이다. 환경농산물 출하량은 년 평균 47% 이상 급격히 증가하고 있으며, 유기농산물의 신장률은 매년 약 30% 수준으로 급성장하고 있다. 이 같은 성장률은 일찍이 컴퓨터, 전자, 화학, 에너지 등 어느 산업부문에서도 경험하지 못한 최고의 성장률이다.

3. 유기농업의 목표와 내용

1) 유기농업의 목표

유기농업에 대한 정의는 각 나라마다 약간씩 다르나 유기농업의 근간은 국제유기농업연맹(International Federation of Organic Agriculture Movement, IFOAM)의 정의를 토대로 한 것으로 목표와 원칙은 다음과 같다.

① 영양가가 높은 식품을 충분히 생산한다.

② 장기적으로 토양비옥도를 유지한다.

③ 자연계에 협력적으로 임한다.

④ 토양속의 미생물, 동식물, 지상부의 동식물을 포함한 농업체계 내의 생물적 순환을 촉진하고 개선한다.

⑤ 지역으로 조직된 농업체계 내의 갱신 가능한 자원을 최대한으로 이용한다.

⑥ 유기물이나 영양소와 관련하여 가능한 한 폐쇄된 체계 내에서 작동한다.

⑦ 가축에게 그들이 타고난 본능적 요구를 최대한으로 충족시킬 수 있는 생활조건을 만들어 준다(동물복지).

⑧ 농업기술로 발생할 수 있는 모든 형태의 오염을 피한다.

⑨ 식물과 야생동물 서식지 보호 등 농업체계와 그 환경의 유전적 다양성을 유지한다.

⑩ 농업생산자들에게 안전한 작업환경 등 일로부터 적당한 보답과 만족을 얻게 한다.

⑪ 농업의 사회적, 생태적 영향을 고려한다.

이러한 목적을 달성하기 위하여 도입해야 될 실제적 기술은, 첫째 위에서 설명한 목적에 반하는 자재(화학물질)와 농법을 배제하고, 둘째 자연의 생태적 균형을 존중하여야 하며, 셋째 농업생산자와 공존하는 것(미생물, 식물, 동물)에 대해 적대적이거나 종속되지 않도록 공생방법을 모색하여야 한다.

2) 유기식품 규격 코덱스(Codex)

각국에서 유기농업에 대한 정의와 접근방법의 이질성을 가지고 있어 이를 통합하기 위하여 국제식품규격위원회(Codex, Codex Alimentarius Commission(CAC))에서는 유기농업을 농업생태계의 건강, 생물의 다양성, 생물학적 순환 및 토양생물학적 활동을 촉진, 증진시키는 하나의 총체적인 생산관리체제라고 정의하면서 유기식품 생산, 가공표시 및 유통에 대한 가이드라인을 식물분야에서는 1999년에 축산분야에서는 2001년에 확정하였다.

유기식품의 생산, 가공, 표시, 유통에 관한 코덱스 가이드라인은 서문과 본문 8장 및 부속서 3장으로 구성되어 있으며, 본문은 ① 적용범위, ② 용어의 설명 및 정의, ③ 표시, ④ 생산규칙, ⑤ 부속서, 허용물질 포함요건 및 국별 물질목록 작성기준, ⑥ 검사 및 인증제도, ⑦ 수입, ⑧ 가이드라인의 재검토 등으로 구성되어 있고, 부속서는 ① 유기생산의 원칙, ② 유기식품 생산에 허용되는 물질, ③ 최소 검사요건 및 문제 예방조치 등으로 구성되어 있다. 코덱스 유기식품규격에 규정된 유기축산과 유기경종의 핵심적 내용은 다음과 같다.

(1) 유기경종

① 토양비옥도의 유지 증진

토양비옥도 유지를 위해 코덱스는 ⓐ 두과작물, 녹비작물 또는 심근성작물 재배의 윤작체계, ⓑ 규정된 가축사양에서 생산되는 축산분뇨나 퇴비 등 유기물질의 토양혼입을 기본으로 한다고 규정하고 있다. 현행 우리나라 유기농업에서는 토양비옥도 유지 증진을 위해 퇴비를 주로 시용하고 있다. 그러나 코덱스에서는 토양비옥도를 높이기 위해 퇴비를 우선적으로 사용하는 것이 아니라 위에 나와있는 ⓐ, ⓑ의 조처에도 불구하고 작물재배에 영양분이 부족할 경우 퇴비를 사용할 수 있다고 규정하고 있다.

② 공장식 축분(畜糞) 사용금지와 유기질비료의 최적시용

코덱스는 공장식 축산분뇨와 이를 원료로 생산된 액비, 퇴비 등의 사용을 금지하고 있다. 공장식 축산이란 유기농업에서 허용되지 않는 각종 수의의약품과 외부의 사료에 상당부분 의존하는 산업적 관리 시스템이라고 코덱스가 정의하고 있다. 유기경종에서 발생하는 식물의 잔재, 유기축산에서 발생하는 축산분뇨와 유기축산의 분뇨로 제조한 퇴비, 건조분 등이 사용 가능한 유기질비료이다. 또한 균형적 유기질비료 시용계획을 마련하고 토양과 수질에 부하를 주지 않는 적정량의 퇴비를 시용(토양진단과 식물체분석에 의한 최적시비처방)하여야 한다. 우선 가장 중요시하는 것은 농가규모에 따라 축종별 분뇨발생량에 따른 가축 마리수가 제한되어 있다는 것이다. 경지면적당 축분단위를 이용한 가축사육두수를 정해 놓은 것은 축종별로 축분 발생량이 크게 차이가 나고, 축분 종류별로 질소, 인산, 칼리 등 무기성분 함량이 다르기 때문이다. 적정 가축사육두수란 경지면적당 거름단위에 근거하여 정해 놓은 가축사육두수 개념이다.

③ 저항성 품종 선택과 GMO 종자 사용금지(유기종자 사용)

병충해 저항성품종의 재배를 규정하고 있는데, 이는 관행적 농약사용을 전제로 육성된 상업용 종자로는 병충해로부터 작물을 안전하게 수확기까지 성공적으로 재배하기 어렵기 때문이다. 수량성, 색택, 크기, 모양 등은 좀 떨어지나 병충해 저항성이 고도로 높은 유기농업용 종자를 선택하도록 규정하고 있다. 또한 GMO 종자나 식물의 재배를 금지하고 있다.

④ 잡초 및 병충해 제어

방제가 아닌 경제적 피해수준 이하로의 제어를 목표로 하고 있다. 또한 병충해 저항성과 잡초 경합성(競合性)이 고도로 높은 품종의 선택이 가장 중요시되며 둘째로는 잡초 및 병충해 제어를 위한 합리적 윤작체계, 천적, 완충지대(생태계 섬), 기피식물, 타감물질, 페르몬 등을 활용한 제어에 치중한다는 것이다. 물론 유기농 각종자재를 이용한 제어는 최후의 방안으로 허용하고 있을 뿐이다.

(2) 유기축산

① 유기농 사료급이

유기농법적으로 재배된 유기농 사료를 반추가축은 85%, 그리고 비반추가축은 80%이상 먹고 자라야 "유기축산"이 시행된 것으로 규정한다고 기술하고 있고, 그 축산물인 우유, 달걀, 고기는 비로소 "유기축산물"로 명명하도록 규정하고 있다. 2005년 이후에는 유기농 사료를 100% 급여하도록 상향요구하고 있다. 또한 코덱스는 초식가축의 경우 우유 및 유제품을 제외한 포유동물을 원료로 하는 사료급여를 금지하고 있다.

② 동물복지(Animal Welfare)

유기축산의 기본은 토양과 가축간의 조화된 관계의 발전과 가축의 생리적 요구를 존중해주는데 있다. 양질의 유기사료 제공, 적절한 사육 공간, 적절한 사양관리체계, 스트레스를 최소화하는 질병예방과 건강증진을 위한 가축관리 등을 실시해야 한다. 사육 조건과 환경은 가축의 특별한 행동양식을 고려하여 관리하여야 하며, 충분한 공간 및 정상적인 행동을 할 수 있는 기회를 제공하고 가축의 생리적 욕구를 충족하도록 신선한 공기와 자연광의 공급, 양질의 신선한 물과 사료를 공급하는 "동물의 복리"를 코덱스가 규정하고 있기 때문이다. 따라서 축사는 사료 및 음용수 섭취가 용이한 구조, 공기 순환, 먼지, 온도, 습도 및 가스 농도가 가축건강에 유해하지 않는 수준 이내로 유지될 수 있는 적절한 단열, 냉난방 및 환기시설, 충분한 자연환기와 햇빛을 받을 수 있는 조건으로 가축의 생물적 행위 욕구를 만족시켜야 한다. 날씨와 토지의 상태가 허용되거나, 가축의 생리적 욕구에 따라 초식가축은 목초지에 접근할 수 있어야 하고, 비초식가축은 노천구역에서 자유롭게 활동할 수 있어야 한다.

③ 수의약품의 사용제한

질병 또는 건강상의 문제가 생겼음에도 불구하고 마땅한 치료방법이나 처치방법이 없을 경우에 한하여 예외적으로 예방접종이나 치료제의 사용이 허용된다. 이 경우 휴약기간은 법정기간의 2배가 되어야 하며, 2005년 이후에는 "유기"로 표시되는 가축 또는 축산물에 대한 항생제의 사용은 전면적으로 허용되지 않는다고 규정되어 있다. 항생제, 성장촉진제, 번식 및 성장호르몬제의 사용을 금지하고 있으며, 휴약기간은 법적 요구기간의 2배를 준수하도록 요구하고 있다. 단 법적 근거가 있을 경우 예방접종, 구충제, 치료제 사용을 허용하고 있다.

④ 유전공학적 번식기법 및 물질 사용금지

가축번식에 있어 수정란 이식기법이나 번식호르몬 처리는 허용되지 않으며, 유전공학을 이용한 번식기법은 금지하고 있다. 또한 GMO로부터 유래된 첨가제 또는 가공보조제도 허용되지 않는다.

4. 유기농업과 관행농업

1) 생태계 유형별 차이

(1) 자연 생태계(Natural Ecosystem)

자연 생태계는 상당히 복잡하게 연결된 구조를 가지고 있다. 구성요소는 다양한 생물과 무생물로 되어 있으며, 이들 상호간의 관계도 복잡하다. 자연 생태계의 구성요소는 그들의 기능적 분류에 따라 생산자와 소비자, 분해자로 나눌 수 있는데 생산자의 경우 육지에서는 초본성 식물이고, 수상에서는 식물성 플랑크톤이다. 이들이 죽게 되면 분해가 되는 데, 이러한 분해자의 역할은 육상에서는 지렁이와 같은 토양의 무척추동물이 하고, 바다에서는 바다의 무척추동물이 담당한다. 또한 생산물을 소비하는 소비자는 육지에서는 초식동물이나 이들을 섭식하는 동물들이고, 수생에서는 어류가 이러한 일을 한다. 자연 생태계 내에서 이러한 관계들은 수직 관계만 존재하는 것이 아니고 서로 얽히어 있는 복잡한 양상을 띠게 된다. 또 자연 생태계에서는 서식하는 동식물의 수가 다양하고 그 수도 많다. 즉 생태계를 구성하는 3대 요소는 군집과 에너지 흐름, 그리고 물질의 순환인데, 자연 생태계에서는 이러한 모든 것들이 비 일률적, 비 직선적이며 마치 거미줄처럼 복잡하게 얽혀있는 형상을 띠고 있다.

(2) 농업 생태계(Conventional Agricultural Ecosystem)

관행농업 생태계는 자연을 주축으로 하는 자연생태계와는 여러 가지 면에서 다르다. 기존의 자연상태를 개선하여 유리하게 이용하기 위하여 인간은 직접적인 물자인 연료나 전기를 투입하거나 간접적인 물자인 종자, 비료, 제초제, 농약, 기계, 관개수 등을 투여한다. 따라서 생산에 비효율적인 요소는 제거되며, 그 결과 몇몇 종만이 선택적으로 존재하게 된다. 이에 따라 단순한 품종이나 농작물만 남게 되어 종의 다양성이 심각하게 훼손된다. 그 결과 인간이 요구하는 특성을 갖는 품종만이 육종되고, 토지의 이용도도 높여 생산성이 높아진다. 또 생산된 식량의 이용에 있어서도 보다 단순하고 획일적인 과정을 거치게 되어 먹이사슬의 영양단계가 2단계 또는 3단계로 단순화된다. 생산된 물질이 근방에서 소비되고, 분해되는 자연 생태계와는 달리 농업생태계는 먼 도시나 또는 다른 나라까지 이동하여 이용하게 된다. 따라서 물질을 생산하기 위해 고갈된 토양 양분이 보충되지 않으면 농업 생태계는 황폐화되고 만다. 작물의 단순화에 따라 서식지를 공유하는 생물군들도 단순화된다. 따라서 특정 곤충이나 미생물만 번성하게 되고, 다른 생물들은 사라져버린다. 이로 인해 특정한 생물을 섭식하는 천적 수 또한 줄어들기 때문에, 흰불나방과 같은 돌발해충들이 번성하게 된다. 산림에서 이런 곤충은 새나 다른 생물에 의해 포식되기 때문에 거의 문제가 되지 않지만 관행 농업생태계는 농약으로 인해 천적군이 제거되기 때문에 문제시 된다. 아울러 농약이나 비료 및 각종 농자재 등이 농업생산성 향상을 목적으로 농업생태계에 투입되어 이들이 처리되지 않는 채, 지하 또는 수계에 흘러들어 가서 하천이나 해양을 오염시킨다. 생산된 농산물은 도시민을 위해 도시로 유통되고, 탈취된 양분의 보충을 위해 화학비료와 농약 등이 다시 다량 살포된다. 가축도 방목보다는 축사 내에서 대규모로 사육되고, 사료 공장에서 생산된 농후 사료가 다량급여 된다. 이 때 생산된 분뇨는 부식시켜 농토로 다시 순환되지 않고, 하천이나 지하수에 유입되어 수질오염을 일으킨다. 작물이나 가축사육에 필요한 물은 지하수를 이용하거나 인공관개하기 때문에 이에 다량의 화석 에너지가 소요될 뿐만 아니라 지하수 고갈이 수반된다. 따라서 물질의 순환이 제대로 이루어지지 않게 되어 각종 공해의 원인이 된다.

(3) 유기농업 생태계(Organic Farming Ecosystem)

유기농업 생태계가 관행농업과 다른 것은 각종 화학비료의 시용과 제초제를 비롯한 각종 농업용 제재의 사용이 원초적으로 사용되지 않고, 대신 부숙 된 유기물이 토양으로 환원된다. 병충해나 잡초는 생물학적으로 방제한다. 농약이 사용되지 않기 때문에 건강한 식물체의 육성이 방제의 근간이 된다. 생산물은 자급자족하고 남은 잉여농산물이 시장에 판매되며, 상업적으로 발전하기 전의 단계이다. 한편 생산물은 도시로 이동되어 판매되지만, 이상적인 것은 농촌 근방에서 우선 소비되고 대도시로 이동되지 않는 것을 목표로 하고 있다. 영양소 이용의 관점에서 보면, 경지→생산물→농업 부산물→퇴비→경지로 다시 순환되는 형태가 유기농업생태계다. 관행농업생태계는 작물의 수확은 곧 토양양분의 반출을 의미하기 때문에 점점 토양이 척박해지고 생산성이 저하되게 된다. 생산성 유지를 위해서는 양분을 관행농업이 화학비료를 중심으로 한 무기질비료를 사용하는 반면, 유기농업은 자체에서 퇴비나 구비로 보충하는 것이 특징이다. 즉 양분의 순환이 기본이며, 이때의 양분은 그 농장 내에서 만들어진 퇴비나 작물의 윤작을 통한 비옥도 증진이 기본이다. 유기농업생태계에서 농산물이 도시로 반출되는 것은 당연하지만, 현대 농업에서 보는 바와 같은 대량반출은 아니다. 생산방식도 무기질비료가 아닌 유기질 비료를 이용한 생산이다.

자연과 관행 그리고 유기농업생태계의 영역을 비교하면 자연계는 뚜렷한 경계가 없이 환경에 따라 변할 수 있다. 그러나 현대 농업생태계는 각 농장의 경계구획에 따라 분명한 경계선을 가지고 있다. 반면 유기 농업생태계에서는 경계는 있으나 자연생태계와 부분적으로 혼화되어 있고, 가능하면 자연 생태계에 가깝도록 노력을 한다. 에너지 유입에서 자연 생태계는 그곳의 물질이 그곳에서 먹히고 소화되고, 분해되는 폐쇄된 물질순환을 나타낸다. 반면 관행농업은 화석에너지가 투입되고, 생산된 농산물은 다시 도시로 판매되어 물질의 유입과 반출이 활발하게 이루어진다. 유기농업은 가능하면 폐쇄적인 순환계를 가지도록 하며, 부가가치가 높은 소량의 농산물만을 도시에 판매하고자 하여 대량생산 및 대량판매를 목적으로 하는 관행농업과는 다르다.

한편 에너지원도 자연생태계는 태양에너지를, 관행농업 생태계는 화석에너지를 이용하며, 유기농업생태계는 화석에너지 사용을 최소화하면서 태양에너지의 이용을 높이려 한다. 생태계를 구성하는 인자는 자연생태계에서는 셀 수 없이 많으나, 현대농업은 그 수를 가능하면 적게 하려고 한다. 그리고 유기농업생태계에서는 가능하면 관행농업보다 많은 구성인자가 되도록 노력한다. 식물망에 있어서도 자연생태계는 거미줄과 같이 다양하고 복잡하나 관행농업은 수직적이고 연쇄가 짧다.

유기농업 생태계는 가능하면 다양하고 복잡한 망을 희망하며, 특히 종의 다양성이 유지되도록 노력한다. 서식지의 자연생태계는 복잡하나 관행농업생태계는 작물과 일부 해충이 서식하는 아주 단순한 형태를 나타낸다. 유기농업생태계는 자연과 관행농업의 중간적 상태를 유지한다. 병충해 방제는 자연계에서는 스스로 균형이 이루어지는 데 반하여, 관행농업은 인위적인 외부인자의 투입이 없으면 조절이 되지 않고, 피해의 최소화를 목적으로 방제를 한다. 유기농업생태계는 생태적 원리를 이용하여 방제하고자 노력한다. 생산물을 이용하여 부양되어질 수 있는 인구는 자연계는 낮고, 관행농업계는 높으며, 유기농업생태계는 중간이다. 순생산은 자연계는 중간이나 관행농업은 높으며, 유기농업생태계는 자연과 관행의 중간 정도이다. 그러나 투입되는 물자에 비교하면 어떤 의미에서는 관행농업보다 높다고 할 수 없다. 물질순환은 자연생태계는 계절에 따라 순환하나, 관행농업생태계는 수확하는 생산물이 무엇이냐에 따라 달라지며 유기농업생태계는 기본적으로 관행농업생태계와 유사하지만 자연적 순환이 더 많이 이루어지도록 계절에 따라 많은 작업이 수행된다.

2) 농업 체계별 차이

유기농업과 관행농업 그리고 생계농업의 체계별 차이점은 표 4-5와 같다. 생계농(subsistence agriculture)은 우리나라의 1960, 1970년대 농업 또는 개발도상국에서 볼 수 있는 농업형태로서 자급자족형 농업의 형태이다. 관행농업은 상업농(commercial agriculture)으로서 구매물자의 투입, 생산물의 판매, 그리고 교환수단으로 금전을 바꾸는 농업이다. 생계형 농업과는 반대로 규모의 확대나 자연극복과 같은 특징을 보이며, 현재에 만족하기 때문에 지속적 농업에 대한 의지가 없는 농업이기도 하다. 지속농업은 보다 고차원적인 농업형태로 지역사회와 미래를 위한 농업이다. 이윤의 극대만을 목표로 하지 않기 때문에 자본주의적 모델이라기보다는 이상주의적인 모델에 가깝다.

표 4-5. 시대별 농업체계의 비교

번호	비교 항목	과거 농업	현재 농업	미래 농업
①	개인 상호관계	상호불신	개인의 권리	지역사회의 필요
②	기술개발	승계 또는 지지함	문제 해결로 믿고, 우연한 발전	공동선을 위한 통제
③	동기적 욕구	안전과 보안	자기성취	지역사회 성취
④	사회적 기여	가족	자신	지역사회
⑤	생존 과정	투쟁	경쟁	협력
⑥	자연과의 관계	재해에 노출	재해 극복	재해 관리
⑦	자연의 변화	조절 불가	조절	계획 또는 예측
⑧	자연자원	유한, 소비	개발, 과소비	유한, 보존
⑨	적용시기	생계농(과거농)	상업농(관행농)	지속농업(유기농)
⑩	정부역할	불안정	비개발, 권리보호, 권력층의 필요충족	협력, 규제, 방임
⑪	지식기반	전통	과학과 기술	심사숙고된 과학기술

5. 유기농업의 장단점

유기농업을 함으로서 유발되는 장점은 표 4-6과 같다. 유기농업을 함으로 인해 실행 또는 이행과정에서 생기는 장점들은 재배과정에서 농약과 같은 위해물질을 다루는 농민이 농약을 사용하지 않음으로 인해 위험에 노출되지 않을 수 있는 것과 유기농업으로 재배된 농작물로 인해 사용자에게 혜택이 돌아가는 부분, 그리고 인류 공동의 혜택부분으로 생각할 수 있다. 재배된 농산물로 인해 소비자가 얻는 혜택으로는 맛과 영양이 풍부한 식품자원으로서의 역할과 안전한 먹거리의 공급, 잠재적인 위해물질 사용억제를 통한 위해성으로부터 자유로움 취득 등이 될 수 있다. 인류 공동의 혜택은 화석연료 사용의 억제로 인한 지구온난화 방지, 수질 환경 보존, 토양침식 방지 및 생물다양성 보존 등이 될 수 있다. 관행농업의 단점을 극복하기 위해 유기농업이 대안으로 제시되고 있지만 유기농업 자체에도 단점들을 내포하고 있다. 관행농업이 무조건 나쁘고 유기농업이 무조건 좋다 또는 그 반대의 논리는 옳지 않다.

표 4-6. 유기농업의 장점

번호	항목	내용
①	안전한 먹거리 공급	• 합성화학물질 사용에 의한 발암성, 호르몬 대사 체계 이상과 같은 문제는 어른보다 어린이에 더 민감하다. • 유기농산물은 면역성이 낮은 어린이에게 효과적이다.
②	양질의 식품 생산	• 자연조건에서 재배한 농산물은 맛과 기호도가 우수하다.
③	위해 요소 경감	• 합성화학물질은 현재까지 확인된 위해물질이 없을지라도, 추후 위해물질 발견 가능성 존재한다. • 유기농산물은 잠재적 위해요소로부터 안전하다.
④	농업인 보호	• 합성화학물질의 사용자인 농민을 보호한다.
⑤	지구온난화 방지	• 과도한 화석에너지 사용 억제로 온실화 유발물질의 배출량을 감소시킨다.
⑥	수질보호	• 화학비료 과다사용은 토양산성화, 염류집적, 호수의 부영양화 유발 및 축산분뇨 유출에 의한 지표수 부영양화 및 오염을 감소시킨다. • 유기농업은 유기비료의 시용과 축산분뇨의 이용으로 수질오염원을 제거한다.
⑦	토양침식 방지	• 단일작물 연작에 의한 표토 유실 방지한다.
⑧	생물다양성 보존	• 외관의 미려성과 수송의 유용성만을 고려한 단순화된 작물 대신 자연산 종자의 수집과 이용으로 다양성을을 보존한다.

상황과 조건에 따라 선택의 기준이 생기고 그러한 선택의 우선순위에 따라 어떤 방법을 택할 것인지를 결정해야 할 것이다. 한편 그러한 결정에 영향을 미치는 중요한 인자의 하나가 단기적인 먹을거리의 생산이라는 관점에서 지속가능한 농업환경의 유지라는 관점으로 변화되고 있는 것은 분명한 사실이다. 유기농업이 가지고 있는 단점과 그들의 대응방안은 표 4-7과 같다.

표 4-7. 유기농업의 단점과 개선방안

번호	항목	단점	개선 방안
①	토양 비옥도	• 유기비료 또는 기타 비옥도 관리 수단이 작물의 요구에 늦게 반응한다. • 어떤 작물에 필요한 질소량을 추정하기 어렵다.	• 미리 토양비옥도 유지. 예로 두과를 윤작체계에 넣어 재배 전 비옥도 유지한다. • 토양비옥도를 미리 조사할 필요가 있다.
②	농약	• 농약의 사용을 금지한다.	• 천연 또는 허용된 천연제제만 사용한다.
③	인근농가 피해	• 농약을 사용하는 인근 농가로부터 직·간접적인 오염을 시킨다.	• 조림에 의한 방벽 또는 약간 원거리의 농장을 선택한다.
④	정보지원	• 유기농업에 대한 정보, 지원이 부족하다.	• 연구소, 외국 농가의 경우 참작하여 교육한다.
⑤	비융통성	• 2작, 3작과 같은 단작으로 높은 작물 밀도 때문에 농약 사용을 해야 하는 경우가 있다.	• 관행농업과는 다른 시각 필요하다.
⑥	재산	• 부채가 많고 자산이 적은 사람은 위험성이 높은 새로운 영농 방법을 실시할 수 없다.	• 가족이나 임대인의 허락이 필요하다.
⑦	생산품의 외양	• 관행농산물보다 유기농산물의 외양이 깨끗하지 못한다.	• 소비자에게 무농약, 유기비료에 의한 농산물임을 인식시킨다.
⑧	현실적 한계	• 소비자는 1년 내내 관행농산물과 같은 모양을 가지고 농약에 오염되지 않은 생산물 기대한다.	• 유기농업에 의해 이러한 농산물을 생산하는 것은 불가능함을 교육, 홍보한다.

6. 유기농산물의 개념

흔히 유기농산물은 3년 이상 농약과 화학비료를 사용하지 않고, 생산한 농산물로 간단하게 정의하고 있으나 유기농업을 통해 생산된 농산물 전체가 유기농산물이다. 유기농업은 환경보호를 지원하는 여러 가지 방법 가운데 하나인 유기식품에 관한 국제기준, 코덱스(유기식품의 생산. 가공 표시 유통에 관한 가이드라인)에서 개념을 정리한 내용을 보면 유기 생산체계는 사회적, 생태학적, 경제적으로 지속 가능한 최적의 농업생산생태계를 이룬다는 목표를 가진 구체적이고도 정확한 생산기준에 기초를 두고, 화학비료는 물론 살균제, 살충제, 제초제 등의 화학합성농약을 사용하지 않고, 외부 투입자재를 최소화하는데 기초를 두고 있다. 이렇게 생산된 농산물을 유기농산물이라 정의할수 있고, 이들 농산물들은 유기식품의 수송업자, 가공업자, 도소매상 등 유통업자들이 유기농산물의 특성을 살리기 위해 유기기준에 따라 관리하고 있다.

7. 유기농산물의 생산 및 유통 현황

1) 국내현황

(1) 생산 현황

친환경농업을 통한 우리 농산물의 경제력제고 방안으로 정부에서 지속적으로 추진한 친환경농업 육성 정책으로 인하여 유기, 친화경농산물의 생산농가 및 재배 면적, 생산량은 매년 크게 증가하고 있다. 2000년의 경우 친환경 농산물 중에서 유기 농산물(전환기유기농산물 포함) 생산 농가 수는 2000년 353호에서 2001년 442호, 2002년에는 1,505농가, 2003년에는 2,756호로 크게 증가하였다. 이는 2001년 7월 1일 이후 종전의 친환경농업육성법에 의한 표시 신고제도가 폐지되어 의무적인 인증 제도로 일원화되면서 인증을 받지 않고는 유기 농산물이라는 표시를 할 수 없게 됨에 따라 종전의 표시 신고 농가가 급격히 인증으로 전환한 것이 주요 원인으로 판단된다.

한편, 2000년도에는 유기 농가가 14.4%, 무농약 농산물 생산농가가 43.4%, 저농약 농산물 농가가 42.3%로 나타났으며, 2003년의 경우 각각 11.8%, 31.9%, 56.3%로 나타나고 있으며, 친환경농산물 생산량은 2000년의 경우 유기 농산물이 18.5%, 무농약 농산물이 44.3%, 저 농약 농산물이 37.2% 차지하고 있으나, 2003년의 경우 각각 9.3%, 32.9%, 57.8%를 차지하고 있어 바람직한 방향으로 전환하고 있다고 하겠다. 그러나 전체 친환경 농산물 생산량 중에서 저 농약 생산물이 절반이상을 차지하고, 무농약 농산물과 저농약 농산물을 합하면 90.7%를 차지하고 있어 아직도 유기농산물의 비중이 매우 낮은 수준에 있음을 말해 주고 있다.

(2) 국내 시장 규모

현실적으로 친환경유기농산물은 대부분 다양한 직거래 형태의 시장 외 유통(비시장 루트)으로 거래되기 때문에 각 취급 단체와 유통 업체를 조사하지 않는 이상, 그 시장 규모를 정확하게 파악할 수 있는 자료는 거의 없는 설정이다. 농림부에서는 친환경 유기농산물시장 규모를 2001년에 약 2,000억 원, 2002년에 약 3,000억 원, 2003년에 약 4,000억 원으로 추정되고 있다. 그 중에서 생산자와 소비자가 결합, 제휴하는 직거래 유통이 약 25%를 차지하고, 나머지 85%는 백화점과 대형할인점, 슈퍼마켓, 전문 판매점, 인터넷 쇼핑몰, 식품가공업체 등 일반 소매유통을 통해 거래되고 있는 것으로 파악된다.

국내 친환경유기농산물의 생산량이 빠른 속도로 늘어나고 해외유기농산물의 유통량도 증가하고 있는 가운데, 친환경유기농산물 시장은 해마다 약 40%의 신장률을 보이고 있다. 이런 성장 추세라면 2006년에는 7,800억 원에 이를 것으로 전망되고 있다. 전체적으로 친환경 유기농산물의 시장규모가 급성장함에 따라 기존의 소규모 지역판매점을 벗어나 백화점과 대형식품업체들의 친환경유기농산물 시장 각축전이 치열해지고 있다.

그림 4-9. 유기농식품 전문 매장과 일반 매장 내 유기농식품 코너 모습

2) 국외 현황

(1) 생산 현황

독일의 유기농업 재단에서 밝힌 자료에 의하면 세계적으로 약 100여 개 국가에서 유기농업을 실천하고 있으며, 그 면적은 지속적으로 증가하고 있다(Yussefi, 2004). EU지역은 대략 전체 농경지의 2% 정도가 유기농업을 실천하고 있으며, 모든 국가에서 유기농업이 크게 증가하고 있다. 남미지역에서는 유기 농장의 면적은 약 0.5% 정도이며, 성장률도 눈에 띄게 증가하고 있다. 아시아지역의 유기농업은 아직도 낮은 수준이다. 유기농업으로 전환하고 있는 농장이 크게 늘어나고 있다. 많은 국가에서 정확한 자료를 구할 수 없으나, 대략 1% 정도로 추산되고 있고, 아시아 전

체의 유기농장은 약 60만 ha로 추산하고 있다. 유기 농업은 아프리카에서도 크게 발전하고 있다. 아프리카에서의 유기농업이 발전하는 주요한 요인은 선진공업국에서 유기농산물의 수요가 증대하고 있는 것이며, 또 다른 동기로는 토양침식과 지력약화에 따른 토양 비옥도 유지를 위하여 유기농업을 실천하고 있는 것이다. 약 20만 ha 이상이 유기적으로 관리되고 있다. 대양주가 전 세계 유기 농장의 46%를 차지하고 있으며, 유럽이 23%, 남미가 21%를 차지하고 있다.

(2) 시장 규모

유기농산물은 공식적인 국외무역 자료가 없어 시장규모는 추정할 수밖에 없는 실정이지만 2002년 국제무역센터(International trade center, ITC) 자료에 의하면 세계 유기농산물 시장 소매규모는 유럽 16개국과 미국, 일본을 합하여 1997년에는 약 100억 달러(US)로 추정되며, 2000년에는 약 175억 달러, 2001년에는 약 210억 달러로 추정하고 있다. 미국의 유기 농산물 시장은 유기농무역협회(Organic trade association, OTA)의 자료에 의하면 1997년 37억 7,000만 달러에서 2003년에는 103억 8,000만 달러로 3배 가까이 늘어났고, 인증제도의 시행과 미국 내 시장의 개방으로 국제적인 무역이 더욱 증가할 것으로 전망되고 있다.

제5장
농산물과 건강

제1절 유해물질과 식품환경

친환경 농업이란, 녹색혁명의 주원인이면서 우리들의 식생활을 풍요롭게 만들어주는 역할을 담당하기도 했던 농약의 사용을 줄이면서 동시에 유해생물을 제거하기 위한 복합 전략을 채택하는 통합 작물 체계라고 할 수 있겠다.

한편, 우리들의 건강을 유지하는데 필수 불가결한 요소인 식품(농산물)의 안정적인 생산을 위해서 농약은 중요한 역할을 수행하여 왔기 때문에, 결국 사람에게 무해하면서도 유해생물을 제거할 수 있는 농약을 개발 및 선택하는 것이 가장 이상적일 것이다. 여기서 유해생물이란 식품에 오염, 소실, 파손을 일으키는 미생물, 잡초, 곤충, 새, 동물을 포함하기 때문에 이들 유해생물을 제거할 수 있는 방법 및 물질을 개발함은 생물체인 우리 인간에게도 양의 과다에 따라 영향을 미친다는 것은 자명한 사실이다. 뿐만 아니라 인간에게 유해한 생물의 제거 및 인간생활의 편의를 위해서 개발되어지는 다양한 방법의 개발 결과, 식품의 생산량 및 편이성은 증대되었으나 부수적으로 생성되는 다양한 유해물질들이 우리들의 생활환경에 축적되어 결과적으로 인간의 건강을 해치는 환경이 조성되고 있음을 간과해서는 안 될 것이다.

1. 농약(작물보호제)

FAO/WHO의 농약에 관한 합동회의의 정의에 의하면, "바람직하지 못한 식물, 동물 종의 제거, 억제를 위한 물질 또는 물질의 혼합물을 일컬으며, 식물생장조절제, 제초제 혹은 건조제로서 사용되는 물질 또는 혼합물도 포함하며, 항생물질과 비료는 적용하지 않는다"라고 되어 있으나 많은 국가에서는 항생물질을 농약으로 사용하는 추세이며, 우리나라에서도 가스가마이신(kasugamycin)이나 발리다마이신(validamycin) 등 몇 종의 항생물질이 농약으로 사용되고 있다.

농산물의 재배 및 저장과정 중 잔류된 농약성분은 종류에 따라 상이하지만 그 잔류량이 감소되며, 특히 우리들이 섭취하기 전 상태에서는 대부분의 농산물에 농약이 잔류하지 않거나 미량 잔류될 경우에 있어서도 조리 및 가공과정 중에 분해되는 경우가 많다.

1) 잔류농약의 일일섭취허용량(Acceptable Daily Intake, ADI)이란?

평생동안 하루도 빠짐없이 매일 섭취해도 해부학, 유전학적, 병리학적으로 아무런 병변 현상이 없는 최대의 양을 일컬으며, 이것은 영구불변한 것은 아니고, 현시점에서 얻어진 과학정보에 의해 평가된 것이다. 이러한 ADI의 산출은 최대 무영향량(No observed effect level, NOEL)에 대한 불확실성을 고려하여 안전계수 10~1,000(인간에 대한 임상적인 명백한 근거가 있는 경우에는 10을, 인간에 대한 자료는 없으나 동물에 대한 명백한 자료가 있는 경우에는 100을, 동물에 조차 명백한 자료가 없는 경우에는 1,000을 나누어 준 값)으로 나누어서 사람이 하루에 섭취해도 무방한 값을 구하고 있는 것이다.

2) 잔류농약의 최대무영향량(No Observed Effect Level, NOEL)이란?

동물이 일생동안 농약을 섭취해도 유해한 영향을 나타내지 않는 양을 체중 kg당 섭취량(mg)으로 표시하는 것으로써, 만성독성 시험결과를 토대로 산출되는 것이다. 즉, 실험동물에게는 아무런 영향도 미치지 않는 농약 섭취량이지만 동물의 종류에 따라 차이가 있을 수 있고, 동물실험의 결과를 사람에게 적용할 때 동물과 사람과의 차이가 있을 수 있다는 불확실성을 내포하고 있다. 그러므로 NOEL 값을 안전계수(10~1,000)로 나누어 ADI를 산출하는 것이다.

3) 잔류농약의 안전성 평가

잔류농약의 안전성을 평가하는데 인간을 실험대상으로 할 수 없기 때문에 실험동물이나 미생물을 이용하여 실험하며, 안전성에 대한 평가는 표 5-1에 제시하는 주요 검사 항목의 시험성적을 기초로 평가한다.

4) 최대잔류허용량(Maximum Residue Limit, MRL)이란?

현재 우리나라에서는 정부 주도하에 잔류농약의 허용기준을 식품위생심의위원회를 거쳐 확정 고시하고 있으며, 사람이 일생동안 허용치 수준의 유해물질을 잔류하고 있는 식품을 계속해서 먹더라도 인체에 독성을 보이지 않을 뿐 아니라, 기형인 아이를 출산하거나 암을 일으키지 않을 정도의 최대 허용량을 말한다. 이러한 MRL은 사람이 ADI 이내에서 여러 식품의 다양한 양을 소비하였을 때 섭취되는 수준으로 정해지기 때문에 어떤 식품에서 MRL이 소량 초과되었다 하더라도 건강에 해롭다는 뜻은 아니지만 식품위생법에 따라 판매가 금지되고 처벌을 받게 된다.

표 5-1. 안전성 평가의 주요 검사 항목과 내용

번호	주요 검사항목	검사 내용
①	급성독성	실험동물에게 한번에 대량의 농약을 투여하고, 실험동물의 절반이 사망하는 농약의 추정량이 어느 정도인가를 조사한다.
②	만성독성	실험동물에게 2년간 농약을 매일 일정량씩 섭취시켜, 어느 정도로 농약을 섭취하면 유해한 영향을 미치는가를 조사한다.
③	차세대에 미치는 영향	실험동물에게 매일 일정량의 농약을 섭취시켜, 새끼에게 기형 등의 악영향을 미치게 되는 정도의 양을 조사한다.
④	생체내 대사	음식물을 통해 섭취된 농약이 동물의 체내에서 어떻게 분해되는가 또는 장기 등에 축적되는 양이 어느 정도인가를 조사한다.
⑤	변이원성	유전성의 변이를 유발하는 성질의 유무를 확인하기 위한 시험으로 미생물을 사용하여 농약이 유전자에 미치는 영향 등을 조사한다.

2. 중금속(Heavy Metal)

산업이 발달되면서 대기, 토양, 하천, 바다 등 환경이 산업폐수, 축산폐수, 생활하수 등으로 오염되면서, 수산물을 비롯한 많은 식품과 식수가 오염되어 우리들의 건강을 위협하고 있다. 여러 환경오염 물질 중에서 중금속 오염은 인체의 건강에 상당한 위험을 초래하는 것이다.

1) 납(Pb)

납은 살충제, 제초제, 도자기 유약, 배터리, 용접 등으로 일상에서 널리 이용되고 있기 때문에 우리는 납중독의 위험에 노출되어 있다. 특히 가공식품의 한 형태인 캔에서 녹아나오는 납의 양은 오렌지 쥬스나 토마토 쥬스 등 산성을 띤 식품에서 훨씬 녹아나오기 쉽고, 저장온도가 높을수록, 그리고 캔을 열어 공기에 노출시켰을 때 납의 용출량이 증가하므로 주의하여야 한다. 납 중독의 증세는 빈혈, 신경장애에 의한 신경근 마비, 근무력증, 신장기능의 손상에 의한 단백뇨, 식욕감퇴, 복부경련, 변비 등의 증상이 나타난다. 성장기 아이들의 경우에는 지능지수가 떨어지고, 행동장애, 성장지연, 면역력의 감소 등도 나타나므로 문제가 심각하다.

2) 카드뮴(Cd)

카드뮴은 인산비료, 살균제, 형광등 제조, 전기도금, 축전지, 용접 등으로 매우 다양하게 사용되고 있기 때문에 상당량이 토양에 축적되어 있다. 더구나 대기오염으로 인한 산성비는 토양 속 카드뮴이 농작물에 흡수되는 것을 증진시키므로 문제가 더욱 심각해지는 것이다. 카드뮴은 체내에서 칼슘과 철분의 흡수를 방해하여 골 연화증과 빈혈을 초래하고, 간, 신장 등 장기 조직의 생화학적이고 조직학적 변화를 일으켜 단백뇨, 아미노산 뇨증을 초래하게 하며, 중추신경계의 이상과 고혈압, 체중감소 등을 유발하기도 한다. 식품에 함유되어 있는 영양소 중 비타민 C는 철분의 흡수를 촉진시키고 카드뮴의 흡수를 억제시키는 효과가 있다. 반면, 영양소 중 철분과 칼슘이 부족한 상태에서는 카드뮴의 흡수속도는 크게 증대되는 반면 배설량이 낮아지므로 결과적으로 체내의 보유기간을 연장시키는 역할을 하여 건강에 이상이 생긴다. 또한 식이 중 단백질의 섭취수준이 높은 경우에는 뇨와 변을 통한 카드뮴의 배설량이 증가되고 녹차에 함유된 탄닌 계열의 성분들은 장내흡수와 체내축적을 억제하는 효과가 있다.

3) 수은(Hg)

수은은 농약, 의약품, 소독제, 건전지, 거울, 온도계, 방부용 도료 등에 다양하게 이용되며, 상온에서 액체이며, 실온에서 증발하는 특징이 있기 때문에 호흡기관을 통해서도 쉽게 중독될 수 있을 뿐만 아니라 대기, 물, 토양으로 방출된 것들이 구강, 피부, 흡입 등을 통하여 쉽게 체내로 들어올 수 있는 중금속이다. 수은은 간, 신장에 가장 많이 축적되며 중추 신경계에 심각한 이상을 초래하여 두통, 말더듬, 우울증, 신경과민, 불면증, 건망증, 정신착란, 간질 등을 일으키고, 시력과 청력 장애를 일으키기도 한다. 영양소 중 비타민 C는 수은의 체내 흡수를 도와 수은 농도를 증가시키며, 비타민 E는 수은의 신경장애에 대한 보호 작용을 나타낸다.

3. 환경 호르몬(Environmental Hormone)

근래에 실로 다양한 물질들이 다양한 목적에서 화학적으로 합성되어 유통되고 있는데, 이들 화학합성 물질 중 생체의 호르몬과 유사한 작용을 하는 물질들이 대거 등장하기 시작하였다. 이들 화학물질들은 신체 내에서 호르몬과 유사한 효과를 일으키며 유전자를 교란시키는 역할도 하기 때문에 내분비계(호르몬계)의 정상적인 활동을 방해하여 유전자에 잘못된 정보를 입력시키기 때문에 문제가 되는 것이다.

이러한 호르몬 유사물질을 보통 환경 호르몬(environmental hormone) 또는 내분비 장애물질(endocrine disruptor)이라고 부르고 있다. 세계 야생동물 보호기금에서는 현재 유통되고 있는 8억7천여만종에 이르는 화학물질 중 67종의 화학물질을 환경 호르몬 유발물질로 규정하였으며, 그중 대표적인 것으로는 유기염소계 화합물인 다이옥신, PCBs, PBBs, 헥사클로로벤젠, 펜타클로로페놀, 2,4,5-T, 2,4-D, DDT, DDE 등의 제초제와 살충제 등이 있다. 환경 호르몬이 생물체에 미치는 영향(표 5-2)은, 자연적인 호르몬을 흉내 내어 신체반응을 무력화시키기도 하고, 신체 각 부분에서 호르몬의 효과가 나타나지 않도록 방해하기도 하고, 내분비계를 직접 자극하거나 억제하여 호르몬을 지나치게 많이 생성하게도 한다. 예를 들어 여성호르몬인 에스트로겐과 유사한 물질은 생물체내에서 에스트로겐과 똑같은 효과를 나타내므로 체내의 여성호르몬의 양이 지나치게 많아져서 수컷의 정자수를 감소시키거나 암컷 화하는 현상을 나타내게 하는 것이다. 이러한 사실은 환경 호르몬이 검출된 낙동강 하류 취수원에서 잉어 수컷의 암컷화 현상이 진행되고 있다는 조사결과에서도 잘 대변해주고 있는 것이다. 대부분의 환경 호르몬은 지방조직에 잘 축적되어 생태계에서 생물농축을 하기 때문에 먹이사슬의 정점에 있는 인간이 가장 농축된 상태의 환경 호르몬을 섭취하게 되는 것이다.

예를 들어 바닷물에 PCB가 오염되는 경우, 우리가 섭취하게 되는 생선에는 PCB 함량이 바닷물의 농도보다 280만배가 증가된 상태로 농축되어 우리들의 체내에 들어오게 된다. 현재 환경호르몬이 인체에 미치는 영향 가운데 가장 문제가 되는 것은 정자수의 감소인데, 정류 고환이나 자궁 내막증과 같은 생식기 이상도 문제가 되고 있다. 뿐만 아니라 다이옥신 등은 면역계 이상이나 아토피 등의 원인이 되고 있을 가능성 들이 지적되고 있다. 이밖에 환경 호르몬이 정소암이나 유방암 등을 일으킨다는 연구보고 들도 있다.

표 5-2. 환경 호르몬이 인체와 다른 생물체에 미치는 영향

번호	국가	사례	원인물질
①	한국	• 베트남전에 참전했던 군인들 중 불임, 성기능 장애 발견	고엽제
		• 1995년 경남 양산의 LG전자 부품공장 근로자에게서 불임 발견	솔벤트-5200
		• 1998년 마산과 진해 앞바다에 서식하는 암컷 고동의 수컷화	TBT
		• 1999년 낙동강 하류에 서식하는 수컷 잉어의 암컷화	비스페놀 A
②	일본	• 1998년 남성들의 평균 정자수 감소 (20대 4천6백만/ml, 40대 8천 4백만/ml) • 1998년 도쿄 외곽의 다마천에 서식하는 수컷 잉어의 정소 이상	DDT, PCB
③	미국	• 1938~1988년 사이에 남성들의 정자수가 매년 1.5% 씩 감소	DDT
		• 플로리다주 호수에 서식하는 수컷 악어의 생식기 기능 감소 • 오대호에 서식하는 수컷 갈매기의 암컷화	DDT, PCB
④	영국	• 1948~1995년 사이에 남성들의 정자수가 매년 2% 씩 감소	세제
		• 하천에 사는 잉어 중 암수동체의 잉어 다량 발견	노닐페놀
⑤	프랑스	• 남성들의 정자수 감소(1973년 8천6백만/ml, 1995년 6천만/ml) • 평균고환 크기의 감소(1981년 18.9g, 1991년 17.9g)	–
⑥	덴마크	• 1938~1990년 사이 정자수 감소 (1억1천3백만/ml에서 6천6백만/ml로)	–
⑦	벨기에	• 수정불가능한 정자수 증가(1980년 5.4%, 1996년 9.0%)	–

지구상에 존재하는 가장 강력한 독성 화학물질 중의 하나인 다이옥신(dioxin)은 석유화학공업 제품 제조 시 잉여 물질로서 만들어지는 염소 화합물 등의 폐기물을 연소, 소각, 가열하는 과정에서 만들어지며, 또한 석유화학제품인 폴리염화비닐, 유기염소계 농약 등 유기염소 화합물을 폐기물로 처리하는 단계에서 850℃이하의 온도에서 소각하면 발생된다. 다이옥신은 수백 개의 이성체를 가지고 있고 이들 중 가장 독성이 강한 것은 2,3,7,8-TCDD (Tetrachloro-dibenzo-dioxin, 70여종의 다이옥신 중에서 독성이 가장 강한 것으로 청산가리의 500배나 되는 강한 독성 물질)이며, 이들 수백 가지의 이성체들을 총칭하고자 하면 "다이옥신 계열" 이라고 불러야 정확한 표현이지만 편의상 총칭하여 다이옥신이라고 하며, 인체의 면역계에 치명적인 손상을 주며, 생식, 발육저하에 영향을 미치는 발암물질로 알려져 있다.

다이옥신의 발생원으로는 잔류성 유기오염물질(PCBs), 클로로페놀, 염소, 페녹시계 제초제의 불순물(2,4,5-T), 도시쓰레기 소각, 자동차 배출가스 등이 있으며, 다이옥신 오염의 95%는 염소폐기물을 소각하는 과정에서 발생되며, 제초제와 살균제를 제조하는 과정에서 불충분하게 정제하는 경우에도 발생된다. 사람이 공기 중의 다이옥신을 직접 흡입하는 양은 전체의 3% 이하인데 비해서 동식물성 음식을 통하여 섭취하는 양이 97%에 달한다. 다이옥신은 열에 매우 안정하므로 한번 생성되면 환경에 계속 잔류하는 경향이 있고, 미생물이나 자연환경 조건에서 분해되기 어렵기 때문에 먹이 사슬을 통하여 생물 농축계수가 비교적 높은 물고기나 지방함유량이 많은 육류 및 유제품 등의 식품에 잔류할 가능성이 높다. 다이옥신은 또한 식품 가공 조리 시에 생성되기도 하는데, 특히 튀김용으로 쓰이는 기름과 훈제 돈육에서 다이옥신의 양이 증가하는 경향이 있다. 음식물로 인해서 체내에 유입되는 다이옥신의 97.5%가 수산물, 육류(쇠고기, 닭고기, 돼지고기) 및 유제품(우유, 유가공품)으로부터 기인한다.

4. 수입식품의 안전성(Safety of Imported Food)

국제교류가 빈번해 짐에 따라 농수산품, 축산품 및 가공식품의 수입이 크게 증가하고 있어, 항생물질, 유독성 미생물, 병원성 세균, 화학물질의 오염, 성장호르몬, 방사능 오염, 식품첨가물의 오염 등 수입식품의 안전성(safety) 문제가 심각하게 대두되면서 우리들의 건강을 위협하고 있다.

1) 수확 후 농약처리

수입되는 농산물은 대량으로 장기 저장되고 장거리를 장시간에 걸쳐서 수송되기 때문에 농산물의 품질을 유지하기 위해서 농약이나 훈증제 등에 의한 약제처리를 하는데, 수확 후 농약의 잔류량은 수확 전 처리 농약의 잔류량 보다 많기 때문에 문제가 심각한 것이다.

2) 항생제 및 호르몬제 사용

수입식품 뿐만이 아니라 국내의 축산식품 및 양식어류에도 적용되는 것이지만, 가축 질병의 예방 또는 성장촉진을 위하여 사용되는 항생제가 우유나 식육에 잔류하게 되므로 그 오염정도가 심각한 것이다. 예를 들어 소의 비육을 촉진시키고 사료의 효율을 높여 단백질이 풍부한 적색육

질을 생산하기 위한 수단으로 에스트로겐 호르몬제인 디에틸 스틸베스트롤(diethyl stilbestrol)이 광범위하게 사용되고 있는데, 이것은 사람에게 기형유발과 발암성이 증명되고 있는 물질이다.

3) 병원성 대장균(O-157) 독소

통상 O-157로 불리는 대장균 O-157은 사람이나 가축의 장내에 생존하는 대장균이다. 대부분의 대장균은 인체에 무해한데 비해서 O-157은 감염력이 매우 강하며, 사람의 장관에 출혈을 일으키기 때문에 식중독이 발생한 후 단기간에 사망에 이르게 한다는 점에서 문제가 되는 미생물이다. O-157은 일반 대장균과는 달리 "베로독소(verotoxin, 아프리카원숭이 독소)"라는 강력한 독소를 생성하는 특성이 있기 때문에 체내에 침입하면 대장을 파괴시켜 출혈을 일으키며 출혈 후 베로독소는 혈액의 흐름에 따라 체내를 돌면서 적혈구를 파괴시킨다. 결과적으로 적혈구가 정상적인 기능을 잃게 되기 때문에 모든 신체조직 특히 장기에 해를 미치고, 체력이 약한 노인이나 어린이 등은 신장기능에 이상을 초래하여 사망에 이르게 하는 용혈성 요독성 증후군을 일으키기도 한다. 우리나라에서는 1997년 9월 미국 네브라스카주로부터 수입된 쇠고기에서 대장균 O-157이 검출된 사례가 있다.

4) 광우병(Bovine Spongiform Encephalopathy)

소의 사료로서 반추 동물의 내장, 뼈, 골 등의 동물성을 사용하여 비육시키는 경우에 프리온(prion)이라는 감염성 단백질에 감염된 소의 뇌에 스폰지처럼 구멍이 뚫려서 소가 몸을 가누지 못한 채 주저앉기 일쑤이며, 심한 경련을 일으키다 발병 후 오래지 않아 숨지게 되는 소의 질병이다. 프리온 단백질은 100℃의 고열에도 파괴되지 않으며, 포르말린, 알코올, 자외선 등의 처리에도 강한데, 양잿물에 1시간 이상 담가 두거나 132℃ 고온과 함께 고압을 유지하면서 1시간 이상 가열하면 파괴된다. 그러나 일단 감염이 되면 정상적인 단백질에도 변형을 유도하므로 그 위험성이 매우 큰 것이다. 인간에게 발견되는 광우병의 경우는 주로 중년기 이후 환자의 중추신경계를 침범하여 점진적으로 치매, 하지의 강직성 마비, 발음장애, 떨림 등의 증상을 특징으로 하는 비교적 드문 질환이다. 광우병의 일반적인 예방책은 광우병 발생 국가로부터 동물, 축산물 및 이들 유래 원료의 가공품의 수입을 금지하여야 하며, 공중보건학적인 예방을 위해서 생고기, 쇠골, 내장 등의 섭식에 주의하여야 한다.

5. 유해물질과 생체반응

식품에 함유되어 있는 유해물질이 식품과 함께 섭취되었을 때, 그 물질은 우리 몸에 여러 가지 영향을 주지만, 각 유해물질들은 그것들의 흡수, 대사, 배설되는 방법에 따라 인체에 미치는 영향이 각각 다르다. 즉, 통상적으로 우리가 생명을 유지하기 위해서 섭취하지 않으면 안 되는 물질이라도 과잉 섭취하면 유해물질이 되고, 또 독성이 강한 물질이라도 양이 적으면 독성은 나타나지 않는 것이기 때문이다.

유해물질에 의해서 신체가 장해를 받는 요인 즉 건강에 이상이 오는 것은 생체의 허용량을 넘어서 체내에 섭취되었기 때문이다. 그러므로 허용량에는 개체마다 차이가 있으며, 또 같은 사람이라도 그때그때의 영양상태 등 신체의 상태에 따라 독성이 다르게 나타난다.

1) 흡수(Absorption)

어떠한 식품(물질)이라도 섭취하면 최초의 관문으로서 장관흡수가 있다. 아무리 독성이 강한 물질이라도 장관에서 흡수되지 않고 그대로 배설되어 버리면 인간의 몸에 해가 되지는 않기 때문이다. 장관에서의 흡수는 그 유해물질의 화학적 성상에 의해 좌우되는 경우가 많다. 그 중 가장 중요한 성질은 수용성이냐 지용성이냐의 차이로서 일반적으로 지용성의 성질이 강할수록 장관에서의 흡수가 쉽고, 수용성 물질은 장관에서 흡수되기 어렵다. 또한 함께 섭취한 식품의 성분에 따라서 흡수정도가 다르다. 예를 들면 PCBs와 같은 지용성의 유해물질은 지방함량이 많은 식품과 함께 섭취하면 PCBs의 흡수가 많아지게 된다.

2) 대사(Metabolism)

흡수된 유해물질은 혈액 등의 체액에 의해서 체내의 각 조직에 운반되어 대사되는데, 가수분해, 산화, 환원 등의 대사양식에 따라 유해물질이 무독화되기도 하고 배설되기 쉬운 형태로 전환되기도 한다. 예를 들면 지용성의 유해물질이 수용성 물질과의 상호연결을 통하여 신장으로의 배출을 용이하게 하는 것이다.

3) 배출(Excretion)

대사를 받은 유해물질은 배출에 의해서 체외로 나가는데, 배설에 관여하는 주요한 장기는 신장과 간장이다. 주로 수용성 성분 및 수용성 물질에 의한 포접(amplexus, 상호포옹) 대사를 받은 지용성 성분들의 배설은 신장에서 담당하여 뇨로 배설된다. 한편 간장에서의 배설은 화학물질들이 담즙중에 분비되어 소장으로 운반되고 대변으로 배설되는 것이다. 그밖에 호흡을 통해서 배설되는 것, 모유로 배설되는 것, 모발, 손톱, 땀을 통해서 배출된다.

제2절 환경오염과 농산물의 안전성

농업생태계는 농작물의 생육 및 재배에 직접적으로 관여한다. 대기, 수질, 토양 생태계의 오염은 농작물의 생육을 저해하기도 하며, 동시에 농산물을 위해물질로 오염시킴으로서 사람의 건강에 해를 미치기도 한다. 따라서 현대농업에서는 인체에 유독한 위해물질(hazardous substance)이 존재하지 않는 안전한 농산물을 재배하는 것이 매우 중요하게 되었다.

농산물의 안전성이란 사람이 섭취했을 때 인체에 해가 나타나지 않을 가능성이 있는 농산물의 위생학적 품질특성을 의미한다. 여기에서 안전성(safety)이란 위해성(risk)의 반대개념이며 확률론적 의미를 내포하고 있다. 최근에 들어와 농산물 및 농산가공품의 안전성은 소비자가 요구하는 중요한 품질 인자로 인식되고 있어서 화학농약이나 화학비료를 사용하지 않거나 그들의 사용량을 감소시킴으로써 친환경농산물을 재배하는 일에 많은 관심을 가지고 있다.

대기, 수질 및 토양에 존재하는 환경오염물질이 농작물로 이행하게 됨에 따라 오염된 농산물(agricultural produce)을 사람이 섭취하게 되거나 또는 가축이 사료(animal feeds)로 소비하고 이를 원료로 한 축산식품을 다시 사람이 섭취하게 되면 인체에 해가 될 수 있다. 이러한 이유 때문에 농업용수를 오염시킬 수 있는 농약의 사용을 제한하고 중금속의 오염이 우려되는 농경지에서는 작물재배를 금지하는 등 여러 가지 방법으로 농산물의 안전성 확보(safety assurance)를 위한 노력이 이루어지고 있다.

농산물의 섭취로부터 사람의 건강에 해를 미칠 수 있는 오염물질의 종류와 오염현황, 농업생태계로의 유입경로, 인체의 건강에 미치는 바람직하지 않은 영향을 이해하면서 농업에 종사하는 것은 시대적으로 요구되는 일이라 하겠다. 여기에서는 환경매체(environmental media)인 대기, 수질, 토양의 오염을 각각 농산물의 안전성과 관련시켜 설명하고자 한다.

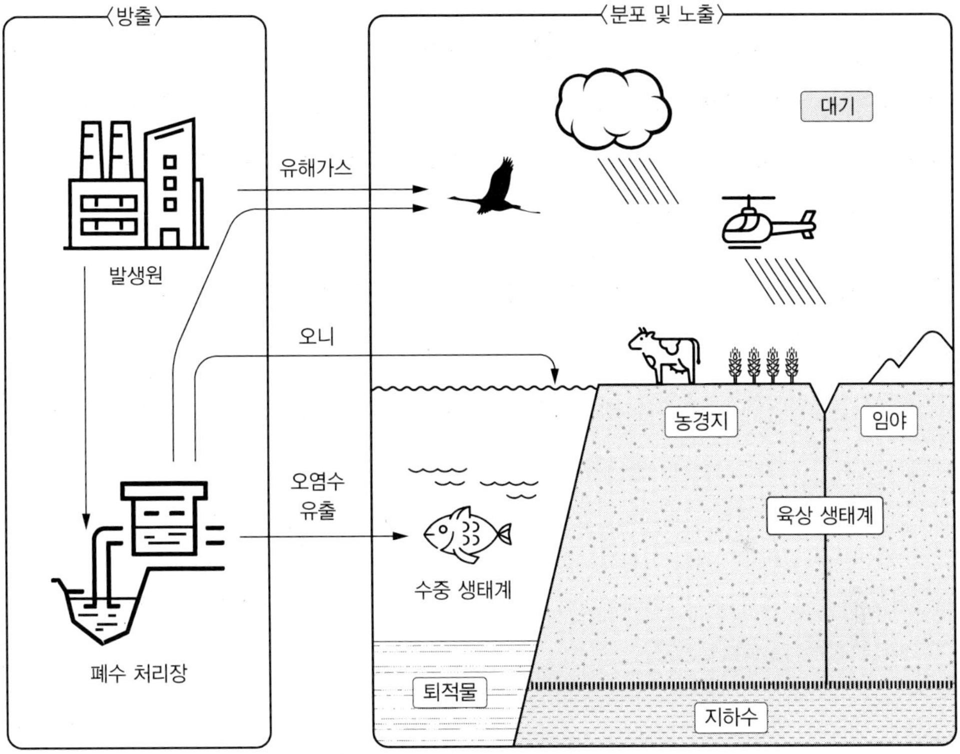

그림 5-1. 환경생태계에서 유독성 물질의 이동

1. 대기오염과 농산물

산업활동이나 자동차의 배기가스 등 다양한 발생원으로부터 배출되는 각종 가스류와 분진 등은 사람이나 동식물에 나쁜 영향을 미칠 수 있다. 사람은 호흡을 통해서 유해 대기오염물질에 노출될 뿐만 아니라 대기오염물질로 오염된 농산물의 섭취, 농산 가축사료에 의한 동물성 식품의 섭취를 통해 유해물질이 인체 내로 유입된다.

화석연료인 휘발유에 노킹방지제(antiknocking agent)로 유기납 성분인 사에틸납(tetraethyl lead)을 첨가할 경우에는 휘발유의 연소과정에서 납(lead, Pb)이 자동차 배기가스를 통해 대기 속으로 방출된다. 이와 같이 방출된 납은 도시인의 호흡기관에 영향을 미칠 뿐만 아니라 고속도로 주변의 농작물을 오염시키는 주 원인 물질이었다. 우리나라도 1970년에 들어와 고속도로가 개통되고 교통량이 많아지면서 고속도로 주변의 농작물이 거리에 반비례하면서 납으로 오염되어 간다는 연구결과가 발표된 바 있다. 그러나 현재는 무연휘발유를 사용하게 함으로써 납에 의한 대기 및 농작물중의 오염수준을 현저히 감소시켰다.

납 중독은 노인과 어린이에게 가장 문제가 되는데 노인에게는 체내에서 흡수되어 뼈에 저장되고 이러한 납이 노화에 따라 혈액내로 방출된다. 그러나 노인들의 경우 신장 활성이 약화되어 배설이 어렵기 때문에 독성이 나타난다.

① 제1기 중독증상은 초기단계로 적혈구 수명이 짧아지고 헴(heme) 생성이 억제되어 빈혈이 나타난다.

② 제2기 중독증상은 중추신경계의 이상에 따른 행동장애, 학습장애, 기억력상실 등이 일어난다.

③ 이것이 더 심해지면 제3기 중독증상으로 신부전과 사망으로 이어진다.

최근 환경오염물질로서 발암성이 매우 강한 다이옥신(dioxins)에 대한 관심이 크게 고조되었다. 다이옥신이란 TCDD(2,3,7,8-tetrachlorodibenzo-p-dioxin)를 비롯하여 화학적으로 유사한 화합물들을 통틀어 일컫는 말이다. 다이옥신 화합물은 생태계에서의 먹이사슬 단계가 올라감에 따라 생물체에서의 오염농도가 매우 크게 증가하는 생물농축(bioaccumulation) 현상을 가진다. 먹이사슬의 맨 위에 있는 사람은 다이옥신 화합물에 의한 노출에 의해 심각한 피해를 입을 수 있다.

다이옥신은 염소화 공정이 필요한 목재 및 하수 처리공정, 염소 및 그 화합물의 제조공정, 난방을 위한 화석연료의 연소 및 쓰레기의 소각과정 등을 통해 환경중으로 방출된다. 이중에서 연소 및 소각과정에 의한 다이옥신의 배출이 가장 많은 것으로 알려져 있다(표 5-3).

다이옥신은 여러 급원으로부터 대기로 방출된 후 환경매체에 확산된 다음 생물계나 무생물계에서는 잘 전환되지 않는다. 다이옥신의 먹이연쇄에서의 이행을 보면 폐수 방출이나 대기 침적물에 의해서 직접 수계에 들어간 다음 수서생물에 흡수된다. 육상 먹이연쇄에서는 다이옥신이 대기 침적물에 의해서 식물체 표면과 토양에 직접 들어간 다음 육상생물에 이행하게 된다. 결국 공기→식물→동물이라는 먹이연쇄를 통해 자연계에 존재한다. 사람에게 유입되는 다이옥신 함량의 97%

가 동물성 식품의 섭취에 의한다. 대기→농작물(가축사료)→동물성 식품→사람의 유입경로를 통해 인체는 다이옥신(dioxine)에 노출된다.

표 5-3. 유럽과 미국의 다이옥신류 대기 중 배출량 추정치(g/TEQ*/year)

번호	배출급원(년도)	서독(1990)	영국(1989)	네델란드(1991)	미국(1994)
①	금속 제련	200	-	32	232
②	동력/에너지 생산	17	2,120	23	447
③	목재/하수 처리공정	0.1	-	0.3	6.0
④	소각/에너지 회수	250	1,193	400	8,485
⑤	화학제조 공정	-	-	0.5	-
합계		467.1	3,313	455.8	9,170

* TEQ(toxicity equivalency quotient, 독성등가)란 가장 유독한 것으로 알려진 2,3,7,8-TCDD의 독성을 1.0으로 하고 다른 유사물질에게는 0.5~0.00001의 상대적 값을 주어 다이옥신류의 독성을 나타내는 지수이다.

2. 수질오염과 농산물

농업용수의 수질에 영향을 주는 주요 오염원은 중금속, 농약, 영양염류로 볼 수 있다. 중금속 중에서 카드뮴(cadmium, Cd)은 지각의 한 구성성분으로 아연과 함께 존재한다. 따라서 아연광산과 제련소 인근에서 발생이 많아 소량으로도 독성이 강하다. 1940년대 일본에서는 도야마껭 진슈강 유역에서 신경장애 증상을 나타내는 이따이이따이병(아프다아프다병)이 유행하였다. 이러한 원인은 진즈강 상류에 있던 아연광산 및 제련소에서 카드뮴이 함유된 폐수가 배출되었고 이것을 농업용수로 이용하여 생산된 쌀이 카드뮴으로 오염되었기 때문이었다(표 5-4). 오염지역에서 생산된 쌀 중 카드뮴의 함량은 비오염지역에 비해 약 2~3배 높은 수준이었다. 그 당시 일본인의 1인당 1일 쌀의 섭취량은 300g이었으므로 많은 양의 카드뮴을 매일 소비하였고 이에 따라 카드뮴 중독이 나타난 것이다. 카드뮴은 체내의 신장이나 간장 등에서 단백질인 메탈로치오네인(metallothionein)과 결합하여 축적된다. 그런 다음에는 골연화증, 간장장애 등을 일으키며, 만성중독시 위장장애, 내분비장애, 칼슘대사장애를 일으키는 것으로 알려져 있다.

수질오염에서 영양염류나 농약은 수중 생물에 영향을 미쳐 수서생태계를 교란시킨다. 만일 수산물을 식용으로 할 때는 수질오염이 인체건강에 영향을 미치겠지만 농산물의 안전성과는 관련이 없는 사항이다. 영양염류나 농약에 의한 수질오염은 수서생물의 양식이나 생태계 보전이라는 측면에서 중요성을 가지는 것이라 할 수 있다.

표 5-4. 일본(1940년대) 진슈강 유역의 쌀 중 카드뮴 함량(mg/kg)

오염지역		멥쌀	찹쌀
고도지역		0.53	1.06
중간지역		0.38	0.58
비오염지역	본류	0.32	0.32
	지류	0.16	0.26

3. 토양오염과 농산물

농경지의 토양오염은 오염물질이 농작물에 흡수되어, 이를 섭취하는 사람의 건강에 해를 미치게 된다. 비 농경지 토양의 오염은 지표수나 지하수의 수질에 영향을 미치고, 이를 이용하는 생물체에 악 영향을 주는 순환이 일어나게 된다. 토양 오염을 초래하는 물질은 확산이 느리고 물이나 공기에 의해 희석되기 어렵기 때문에 자연적인 정화나 복원이 느리다. 대기나 수질오염의 경우 상대적으로 자연현상에 의해 확산 또는 희석되기 쉽다. 따라서 농산물의 오염은 주로 토양오염에 의해서 일어난다고 할 수 있다. 최근 급격한 산업화와 도시화로 인해 배출되는 각종 오염물질은 대기, 수질, 폐기물, 유독물 저장시설 등의 직간접적인 여러 경로를 통해 환경의 최종 수용

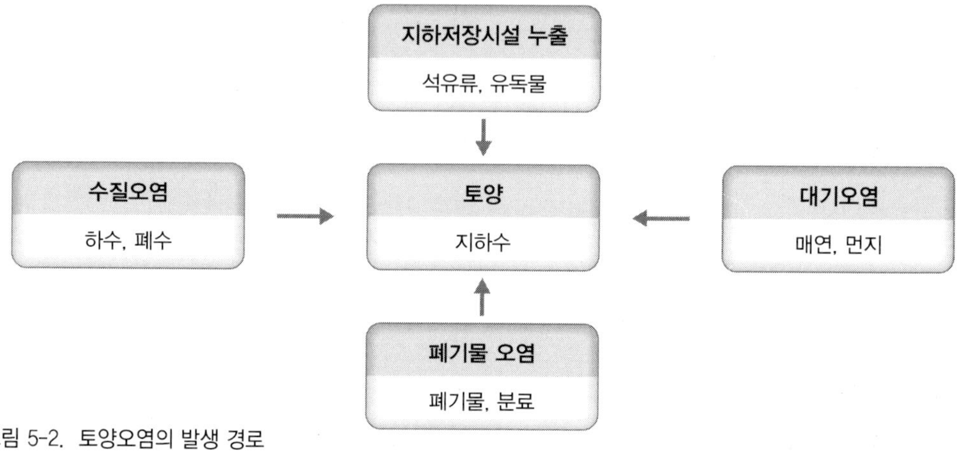

그림 5-2. 토양오염의 발생 경로

체인 토양으로 유입되고 있다. 토양오염의 원인으로는 전통적인 휴·폐 금속광산 지역 이외에, 공장, 산업지역, 비위생 폐기물 매립지, 부적정 유독물 지하 저장시설 등이 포함되고 있어서 토양오염지역은 점차 확산되어 가고 있다(그림 5-2).

산업화 및 도시화에 따라 토양오염원이 더욱 다양해졌고 오염물질의 종류도 많아지고 있다. 그 종류로는 영양염류, 농약, 유독물질, 산성물질, 미량원소, 난분해성 유기화합물 및 유류 등이 있다(표 5-5). 토양은 농작물을 생산하는데 필수적으로 사용하게 되는 많은 양의 농약을 받아들이게 된다. 농약을 적절하게 관리하고 사용할 경우 농약은 농작물의 생산성을 향상시키고 살충, 살균, 제초 등의 목적을 달성한 후에는 토양환경에서 잔류되지 않거나 미량 잔류하여 토양과 수질환경에 큰 영향을 미치지 않도록 해야 한다.

표 5-5. 토양오염 물질과 부정적 영향

번호	오염물질 그룹	오염물질 종류	영향을 받는 환경요소				부정적 영향
			토양	지하수	지표수	대기	
①	농약 (Pesticides)	살균제, 살충제, 제초제	●	●	●	●	생태 위해성, 음용수 오염, 인체건강
②	미량원소 (Trace elements)	양이온성 금속, 중금속	●	●	●		인체건강, 생태 위해성
③	산성물질 (Acidifying substances)	산성비, 산성광산폐수	●	●	●	●	건물의 구조적 붕괴, 생태 위해성
④	식물영양소 (Plant nutrients)	화학비료, 하수슬러지, 슬러지 폐기물, 가축분뇨, 고형폐기물 등에 함유된 질소와 인	●	●	●		수계의 부영양화, 음용수 오염
⑤	염류(Salinity or sodicity)	제설제, 염류성 관개용수	●	●	●		토양의 생산성 손실
⑥	유해 무기물질 (Hazardous inorganics)	강산, 강염기	●	●	●	●	인체 급성노출
⑦	유해 유기물질 (Hazardous organic chemicals)	연료, 용매, 휘발성 유기화합물, 계면활성제, 소화제, 방향족아민류, 다환방향족탄화수소류, 다이옥신류, 염소계 파라핀, 염소계 방향족화합물, 가소제	●	●	●	●	생태 위해성, 음용수 오염, 인체건강

환경에 있어서 농약이 심각한 문제로 등장하고 있는 것은 농약의 생리적 활성이 특이할 뿐만 아니라 자연 환경 속에서 매우 안정하므로 잔류, 축적되어서 생태계를 순환하기 때문이다. 토양은 점토광물과 유기물을 함유하고 있기 때문에 농약을 흡착하여 잔류시키게 된다. 그리고 잔류된 농약은 작물이나 토양미생물의 활성에 영향을 미치게 된다. 나아가 토양이 농약으로 오염된 경우 지하수나 지표수에도 영향을 미쳐서 인체건강에도 악영향을 미칠 수 있다.

대부분의 농약은 환경 및 생물에 이질적인 합성화합물(xenobiotics)이어서 대부분의 생물에는 농약을 분해할 수 있는 효소가 없다. 따라서 환경 속에 잔류하게 되는 농약은 생태계의 여러 곳을 이동하면서 먹이사슬의 윗 단계로 올라감에 따라 잔류농도가 증가하게 되는 생물농축현상(bioaccumulation)이 일어난다. 이러한 현상은 DDT와 같은 유기염소계 농약에서 현저하게 많이 나타난다(표 5-6).

표 5-6. 환경계에서 DDT의 생물농축 현상

번호	생물종	생물농축계수(BCF)*
①	식물뿌리	0.1
②	괄태충(민달팽이)	4
③	지렁이	73
④	녹조류	33
⑤	게류	144
⑥	새우	2,800
⑦	조개류	70,000
⑧	어류	829,300

* BCF(bioconcentraion factor)=생물체내 DDT 농도/환경계 중 DDT 농도

토양에 집적된 농약의 행동양상은 농약의 이화학적인 성질과 토양의 특성 그리고 기상환경 등이 복합적으로 관여되어 다양하게 행동한다. 토양환경 중에서 농약의 동태는 물리, 화학 및 생물학적인 과정으로 분류될 수 있다(표 5-7).

표 5-7. 농약의 토양 환경에서 동태

분류	동태 양상
물리적 동태	• 용탈(leaching) • 휘산(volatilitzation) • 토양침식(soil erosion) • 흡착(adsorption)
화학적 동태	• 광화학적 분해(photochemical decomposition) • 흡착(adsorption) • 토양성분과 화학적 반응(chemical reaction with soil constituents)
생물적 동태	• 미생물에 의한 분해(degradation by microorganism) • 식물에 의한 흡수(uptake by plants)

작물재배 시 살포된 농약은 대부분 토양에 투하되며 작물체에 잔존하거나 대기 중에 휘산하는 농약도 궁극에는 토양에 투입된다. 토양중 반감기가 긴 농약(국내의 경우 180일 이상)을 토양 잔류성 농약이라 하여 그들의 사용을 규제하고 있다(표 5-8).

잔류성이 강한 BHC, DDT, 헵타클로르(heptachlor)와 같은 토양잔류성 살충제 농약은 사용이 금지된 후에도 상당기간 동안 환경 중에 잔류하는 것을 볼 수 있다(표 5-9). 토양 중 농약의 잔류실태를 보면 잔류성 농약이 금지된 후에도 농약성분의 검출빈도가 0.5~26% 수준으로 나타나고 있다. 국내에서 DDT는 1972년, BHC 및 헵타클로르(heptachlor)는 1973년에 사용금지 되었다.

표 5-8. 토양 중 농약의 반감기

구분(종수)	토양 중 반감기(day)				
	≤15일	16~30일	31~60일	61~120일	121~180일
살충제	45	43	26	14	2
살균제	37	31	21	15	1
제초제	33	30	25	4	1
생장조절제	8	6	1	1	1
계(%)	123(35.6)	110(31.9)	73(21.2)	34(9.9)	5(1.4)

표 5-9. 논토양 중 농약의 잔류량 비교

번호	농약	1982년		1995년	
		검출빈도(%)	잔류량(ppm)	검출빈도(%)	잔류량(ppm)
①	BHC	100	0.003	0	불검출
②	DDT	58	0.003	0	불검출
③	Heptachlor	89	0.001	0	불검출
④	Iprobenfos	56	0.019	20	0.009
⑤	Diazinon	70	0.013	12	0.002
⑥	Phenthoate	2	0.003	0	불검출

표 5-10. 국내 토양 중 농약잔류실태(1995~1998년)

번호	구분	논토양	밭토양	시설재배토양	과수원토양
①	채취시료수(점)	187	165	140	170
②	분석농약수(종)	50	68	68	90
③	검출농약수(종)	25	19	25	26
④	농약의 검출빈도(%)	0.5~26.2	0.6~4.8	0.7~10.0	0.6~13.5
⑤	검출량(mg/kg)	0.003~0.698	0.011~0.511	0.003~0.512	0.007~0.438

농약의 살포 및 환경오염으로부터 농산물의 안전성을 확보하기 위해서 식품위생법에서는 농산물에 대해 농약 최대잔류허용량(maximum residue limit, MRL)을 설정하고 감시한다. 농약의 잔류기준은 농약의 적정사용에 따른 실제 잔류수준, 농산물의 섭취량, 농약의 독성을 감안하여 도출하게 되며 이와 같이 설정된 기준의 준수여부를 정부차원에서 모니터링을 통해서 감시하는 것이다. 국내의 경우 농산물 120종, 농약 370종에 대해 각각 잔류기준이 정해져 있다(2005년 현재, 표 5-11).

농산물 중 농약 잔류허용기준의 설정에서는 실제 농약의 포장시험에서 수확 전 최종 살포시기와 살포횟수로부터 나타나는 작물 중 농약의 잔류량 수치를 고려한다. 그러한 농약 잔류수준이 인체에 아무런 해를 주지 않을 것이라는 결론에 도달하면 이를 농산물에 대한 잔류허용기준으로 채택하고 농민에게 농약의 살포시기와 살포횟수를 안전사용기준으로 준수하도록 요구한다.

인체에 미치는 위해의 정도를 파악하기 위해서 동물독성시험 데이터인 최대무독성량(no observed adverse effect level, NOAEL), 사람에 대한 독성기준치인 1일 섭취허용량(acceptable daily intake for human, ADI)과 같은 독성자료를 활용하게 되며 또한 농약을 사람이 어느 정도 섭취하게 되는 지 추정하기 위하여 농산물의 섭취량 자료도 활용된다.

표 5-11. 국내 농산물 중 농약 잔류기준(2005년도)

번호	농약 분류	농약 성분	농산물 중 잔류허용기준*(mg/kg)				
			쌀	감자	사과	배추	상추
①	유기염소계	DDT	0.1	0.2	0.2	0.2	0.2
		BHC	0.2	0.2	0.2	0.2	0.2
		Chlorothalonil	0.2	0.1	1.0	–	–
②	유기인계	Chlorpyrifos	0.1	0.05	1.0	1.0	–
		Diazinon	0.1	0.1	0.5	0.1	0.1
		Fenitrothion	0.2	0.05	0.5	–	–
③	카바메이트계	Aldicarb	0.02	0.5	–	–	–
		Carbaryl	1.0	0.2	1.0	0.5	–
		Carbofuran	0.2	0.5	0.5	–	–

각 나라마다 제각기 농산물에 대한 농약잔류허용기준을 가지고 있다. 이러한 법적기준은 농산물의 국제교역에서 국가간 마찰의 소지가 되어 왔다. 우루구와이 라운드(UR) 협상타결 이후 FAO/WHO의 코덱스(codex) 국제식품규격위원회에서는 국제적으로 통용될 수 있는 코덱스 농약잔류기준을 설정하고 각 국가가 이를 수용하도록 권고하고 있다. 만일 농산물의 농약잔류기준에 의한 국가간 통상마찰이 일어나게 되면 코덱스 기준의 채택여부, 과학적인 기준설정 근거 등이 분쟁해결의 초점이 된다. 농약의 환경오염을 방지하기 위한 방안으로는 농약의 살포 투하량을 경감하거나 농약의 위해성을 감소시키기는 것이다. 농약의 약효는 그대로 유지되면서 사용량을 감소시킬 수 있는 고활성의 농약을 개발하여야 하며, 제형 및 살포기술의 개선 등을 통하여 농약의 효율성을 강화하여야 한다. 농약의 위해성을 감소시키기 위해서는 농약의 선택성을 강화하고 화합물의 부작용을 최소화해야만 한다.

최근에 들어와 유기인계 및 카바메이트계 살충제를 대체할 수 있는 고활성 살충제들이 개발되고 있다. 살충제 구조별로 단위면적당 유효성분 투하량은 유기인계 및 카바메이트계 등이 10a 당 유효성분의 양으로 43~134g인데 반하여 새로이 사용되고 있는 합성피레스로이드계, 벤조일페닐유레아 등의 투하량은 2~24g으로 그 양이 크게 감소하였다.

현재 우리나라에서 주로 사용되는 농약의 제형은 희석용으로서 유제, 수화제, 액제 및 수용제 등이다. 수화제에서의 비산성, 유제의 부재료인 유기용매 등을 경감시키기 위한 새로운 제형들이 개발되고 있는데 액상수화제, 과립수화제, 유탁제(emulsion) 및 미탁제(micro emulsion), 캡슐현탁제가 그 예이다. 직접살포형 제형으로는 입제와 분제가 주로 사용되고 있는데 방출조절형 제형 개발에 대한 관심이 높다. 방출조절형 제형은 물리화학적 방법에 의하여 유효성분의 방출을 최적상태로 조절함으로써 위해유발가능성을 완화하는 한편 약효를 높인 것이다. 농산물의 안전성을 확보하고 농약의 올바른 사용을 유도하기 위해서는 농약관리체계가 합리적으로 확립되어야 한다. 농약 살포자도 안전사용기준에 따라 농약을 올바르게 사용하여야 하며 이로부터 농약잔류허용기준을 초과하지 않는 안전한 농산물을 생산해낼 수 있다.

표 5-12. 토양오염지별 논토양의 중금속 함량(mg/kg)

번호	구분	카드뮴(Cd)	구리(Cu)	납(Pb)	아연(Zn)	6가 크롬(Cr^{6+})	비소(As)
①	천연함유량	0.1	5	5	4	0.4	0.4
②	농경지 제한기준	2	50	100	–	4	6
③	일반 농경지	0.2	4	4	4	0.4	0.1
④	농공단지 폐수 유입지	0.2	4	5	5	0.3	0.2
⑤	공단폐수 유입지	0.3	8	6	13	0.6	0.4
⑥	도시하수 유입지	0.2	6	7	10	0.4	0.3
⑦	광산폐수 유입지	43	46	46	51	0.4	50
⑧	납, 아연광산 폐수 오염지	15	233	721	555	–	–
⑨	제련소 인근	4	241	646	–	–	30
⑩	축산폐수 유입지	0.1	5	3	4	0.6	0.03

토양오염물질인 중금속의 주요 오염원은 지질적 풍화에 의한 자연적인 근원과 중금속을 함유한 광석이나 중금속을 취급하는 산업체에서 유래된 것, 각종 산업에서 중금속이나 그 화합물을 원료로 사용한 후에 배출된 것, 도시 쓰레기나 고체 폐기물에서 침출되어 나오는 것, 사람이나 가축의 배설물에서 유래된 것 등이 있다. 중금속 오염원의 종류에 따라 토양의 오염현황을 보면 금속제련소와 광산지역에서 카드뮴, 구리, 납, 아연 등의 중금속 오염도가 높지만 일반지역에서는 오염정도가 대체로 높지 않다(표 5-12).

광산폐수 유입지 토양과 제련소 인근 토양에서 생산된 현미 중 카드뮴, 구리, 납, 아연의 함량은 비오염지에서 생산된 현미와 비교했을 때 높은 함량은 나타내고 있다(표 5-13).

표 5-13. 중금속 오염토양의 현미 중 중금속 함량(mg/kg)

번호	구분	카드뮴(Cd)	구리(Cu)	납(Pb)	아연(Zn)
①	광산 폐수 유입지 토양	1.84	7.55	1.96	55.6
②	제련소 인근 토양	1.46	8.61	7.89	-
③	한국 자연함유량	0.06	2.31	0.43	16.6
④	일본 자연함유량	0.05	3.23	0.13	27.1

토양을 오염시키는 유해화학물질로서 잔류성 유기오염물질(persistent organic pollutants, POPs)이 있다. 이 POPs는 환경에 유입되면 분해되지 않고 오랫동안 여러 환경매체에 잔류 축적되며 인간과 생태계에 나쁜 영향을 끼치는 물질들을 일컫는다. 2001년 5월 22일에 인간의 건강과 환경을 보호할 목적으로 국제연합환경계획(United Nations Environmental Programme, UNEP)의 주도하에 스톡홀름협약이 채택되었다. 우리나라를 포함한 151개국이 스톡홀름협약에 서명하였으며, 이 협약에서는 잔류성 유기오염물질(POPs)에 대한 제조, 사용금지와 제한, 비의도적 생성물질의 배출 삭감, 잔류성 유기오염물질(POPs)을 포함한 폐기물, 재고의 적정처리 등을 의무화한다. 현재 잔류성 유기오염물질(POPs)로서 12개의 화학물질이 지정되어 있으며 이들을 "더티 더존(Dirty Dozen)"이라고 부르기도 한다(표 5-14).

표 5-14. 스톡홀름 협약에서 지정하고 있는 잔류성 유기오염물질의 국내현황

번호	유기오염물질	사용분야	규제조치(연도)
①	알드린	공업용첨가제 살충제	금지(1999) 금지(1969)
②	엔드린	공업용첨가제 살충제	금지(1999) 금지(1969)
③	디엘드린	공업용첨가제 살충제	금지(1999) 금지(1970)
④	클로르단	공업용첨가제 살충제	금지(1999) 금지(1969)
⑤	헵타클로르	공업용첨가제 살충제	금지(1999) 금지(유제: 1970, 분제: 1979)
⑥	DDT	살충제	금지(액제: 1969, 기타: 1971)
⑦	톡사펜	살충제	금지(1982)
⑧	PCB	전기절연유, 각종첨가제 등	금지(1996)
⑨	미렉스	살충제	신규물질
⑩	헥사클로로벤젠	살균제/부산물	신규물질
⑪	다이옥신	부산물	배출제한(1997)
⑫	퓨란(furan)	부산물	배출제한(1997)

잔류성 유기오염물질(POPs)는 환경에 서식하는 여러 생물체의 체내로 이동하게 되는데, 일반적으로 생물체에 축적되는 양은 환경 내에 존재하는 양 전체에 비하면 아주 작은 부분(대략 0.1% 미만)에 불과하다. 그러나 이는 생물체의 양 자체가 전체의 무기환경과 비교하면 절대적으로 작기 때문이다. 중요한 것은 생체내에서의 농도이며 먹이사슬의 단계가 높아짐에 따라 생물농축되는 범위가 몇 십 배에서 몇 천 배에 이른다는 점이다. POPs는 물에 대한 용해도가 낮고 지방질에 대한 높은 친화도 때문에 생물농축현상이 크게 나타난다. 인체가 유기화학물질에 의해 고농도로 노출되면 중추신경계 억제, 현기증, 마비 및 사망 등의 급성 장애를 일으키게 된다.

국가에서는 토양관리를 위해서 토양 오염기준을 설정하고 기준을 초과하는 수준으로 오염되었을 경우는 그에 따른 적절한 조치를 취하고 있다. 국내에서는 토양 오염기준으로 우려기준과 대책기준을 설정하고 농경지와 공장 산업지역에 대해 각각 기준을 정한다. 여기서 농경지란 논,

밭, 과수원, 목작용지, 하천, 체육용지(수목이나 잔디 식생지)를 말하며 공장 산업지역은 공장용지, 폐 금속광산, 잡종지에 해당하는 토양을 말한다(표 5-15). 우려기준을 상회하는 토양에 대해서는 오염물질의 제거, 오염시설의 이전, 오염방지시설의 설치, 오염시설 사용제한 및 금지 등의 조치를 취한다. 만일 대책기준을 초과하게 되면 농경지의 경우 농토개량사업(객토, 토양개량제 시용 등), 오염수로 준설작업, 오염토양 매립 등을 실시하게 된다.

표 5-15. 국내 토양오염 관리기준

번호	오염물질	토양오염 우려기준(mg/kg)		토양오염 대책기준(mg/kg)	
		농경지	공장 산업지역	농경지	공장 산업지역
①	카드뮴(Cd)	1.5	12	4	30
②	구리(Cu)	50	200	125	500
③	비소(As)	6	20	15	50
④	수은(Hg)	4	16	10	40
⑤	납(Pb)	100	400	300	1,000
⑥	6가 크롬(Cr^{6+})	4	12	10	30
⑦	유기인화합물	10	30	-	-
⑧	PCB	-	12	-	30
⑨	시안	2	120	5	300
⑩	페놀	4	20	10	50
⑪	유류(동식물성 제외)	-	80	-	200

4. 환경오염과 수입농산물

최근에 들어와 농산물의 국제교역이 더욱 활발해지면서 수출입 농산물에 잔류하는 환경오염물질에 의한 위해성 문제가 대두되고 있다. 수출국의 토양이 농약, 중금속, 다이옥신 등과 같은 화학물질로 오염되어 있다면 수출국에서 재배된 농산물은 그러한 유해물질에 의해 오염될 가능성이 커지게 되고 이에 따라 농산물 수입국에서는 검역 규제를 강화해야만 한다. 현재 우리나라의 검역 업무는 식품의약품안전처, 농산물품질관리원, 식물검역원, 수의과학검역원, 수산물품질검사원에서 담당하고 있다.

5. 농산물의 안전성 확보

우리나라는 20세기 후반에 들어와 오랜 동안의 농경사회를 벗어나 산업사회로 전환하게 되었다. 본래 농업이란 식량생산을 비롯하여 일부 공업원료를 공급하는 산업이었다. 그러나 급속한 공업화와 도시화에 따라 환경오염이 초래되었고 국민건강을 위협하는 새로운 요인으로 등장하였다. 농업환경, 다시 말하여 농업생태계는 환경오염의 영향을 받아 생산성이 저하되기도 하고 농산물의 안전성이 위협받기도 한다.

다른 한편 농업생산성을 향상시키기 위한 노력이 환경오염의 원인이 되기도 하고 농산물의 안전성 논쟁을 일으키기도 한다. 친환경농업이란 환경에 손상을 주지 않으면서 농업생산을 영위하려는 노력의 일환이다. 이 목적을 달성하기 위해서는 농산물의 안전성을 위협하는 요인이 무엇인지 그 원인을 파악하고 외국에서의 논쟁사례를 교훈으로 삼아 잘 대처해야 할 것이다. 여기에서는 환경매체인 대기, 수질, 토양의 오염이 농산물의 안전성에 미치는 영향을 살펴보았다. 대기오염에서는 중금속인 납, 다이옥신에 대하여, 수질오염에서는 카드뮴에 대하여 그리고 토양오염에서는 농약, 중금속, 잔류성 유기오염물질(POPs)에 대하여 집중적으로 설명하였다.

우리 인류는 농업생산을 위해 과학기술을 이용하여 왔고 그 결과로 식량문제를 해결하여 왔다. 앞으로는 농업환경, 그리고 농산물의 안전성을 확보하기 위하여 과학기술을 다시 총동원 할 때가 온 것이다. 농업의 목적에는 식량생산만이 아니라 다른 측면의 기능까지 포함시켜야 한다. 환경을 손상시키지 않는 지속가능한 농업(sustainable agriculture)을 성취시켜야 한다. 그 동안 개발된 과학문명의 이기(利器)를 저버리는 것이 아니라 이들을 현명하게 이용하는 지혜가 친환경농업의 발전에 요구되는 것이다.

제3절 농산물의 품질인증제도

1. 친환경농산물 인증제도의 도입배경

그동안 우리나라 농업은 국민의 기초식량 해결을 위해 다수확 증산위주의 고투입 농업에 의존해 온 결과 농약, 화학비료 과다사용과 축산분뇨 배출 등으로 농경지와 농업용수의 오염, 토양미생물, 천적감소 등 생태계가 교란되는 등 농업환경이 크게 악화되어 향후 농업생산을 지속하는데 많은 우려를 낳게 하였다. 국제적으로 1992년 리우세계환경선언을 계기로 각국에 지구 환경보전을 위한 의무이행과제가 주어졌고, 농업과 환경, 무역을 연계하기 위한 논의가 강화되고 있으며 국제식품규격위원회(codex)에서 유기농산물에 대한 기준을 제정하여 국제 규범화하고 있다. 이에 따라 정부는 농업환경기반을 보전하며 국민들의 안전농산물에 대한 수요증대에 적극 부응하고 공정거래를 통한 농업인 및 소비자를 보호하기 위해 친환경농업육성법을 제정, 친환경농산물인증제도를 도입함으로써 적극적인 친환경농업육성을 제도적으로 뒷받침 하게 되었다.

2. 인증제도 추진경과

친환경농산물인증제는 농산물품질관리법에 근거하여 1992년 7월에 일반재배 농산물에 대한 품질인증제를 도입하면서 1993년 12월 유기·무농약재배농산물에 대한 품질인증을 시행하였고, 1995년 9월에 축산물에 대한 품질인증을, 1996년 3월에는 저농약재배농산물에 대한 품질인증을, 1998년 12월에 유기농산물 가공품에 대해 품질인증을 실시하게 되었다. 1997년에 환경농업육성법을 제정(법률제5442호, 1997.12.13)하여 환경농산물 표시신고제도를 도입 시행하다가 2001년 친환경농업육성법을 개정(2001.01.26)하여 현재까지 친환경농산물 인증표시를 의무화하고 신고제는 폐지되었다. 이후 2009년 4월에 친환경농업육성법이 개정되면서 소비자의 혼란을 방지하기 위하여 저농약농산물의 분류는 2010년 1월 1일부터 폐지하였다(친환경농업법 16조, 부록 참조).

3. 인증제도의 개념

친환경인증제도란 정부 및 공신력있는 민간인증기관이 친환경농업육성 및 소비자보호를 위하여 인증심사기준에 의거하여 농산품의 안전성과 품질 등의 적합성 또는 그 우수성을 증명하여 보증해주는 제도이다.

1) 인증제도의 목적

농업의 환경보전기능을 증대시키고 농업으로 인한 환경오염을 감소시키며, 일반농산물을 친환경농산물로 허위 또는 둔갑 표시하는 것으로부터 생산자, 소비자를 보호하는 한편, 유통과정에서의 신뢰구축으로 친환경농산물의 생산, 공급체계를 확립하는 동시에 우리농산물도 국제기준에 부합되도록 관리하여 국제경쟁력을 제고하는 데 목적이 있다.

2) 인증의 효과

생산자 측면에서는 우수한 제품 및 인증기준에 적합한 제품을 생산하였다는 증명을 받음으로써 권리를 보호받게 되고, 타제품과 뚜렷이 구분되게 함으로써 광고효과를 크게 할 수 있으며 시장에서의 선택폭을 넓혀 수요를 확대함과 아울러 소비자에 대한 신뢰형성으로 판매가 용이하고 유통비용이 절감되며 안정적인 판매 등으로 생산농가 소득증대효과를 가져온다.

유통업자 측면에서는 인증품에 대하여 직접 확인할 필요가 없기 때문에 통명거래가 가능하게 되는 등 품질관리가 용이하고 유통비용도 절감되어 영업이익이 향상될 뿐 아니라 소비자에게 신뢰감을 줄 수 있다. 소비자 측면에서는 상품의 식별을 용이하게 할 수 있다. 눈으로 확인이 불가능하거나 어려운 품질항목에 대해서는 인증품을 믿고 구매할 수 있기 때문이다.

3) 친환경농산물 인증의 종류

친환경농산물 인증품은 유기합성농약과 화학비료 사용정도에 따라 유기재배 농산물, 전환기 유기재배농산물, 무농약재배농산물 4종류로 구분되며 축산물 인증품은 유기축산물과 전환기 유기축산물 2종류이다.

표 5-16. 친환경농산물인증의 종류

종류	주요 인증기준
유기농산물	3년이상 유기합성농약과 화학비료를 일체 사용하지 않고 재배한 농산물
전환기유기농산물	1년이상 유기합성농약과 화학비료를 일체 사용하지 않고 재배한 농산물
무농약농산물	유기합성농약을 사용하지 아니하고 화학비료는 가급적 권장시비량의 1/3 이내로 사용하여 재배한 농산물

※제초제의 사용은 금한다.

4) 기타 국내농산물 인증종류

(1) 일반농산물 품질인증

농산물품질관리법에 의한 일반농산물 품질인증제는 우수한 우리농산물로서 농산물안전사용기준을 준수하여 안전성이 확보되고 농산물 표준규격을 지킨 보기 좋고 맛있는 명품임을 증명하는 제도로 품질인증표시는 "品(품)"자 마크를 사용하고 있다.

(2) 전통식품 품질인증

농산물가공산업육성법에 의거하여 고추장, 된장, 김치, 한과, 음료, 전통주 등 국산농산물을 원료로 전통적인 가공공정을 수단으로 한 전통식품임을 증명해주는 제도로서 물레방아 마크 표시를 사용한다.

(3) 유기가공품 품질인증

유기농산물을 원료로 하여 생산한 가공품임을 증명하는 제도로서 품질인증표시(品) 마크를 사용토록 하고 있다.

4. 외국의 친환경인증제도

외국의 경우 1980년대 후반부터 지속가능한 농업(sustainable agriculture) 개념이 도입되면서 환경보전 및 농촌, 농업의 중요성이 강조되고 1992년 6월 리우환경선언으로 농업정책을 친환경 측면에서 재조명하게 되었다. OECD에서는 각국의 농업환경정책을 평가해 생산과 무역과의 연계를 강화해 나갈 움직임을 보이고 있다.

EU국가에서는 유기농업육성 목표를 2005년까지는 전체 농산물의 5~10%, 2010년까지 10~20% 증대시키는 계획을 수립 추진하고 있으며 이를 개별 국가별로 보면 2010년까지 덴마크와 독일은 20%, 네덜란드 10% 수준으로 크게 확대할 전망이다. 이에 따라 국제기구 및 선진국가 등에서는 유기농식품 인증제도를 적극 도입하여 환경농업을 활성화하기 위한 정책을 집중적으로 추진해 나가고 있다.

표 5-17. 세계 주요국 유기농산물 재배면적(2004년 IFOAM 자료)

구분	영국	독일	이탈리아	프랑스	오스트리아	스위스	덴마크	미국(2001)	일본	중국(2001)	한국(2003)
유기농 재배면적(1,000 ha)	724	697	1,168	509	297	107	178	949	8	301	3.3
총재배면적 대비(%)	4.2	4.1	8.0	1.7	11.6	10.0	6.6	0.3	0.15	0.06	0.17

1) 국제기구의 인증제도

세계적으로는 국제식품규격위원회(codex) 제23차 집행위원회 총회(1999.7)에서 식물 및 식물제품 생산, 가공 및 표시 등에 대한 가이드라인(guide lines)을 채택하고 제24차 총회(2001.7)에서 가축 및 그 제품의 가이드라인이 채택되어 국제적인 통일기준이 되는 코덱스 유기식품 가이드라인이 마련되었다. 코덱스 기준에서는 친환경농산물 인증대상을 유기재배 농축산물 및 가공품으로 한정, 윤작재배방식을 의무화하고 관행재배 포장과 유기재배 포장을 명확히 구분하는 완충지대를 두어야 하며 동일 농장 내에서 유기재배와 관행재배가 동시에 실시되는 것을 금지하고 수시로 생산방식을 변경하지 못하도록 하고 있다. 인증을 받기 위해서는 3년간 코덱스 기준에 허용되어 있지 않은 자재는 사용할 수 없으며 가공품인 경우는 최종 제품 중에 유기재료가 95% 이상 포함되어야 인증이 가능하도록 규정하고 있다.

2) 미국 유기식품 인증제도

미국은 1980년에 주 정부 및 민간인증기관이 자체기준으로 유기식품을 인증하였으나 1990년 유기식품생산법(organic foods production act, OFPA)을 제정하고 2000년 12월 유기식품의 생산처리가공에 대한 국가기준(national organic program, NOP)을 확정하여 2002년부터 시행하고 있다. 연방유기식품법에 유기농산물 인증을 주 정부와 민간인증기관이 주체가 되어 코덱스 국제기준을 거의 적용하고 있다. 특히 인증대상농가의 영농기록을 중시하고 관행농산물과의 차단을 위해 완충지역을 두고 재배포장은 3년 전부터 금지물질을 사용하지 않아야 되며 윤작과 퇴비 등을 이용하여 토양 비옥도를 유지하도록 하고 있다. 병충해 방제는 사전예방, 기계적, 물리적인 방법을 위주로 하되 불가피한 경우에 한하여 허용하는 물질을 사용할 수 있고 수송, 저장, 보관과정의 취급도 잘하도록 하여 금지물질과 혼합, 접촉되지 않아야 한다.

3) 유럽(EU) 인증제도

가맹국가에 적용하는 EU규칙에서 유기농, 축산물 및 그 가공품에 대해 유기(organic)인증을 인증주체인 민간인증기관에서 하고 있으며 표시구분, 표시항목, 인증범위 등 대부분 인증심사항목은 코덱스 유기식품 가이드라인을 적용하고 있다.

4) 일본 인증제도

우리나라와 인접한 일본은 JAS법에서 유기농산물 및 그 가공식품에 대한 인증을 인증주체인 민간인증기관에 맡기고 있다. 유기식품 표시, 유기재료 등에 대해서는 선진 대부분의 국가들과 마찬가지로 국제기준인 코덱스(codex) 가이드라인을 적용하고 있다. 그러나 유기농산물 생산 환경 및 여건성숙이 미흡한 우리나라는 앞으로 유기재배농산물 생산 쪽으로의 방향전환을 유도하기 위해 현재 무농약 및 저농약재배 농산물까지 친환경농산물 인증범위에 포함시켜 육성해 나가고 있는 실정이기는 하나 향후 국제기준인 코덱스 유기식품기준과 조화시켜 나감으로써 유기농산물의 국가간 수출입과 통상협력에서 제도상의 차이로 인한 장애요소가 되지 않도록 점차적인 제도 개선이 필요하다 할 것이다.

5. 우리나라의 친환경인증제도

1) 법적근거

우리나라 친환경농산물 인증제도는 친환경농업육성법 제17조에서 농림부장관은 친환경농업 육성과 소비자 보호를 위하여 그 생산방법과 사용자재 등에 따라 친환경농산물임을 인증할 수 있도록 하고 인증한 인증품의 포장, 용기 등에 친환경농산물의 도형과 문자의 표시를 할 수 있는 법적근거를 마련해 놓고 있다(부록 참조).

2) 인증방법 및 절차

주요인증절차 및 과정은 인증신청, 인증심사, 심사결과 신청인에 통보, 생산출하과정 조사 및 시판품 조사를 통해 부적격 인증농산물이 유통되지 못하도록 사후관리를 하는 체계를 갖고 있다. 인증방법은 생산농가가 희망하는 경우 제출한 신청서류, 토양, 용수 등 생산여건과 생산물 검사, 품질관리상태를 심사한 후 기준에 적합한 경우 승인하여 신청인에 통보해 주고, 생산, 출하과정조사를 거쳐 적격품에 한해 인증품임을 표시 후 출하토록 하고 있다. 사후관리는 내용물과 표시사항의 일치여부 등 인증품에 대한 시판품 조사를 통하여 인증기준위반 등 이상품 발견 시에는 기준위반자에 대한 행정처분 및 고발조치를 하고 있다.

(1) 인증신청

친환경농산물 인증신청서와 함께 신청품목별 재배면적, 생산계획량, 재배작기 형태, 토양관리계획, 비배관리계획, 병해충 및 잡초 방제대책 등 인증품 생산계획서와 영농일지 등 영농 관계서류를 첨부하여 국립농산물품질관리원이나 기타 민간인증기관에 소정의 수수료를 부담하여 연중 신청이 가능하다.

(2) 인증심사절차 및 방법

인증기관이 인증신청을 받은 때에는 인증심사계획을 수립하여 신청인에게 심사일정과 인증심사반원의 명단을 통보하고 인증심사를 실시한 후 인증기준에 의하여 적합여부를 판정한 후 적합한 경우는 인증서를 교부하고 부적합 경우는 사유를 명시하여 신청인에게 서면 통보한다. 다만 신청인은 부적합 통보를 받은 날부터 7일 이내 1차에 한하여 재심사 신청서를 당해 인증기관에 제출할 수 있다.

① **농림산물**

인증심사원은 신청인이 제출한 관련 자료를 검토하고 농장을 방문하여 농장운영기록, 농장여건, 생산물이 인증기준에 적합한지 여부에 대하여 다음과 같이 심사한다.

ⓐ 재배포장의 토양 및 재배용수 수질은 재배포장 주변 환경 및 사용자재 등으로부터 오염되었거나 오염우려가 있다고 판단될 경우에 한하여 조사 분석하며 시험검사성적은 공인시험연구기관의 성적으로 한다.

ⓑ 인증심사의 전부 또는 일부를 면제할 수 있는 것은 유기농산물 인증을 받은자가 무농약으로 인증을 신청하거나 무농약농산물 인증을 받은자가 인증유효기간이 만료되어 다시 같은 종류의 인증을 신청하는 경우이다.

② **축산물**

ⓐ 가축, 축사, 토양, 사료확보, 사양관리, 축산분뇨처리 및 대장기록 등을 검사하고 당해 축산물의 안전성에 관한 검정결과를 확인한다. 가축먹이로 공급되는 사료에 대해 유기사료조건은 충족하는지의 여부를 확인하기 위해 신청인 및 대리인의 입회하에 검사시료를 채취하여 전문분석기관에 의뢰하여 검사한다. 또한 인증을 받은자가 생산물을 최초로 출하하고자 할 때는 유해잔류물질을 신청농장 가까운 곳의 축산물 위생검사기관에 의뢰하여 검사한다. 허용기준은 축산물 가공처리법에 의한 잔류허용기준의 1/2 이하이어야 한다.

ⓑ 유기축산물의 인증심사기준 중 음용수의 조건은 지하수 수질보전 등에 관한 규칙에 의거 "생활용수" 기준에 적합해야 하며 축종별 사료기반 기준에 의한 유기축산물에 적용되는 초식가축은 축종별 두당 일정한 목초지 및 사료작물 재배면적을 확보하여야 한다.

(3) 인증유효기간 및 연장신청

인증유효기간은 인증서를 교부받은 날부터 1년간으로 하며, 인증유효기간 연장신청은 유효기간 만료 30일전까지 인증을 받은 인증기관에 유효기간 연장신청서를 제출하면 된다. 다만 인증기관이 지정취소 또는 업무정지 처분을 받은 경우는 국립농산물품질관리원에 유효기간 연장신청서를 제출하여 적합성 여부를 확인받은 후 인증서를 교부받게 된다.

(4) 인증품의 표시

인증표시 도형은 친환경 종류별 명칭을 쓰는 곳에 유기농산물은 녹색, 전환기유기농산물은 연두색, 무농약농산물은 하늘색, 표시도형 글자의 색상은 군청색이고 바탕은 백색이며 좌측원의 색상은 군청색, 우측원의 색상은 녹색, 가운데 중첩원의 색상은 백색, 상단 잎사귀는 연두색이다.

그림 5-3. 친환경농산물 표시도형(2012년부터시행)

기타 표시사항으로 친환경농산물 인증표시, 생산자(수입농산물은 유통업자)의 성명, 주소, 전화번호, 인증번호, 품목, 산지, 생산년도(곡류에 한함), 무게 등을 소비자가 알아보기 쉽게 친환경농산물의 포장 또는 용기 앞면에 표시하여야 한다. 포장을 않고 판매하거나 낱개로 판매하는 경우에는 인증품에 스티커를 부착하거나 표시판 또는 푯말로 표시할 수 있다.

3) 생산 및 출하과정 조사

인증 받은 농가가 인증기준을 준수하여 농산물을 생산, 출하하고 있는지 조사대상 농가를 표본추출하여 이행실태를 조사 확인한다.

(1) 조사항목

① 재배관리 상황 조사

계약재배 필지, 면적 등의 약정이행여부, 농약안전사용기준 및 화학비료의 사용은 농업기술센터의 작물별 추천시비량 준수여부 등 재배방법의 적정성, 해당필지에서 피해품 발생여부를 조사한다.

② 재배포장 환경조사

재배포장 및 용수의 산업폐수, 축산폐기물 기타 유해물질로 인한 오염여부를 확인하되 오염이 우려되는 경우 재분석토록 조치하고 인접한 관행농업 포장으로부터 오염된 관계수가 유입되는지 여부와 농약사용여부를 확인할 필요가 있는 경우에는 시료를 채취하여 농약잔류여부를 분석한다.

③ **수확시기 및 수확 후 관리상황 조사**

품종별 적기 구분수확 및 비인증 포장의 생산물 혼입여부와 곡류, 잡곡류인 경우 수집된 원료의 품종별 구분보관 및 포장물 보관 시 생산자 확인이 가능한지 여부, 과실, 채소류인 경우 적기수확 및 예냉, 품질유지를 위한 적정저장시설에서 집중관리하였는지 여부, 가공원료가 인증포장에서 생산한 것인지, 비인증품이 혼입되었는지 등을 확인한다.

④ **출하과정 조사**

생산과정 내용을 참고하여 해당 포장에서의 생산여부, 인증기준 준수여부를 면밀히 확인조사하게 된다.

(2) 조사결과에 대한 처리

생산, 출하과정 조사결과 경미한 부적합한 사항에 대해서는 시정 또는 보완토록 조치하되 시정, 보완이 어렵다고 판단될 경우에는 해당농가 또는 생산자단체에 대해 표시사용정지 등 행정처분토록 한다.

4) 시판품 조사

(1) 시판품 조사대상

인증표시품으로써 상장되었거나 판매목적으로 진열, 보관된 농산물과 이해관계자가 조사 요청한 인증품을 대상으로 한다.

(2) 조사사항

조사사항은 표시사항과 내용물의 일치여부, 인증표지 색상의 이상 유무, 허위표시, 유사표시 여부 및 표시금지사항의 표시여부 등이다.

(3) 조사방법

장소별, 출하주별, 포장단량별, 일자별 조사단위로 포장재 규격, 표시사항을 달관조사(visual score)하고, 잔류농약 등 농산물 안전성 조사 실시요령에 따라 잔류농약 조사를 한다.

(4) 부적격품 처리

출하품이 표시내용과 일치하지 않아 소비자에게 피해를 줄 우려가 있을 것으로 판단될 경우에는 인증표지를 말소하고 산지에서는 생산자단체 및 해당농가에 통보하여 반복하여 부적격품이 출하되지 않도록 지도하고 자체품질관리를 하도록 유도한다.

5) 고발 및 행정처분

(1) 고발대상 및 처분기준

① 3년 이하 징역 또는 3천만원 이하 벌금 해당자

사위(詐僞) 기타 부정한 방법으로 인증을 받은 자, 인증품이 아닌 농산물에 친환경농산물표시 또는 이와 유사한 표시를 한 자, 인증품에 인증품이 아닌 농산물을 혼합하여 판매하거나 판매할 목적으로 보관, 운반, 진열한 자, 친환경농산물표시 또는 이외 유사한 표시를 한 인증품이 아닌 농산물임을 알고 판매하거나 판매할 목적으로 보관, 운반, 진열한 자이다.

② 1년 이하 징역 또는 1천만원 이하 벌금을 할 자

사위 또는 부정한 방법으로 인증기관의 지정을 받은 자, 지정받지 않은 기관이 친환경농산물 인증을 행한 자, 인증기관 지정을 받은 자가 업무정지 기간 중 친환경인증 행위를 한 자, 친환경표시의 변경, 사용정지 또는 판매금지 처분 등 행정처분에 따르지 아니한 자이다.

(2) 행정처분

행정처분대상은 생산, 출하과정조사 결과 인증기준을 위반한 자, 시판품 조사결과 인증기준을 위반한 자, 인증이 취소된 경우는 인증취소 및 인증표시 사용정지를 통보하여 유통 중이거나 사용 중인 포장재의 인증표지 및 문자를 말소하고 인증농업인이 거래하는 유통업체에 통보하는 한편 재배포장의 인증표지판을 철거한다.

(3) 과태료 부과

인증농산물 검사행위를 거부하거나 방해, 기피하는 자에 대해서는 위반행위별로 과태료를 부과하게 된다.

6) 인증기준

친환경 생산조건별 인증기준은 농산물인 경우는 인증심사 사항인 경영관리상태, 재배포장, 용수, 종자생산, 관리 및 재배방법, 생산물의 품질관리 구비요건을 갖추어야 하고, 축산물인 경우는 사육장 및 사육조건, 자급사료기반, 가축의 출처 및 입식, 사료 및 사양관리, 동물복지 및 질병관리, 품질관리 등의 요건이 충족되어야 인증이 가능하다. 먼저 구체적 친환경 농축산물 인증심사 항목별 구비요건을 보면 다음과 같다.

(1) 경영관리

인증을 받고자 하는 농산물 재배포장의 비료, 농약 등 영농자재 사용 및 농산물 생산량에 관한 자료는 유기농산물인 경우는 2년 이상, 전환기유기농산물, 무농약농산물 경우는 1년 이상 기록하여 보관하고 인증기관이 열람을 요구 시에는 이에 응하여야 하며 필요한 정보를 요구할 때에 제공할 수 있어야 한다.

(2) 재배포장 용수 및 종자

① 재배포장의 토양은 토양환경보전법시행규칙에 의한 전, 답, 과수원, 목장용지, 임야 등의 토양오염우려기준을 초과하지 아니하여야 하며, 염류 및 중금속 함량 등 그 물리적, 화학적 특성을 나타내는 수치가 직전 토양검정시보다 더 악화되지 아니하도록 노력하여야 한다.

② 유기농산물 재배포장은 아래의 전환기간 이상 동안 토양에 투입하는 유기물은 유기농산물 인증기준에 맞게 생산된 것에 의한 재배방법을 준수한 포장이어야 한다. 다만, 국립농산물 품질관리원장 또는 민간인증기관은 인증신청인의 이전의 농장사용 경력을 감안하여 전환기간을 연장 또는 단축할 수 있으나 전환기간은 최소한 1년 이상이 되어야 한다. 다년생 작물(목초는 제외)은 최초 수확하기 전 3년의 기간, 그 외 작물은 파종 또는 재식 전 2년의 전환기간이 필요하다.

③ 전환중인 재배포장에서는 유기농업과 관행농업을 번갈아 하지 아니하여야 하고, 유기농산물은 산림 등 자연 상태에서 자생하는 식용식물의 포장은 별도로 정하고 있는 허용자재 이외의 자재가 3년 이상 사용되지 아니한 지역이어야 한다.

④ 용수는 환경정책기본법 및 지하수법의 수질보전 등에 관한 규정에 의한 농업용수 이상이어야 한다. 다만 콩나물 및 숙주나물 등 싹을 틔워 직접 먹는 농산물은 먹는 물 수질기준 규정에 의한 먹는 물의 수질기준에 적합하여야 한다.

⑤ 종자는 유기농산물 인증기준에 맞게 생산, 관리된 종자(이하 "유기종자"라 한다)를 사용하여야 하나 일반적인 방법으로 유기종자를 구할 수 없는 경우에는 그러하지 아니하며, 농산물품질관리법 규정에 의한 생명공학농산물인 종자는 사용할 수 없다.

(3) 재배방법

① 유기, 전환기농산물은 화학비료와 유기합성농약을 일체 사용하지 아니하여야 하고, 무농약농산물은 화학비료를 재배포장별 권장 성분량의 1/3 이하를 사용하며, 유기합성농약 살포회수는 안전사용기준이 1/2 이하를 사용하여야 한다. 다만, 사용 시기는 안전사용기준시기의 2배수를 적용한다(예 : 수확 3일전까지 사용→6일전까지 사용).

② 장기간의 적절한 윤작계획에 의한 두과작물, 녹비작물 또는 심근성작물을 재배하여야 하고, 토양에 투입하는 유기물은 유기농산물의 인증기준에 맞게 생산된 것이어야 한다. 작물의 적정한 영양공급 또는 토양의 영양상태 조절이 불가능한 경우에는 유기농산물 및 전환기유기농산물 토양개량과 작물생육을 위하여 사용이 가능한 자재를 사용하여야 한다.

③ 축산분뇨를 원료로 하는 유기질비료(이하 "축분비료"라 한다)를 사용하는 경우에는 완전히 부숙시켜서 사용하여야 하며, 축분비료의 과다한 사용, 유실 및 용탈 등으로 인하여 환경오염을 유발하지 아니하도록 하여야 한다. 다만, 유기사료기준에 맞지 아니하는 사료와 수의약품에 주로 의존하는 공장형 농장에서 생산되는 축분비료는 사용할 수 없다.

④ 병해충 및 잡초를 방제하기 위해서는 적합한 작물과 품종의 선택, 적합한 윤작체계, 기계적 경운, 포장내의 혼작, 간작 및 공생식물의 재배 등 작물체 주변의 천적활동을 조장하는 생태계의 조성, 멀칭, 예취 및 화염제초, 포식자와 기생동물의 방사 등 천적의 활용, 식물·농장퇴비 및 돌가루 등에 의한 생체역학적 수단, 동물의 방사, 덫, 울타리, 빛 및 소리와 같은 기계적 통제, 병해충이 기계적, 물리적 및 생물학적인 방법으로 적절하게 방제되지 아니하는 경우에는 유기농산물 및 전환기유기농산물 병해충 관리를 위하여 사용이 가능한 자재를 사용해야 한다.

(4) 생산물의 품질관리

인증농산물의 저장 및 수송 시 저장장소와 수송수단의 청결을 유지하여야 하며, 외부로부터의 오염을 방지하여야 한다. 병해충관리 및 방제를 위해서는 병해충 서식처의 제거, 시설에의 접근방지 등 예방조치, 예방책이 부적합한 경우 기계적, 물리적 및 생물학적 방법을 사용, 병해충이 기계적, 물리적 및 생물학적인 방법으로 적절하게 방제되지 아니하는 경우에 유기농산물 및 전환기유기농산물의 병해충 관리를 위하여 사용이 가능한 자재를 사용할 수 있으나 유기농산물에는 직접 접촉되지 아니하도록 사용해야 한다.

저장구역 또는 수송컨테이너에 대한 병해충 관리방법으로 물리적 장벽, 소리, 초음파, 빛, 자외선, 덫(페로몬 및 전기유혹 덫을 말한다), 온도조절, 대기조절(탄산가스, 산소, 질소의 농도조절을 말한다) 및 규조토를 이용할 수 있다. 저장장소와 컨테이너가 유기농산물 또는 전환기유기농산물만을 취급하지 아니하는 경우에는 그 사용 전에 유기농산물 및 전환기유기농산물의 병해충 관리를 위하여 사용이 가능한 자재에 해당하지 아니하는 농약이나 다른 처방으로부터의 잠재적인 오염을 방지하여야 한다.

유기농산물을 포장하지 아니한 상태로 일반농산물과 함께 저장 또는 수송하는 경우에는 그 구별을 위하여 칸막이를 설치하는 등 다른 농산물과의 혼합 또는 오염을 방지하기 위한 조치를 하여야 한다. 방사선은 해충방제, 식품보존, 병원의 제거 또는 위생의 목적으로 사용할 수 없으며, 유기농산물 포장재는 식품위생법의 관련 규정에 적합하고 가급적 생물분해성, 재생품 또는 재생이 가능한 자재를 사용하여 제작된 것을 사용하여야 한다.

잔류농약은 인근 관행농업의 포장으로부터 바람에 의한 비산, 관개 또는 이웃 포장의 배수 등 농업용수에 의한 오염, 그 밖의 불가항력적인 요인의 경우에 한하여 허용하되, 그 허용기준은 식품위생법 규정에 의하여 식품의약품안전처장이 고시한 농산물의 농약잔류허용기준의 10분의 1 이하이어야 한다. 다만, 동 고시에서 해당 농산물에 대한 농약잔류허용기준이 설정되어 있지 아니한 농약이 검출된 경우에는 그 양이 동 고시에서 정한 농산물의 잔류농약 잠정기준의 10분의 1 이하이어야 한다.

기타 수경재배 및 양액재배의 방식은 순환식으로 하여 양액으로 인한 환경오염이 없어야 하고, 수경재배농산물 및 양액재배농산물중 콩나물과 숙주나물 등 싹을 틔워 직접 먹는 농산물은 그 원료가 국내산이어야 한다.

6. 민간인증기관의 지정과 육성

농림부장관은 친환경농산물의 인증에 필요한 인력과 시설 등 인증기관 지정요건을 갖춘 자를 인증기관으로 지정하여 친환경농산물 인증업무를 하도록 하고 있다. 특히 최근에 친환경인증농가가 급격히 증가하고 있어서 정부행정기관 단독으로 친환경인증 수요를 감당해 내는데 한계에 와 있는 실정이기 때문에 민간인증기관육성이 그 어느 때보다 시급한 실정이다. 또한 우리나라 이외의 국가에서 생산하여 국내로 수입되는 농산물에 대하여 친환경농산물 인증을 받고자 할 때에는 당해국가에서 친환경농산물 인증에 필요한 인력과 시설을 갖춘 자를 인증기관으로 지정할 수 있다. 인증기관 지정을 받고자 할 때는 친환경농업육성법 관련규정에서 정하는 바에 따라 농림부장관에게 신청하여야 하며 인증기관의 지정기준 및 인증업무 범위 등에 관하여 필요한 요건은 다음과 같다.

1) 조직 및 인력

조직은 인증업무를 수행하는 전담조직을 갖추어야 하고 인증업무외의 업무를 수행하고 있는 경우 그 업무를 행함으로써 인증업무에 지장을 주어 불공정하게 수행될 우려가 없어야 하며, 인력은 인증심사원을 5인 이상(상근 2인 이상)을 확보해야 한다.

인증심사원의 자격요건은 농학계열 4년제 대학졸업자 또는 이와 동등 이상의 학력이 있는 자로서 인증심사업무를 원활히 수행할 수 있는 자, 국가기술자격법에 의한 농림·환경분야의 기술사 또는 기사자격증을 소지한 자, 농업관련 기업체, 연구소, 기관 및 단체 등에서 농산물의 품질관리 업무를 5년 이상 담당한 경력이 있는 자, 이 경우 농학계열 2년제 또는 3년제 대학졸업자는 그 기간동안 농산물의 품질관리업무를 담당한 경력이 있는 것으로 보며, 외국 인증기관의 경우에는 당해국가의 제도에 의하여 위의 기준과 동등한 자격을 갖춘 자이다.

2) 시설

인증품의 계측 및 분석 등을 위하여 일정규모(10제곱미터 이상)의 검정실을 설치해야 하고, 다만 외부에 위탁하여 인증품의 계측 및 분석 등의 업무를 수행할 경우에는 검정실을 갖추지 아니할 수 있다.

3) 인증업무 규정

인증업무 규정에 포함해야 할 사항으로는 인증업무 실시방법, 인증의 사후관리방법, 인증심사원의 준수사항 및 인증심사원의 자체관리, 감독요령, 인증심사원에 대한 교육계획, 인증수수료, 그 밖에 감독기관이 인증업무 수행에 필요하다고 인정하여 정하는 사항이다.

표 5-18. 인증업무의 범위

구분	인증업무의 범위
유기농산물	유기농림산물 및 유기축산물
전환기유기농산물	전환기유기농림산물 및 전환기유기축산물
무농약농산물	무농약농산물

7. 인증농산물의 안전성

그동안 우리농업은 생산성 증대와 다수확에 초점을 맞추어 증산위주의 고투입 농법에 의존하여 온 결과 국민의 기초식량 문제 해결에는 크게 기여하였으나 농약과 화학비료 과다사용으로 인하여 수질 및 토양오염, 농식품의 농약성분 및 중금속 잔류문제 등 많은 위해요소들이 발생하여 국민건강 안전과 지속가능한 농업생산 기반이 크게 위협을 받게 되었다. 1980년대 이후 국민생활수준의 향상으로 고품질 안전농산물에 대한 소비자 욕구와 관심이 높아져 농약으로부터 안전한 친환경농산물에 대한 관심이 확산되고 있다. 이제 농식품의 소비자 선택기준이 가격이나 양보다 유해성분으로부터 안전성이 확보된 품질위주의 선택 선호로 크게 변화되고 있다. 국제무역기구(WTO) 체제 출범, 국가간 자유무역협정(FTA) 체결, 도하개발에젠다(DDA) 농업협상 추이 등을 볼 때 농식품 수입개방은 더욱 확대될 전망이어서 안전성이 검증되지 않은 수입 외국농산물의 범람으로 인한 피해가 더욱 증가할 것으로 예상될 뿐 아니라, 또한 농산물 안전성검사는 교역국간의 보이지 않는 무역장벽이나 자국농민 보호수단으로도 이용될 가능성도 크다.

최근 쓰레기만두파동, 수입꽃게 납 검출, 다이옥신, O-157대장균, 광우병, 살모넬라균, 조류독감 등 농식품 관련 안전사고, 사건이 빈발함에 따라 소비자들의 식품에 대한 불안과민증이 증대되고, 농약성분이 잔류허용기준치 이내는 안전한데도 불구하고 농약이 극미량만 검출되어도 구매를 꺼리는「절대 안전식품」을 요구하고 있는 실정이다.

정부에서도 이러한 농업여건 변화에 맞추어 증산위주의 농정에서 환경친화적 안전농산물 생산체계로 전환하여 친환경농산물인증 및 우수농산물관리제도(GAP), 생산이력추적제(traceability) 제도를 도입하여 고품질의 안전한 농산물을 생산, 공급할 수 있도록 하고 있으며, 특히 농산물의 생산, 저장, 출하전단계까지의 농약잔류여부 등 안전성 조사를 효율적으로 추진하여 농약 오남용으로, 부적합 농산물 발생에 따른 소비자 피해를 방지하고 농업환경을 적극적으로 보호해 나가고 있다. 따라서 우리나라 농산물 안전성조사 및 관리실태에 대해 개괄적으로 알아보고자 한다.

1) 농산물 안전성에 대한 각계의 평가

(1) 소비자

생식 채소류의 경우 국산품이 수입산 보다는 비교적 안전한 식품으로 인식하고 있다. 이는 방부제, 항생제와 농약, 대장균이 적을 것으로 판단하고 있기 때문이다. 그러나 국산품의 안전성에 대해서 많은 소비자들이 불안해하고 있으며 식품안전관리 시책에 대한 신뢰를 갖지 못하고 있는 실정으로 아예 농산물에 농약성분이 전혀 없어야(zero tolerance 수준) 안심하는 분위기다. 식품안전성을 제고하기 위해 최우선적으로 할일은 불량식품 생산자는 엄벌하고 유통과정의 관리감독 및 감시기능 강화와 적극적인 소비자 교육, 홍보를 요구하고 있다.

(2) 생산농가

대부분 생산농가에서는 안전사용기준을 지키고 농약살포회수를 줄이고자 하는 인식이 높아지고 있으나 농약안전사용지침에 따른 농약 살포회수, 희석농도 및 방제적기를 정확하게 지키지 못하는 부녀자 및 고령농가가 아직도 상당히 많고, 농촌 일손부족, 농산물 시장 가격을 많이 받기 위해 안전 출하시기를 지키지 못하는 경우가 많다. 안전성 문제가 많은 깻잎, 상추 등 엽채류에 적합한 전문농약이 많지 않아 약효가 떨어지는 대체농약을 적정사용량보다 더 많은 양을 살포하고 있어서 농약 오남용 사례가 발생하고 있다. 이에 따라 생산농업인을 위해 농약안전사용과 농약 오남용 피해 등에 대한 교육을 더욱 강화하고, 소면적 재배작물의 사용농약 개발과 엽채류 등에 적합한 잔류허용기준을 조속히 마련하여야 할 필요가 있다.

(3) 농약관련업계

농약은 유익과 위해가 양립하는 독성화학물질로 오남용을 막고 안전사용기준을 준수하여 사용하면 지속적 농산물 생산을 위해 필요한 농자재라고 보고 있으며, 소비자들이 요구하는 영허용량(zero tolerance) 수준은 현실적으로 불가능하다는 입장을 보이고 있다.

2) 안전성 조사 개요

(1) 안전성 관리기관

우리나라의 농식품 안전성관리 업무는 안전성 기준 설정분야와 안전성조사(검사)분야로 구분할 수 있으며 조사업무 분야를 다시 생산단계(저장 및 출하 전까지)와 수입, 유통단계로 나누어 농림부와 보건복지부에서 분담하여 관장하고 있다.

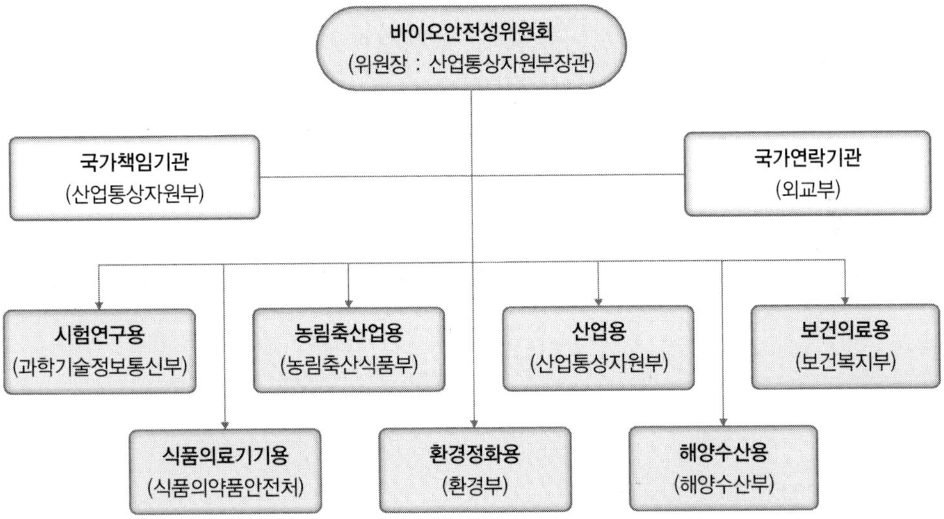

그림 5-4. 분야별 안전성 관리기관

① 농림부

생산단계의 농산물 잔류허용기준, 농약안전사용기준, 축산물 미생물 오염기준, 동물의약품 안전성 사용기준, 사료 내 잔류농약 및 동물 의약품 허용기준 등을 설정하고, 거래단계인 출하되어 상장전단계까지의 농산물 안전성검사, 축산물 및 그 가공품의 안전성검사 및 수입 동식물의 병해충 유입을 방지하기 위한 검역업무를 담당하고 있다.

표 5-19. 부처별 농식품 안전성 관리 업무

<table>
<tr><th colspan="2">관리기관</th><th colspan="2" rowspan="2">주요 업무</th><th rowspan="2">근거법령</th></tr>
<tr><th>주무부처</th><th>수행기관</th></tr>
<tr><td rowspan="6">농림부</td><td>농산물 품질관리원</td><td colspan="2">• 거래이전의 농산물 안전성검사
• 농산물 품질인증, 친환경농산물인증, 지리적표시등록
• 농축산물 원산지, GMO 표시단속</td><td>농산물품질관리법</td></tr>
<tr><td>식물검역소</td><td colspan="2">• 수입식물 병해충검사</td><td>식물방역법</td></tr>
<tr><td>농촌진흥청</td><td colspan="2">• 농약의 등록 및 관리
• 농작물에 대한 농약안전사용기준설정</td><td>농약관리법</td></tr>
<tr><td rowspan="3">수의과학 검역원</td><td rowspan="2">• 축산물가공처리법상의 축산물 및 그 가공품</td><td>수입검역</td><td>가축전염병예방법</td></tr>
<tr><td>안전성검사</td><td>축산물가공처리법</td></tr>
<tr><td rowspan="2">• 축산물가공처리법상 열거된 이외의 축산물 및 그 가공품</td><td>수입검역</td><td>가축전염병예방법</td></tr>
<tr><td rowspan="2">보건복지부</td><td rowspan="2">식품의약품 안전청</td><td>안전성검사</td><td rowspan="2">식품위생법</td></tr>
<tr><td colspan="2">• 유통중인 농수산물의 안전성검사
• 일반식품의 안전성 검사
• 수입농산물, 식품의 안전관리</td></tr>
</table>

② 보건복지부

일반식품의 유해물질 허용기준(잔류농약, 중금속, 항생물질, 미생물, 아플라톡신, 식품 첨가물 기준)을 설정하고 시장에 유통되고 있는 과정의 농수산물과 식품위생법상의 일반식품 안전성검사를 담당하고 있다.

(2) 안전성 조사 절차, 분석 및 판정

① 조사근거 및 추진경과

농산물 안전성 조사 근거는 농산물품질관리법(제12, 13, 14조)에 따라 농산물 안전성조사업무처리요령(농림부고시 제99-86호)과 생산단계농산물의 유해물질잔류허용기준(농림부고시 제99-95호) 및 농산물안전성조사실시요령(농관원 예규 제130호)에 따라 이루어지고 있으며, 그동안 1994년 유기재배인증농산물에 대한 안전성검사를 처음 실시하고, 1997년 농수산물가공산업육성 및 품질관리에 관한 법률에 안전성조사 근거조항을 신설한 후 1999년 농수산물품질관리법 제정 및 안전성조사업무처리요령을 개정하였으며 2002년 7월에 「농수산물품질관리법」을 개정하여 농산물 안전성 확보를 철저히 하기 위해 국가와 지방자치단체가 공동으로 담당할 수 있도록 하였다.

② 담당기관별 안전성 조사 단계

농산물품질관리원(농관원)은 생산포장에서 도매시장 상장 전 단계의 안전성이 우려되는 농산물을 대상으로 주산단지, 집하장 등에서 시료를 채취하여 농약 등 유해물질이 잔류허용기준을 초과하는지 여부를 분석조사하고 있으며, 안전성 조사의 실효성을 제고하기 위해 대상품목의 생산 및 출하특성에 따라 생산단계 조사, 저장단계 조사, 출하단계 조사로 구분하여 실시되고 있다.

생산단계 조사는 저장과정을 거치지 않고 출하하는 농산물을 대상으로 생산농장에서, 저장단계 조사는 저장과정을 거치는 농산물 중 생산자가 저장하는 농산물을 대상으로 그 저장장소에서, 출하단계 조사는 농산물도매시장, 집하장, 위판장, 공판장 등에 출하되어 거래되기 전 단계에서 농산물의 시료를 수거하여 조사하고 있다. 보건복지부 식품의약품안전처(식약청)에서는 도매시장에 상장되어 소매단계까지 유통되는 농산물의 안전성 조사를 담당한다.

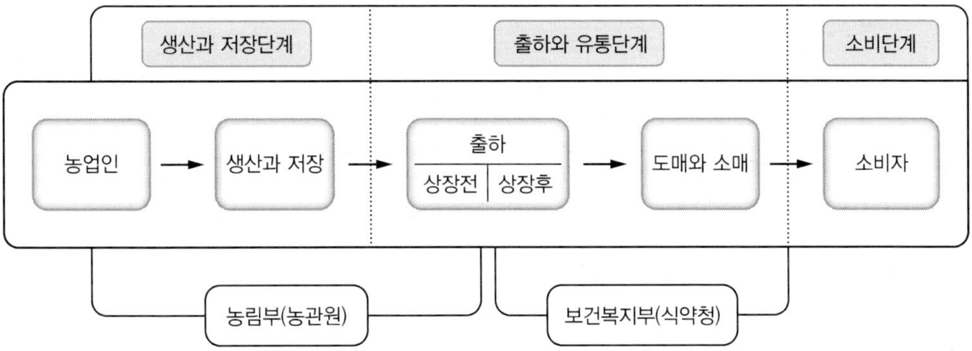

그림 5-5. 기관업무별 처리 체계도

③ 조사대상 농산물

농림부장관이 농산물 안전성 조사계획 수립 시 국민 1인당 1일 섭취량이 많은 품목(쌀, 배추, 사과 등), 조리하지 않고 주로 생식하는 품목(상추, 깻잎, 풋고추 등)을 대상으로 농림부장관이 정한 품목과 전년도 부적합비율이 높거나 소비자의 관심이 많은 안전성이 우려되는 신선채소류 등을 중심으로 중점관리하고 있다. 2005년도 안전성 조사대상은 140품목으로 곡류 8, 채소류 87, 과실류 19, 기타 26품목이다.

④ 조사대상 유해물질

잔류농약은 식품의약품안전처장이 농산물의 농약잔류허용기준을 설정한 348성분에 대해 그간 안전성 조사결과 허용기준을 초과하였거나, 사용량이 많고 잔류기간이 긴 성분 또는 수확기 살포농약, 곰팡이 독소인 쌀, 옥수수 등 곡류에 잔류하는 아플라톡신B1, 중금속은 폐광지역 토양 및 농업용수 등의 납, 카드뮴, 수은, 비소, 구리 등 병원성 미생물은 상추 등 생식채소류의 대장균, 살모넬라균 등을 대상으로 한다.

⑤ 안전성 조사 절차

농림부는 매년 안전성 조사 대상품목 및 조사물량 등을 포함한 기본계획을 수립하고 국립농산물품질관리원은 각 시, 도 지원별로 조사물량 등 안전성 조사 추진계획을 수립하며, 각 지원은 본원의 기본계획에 따라 시, 군 지역 실정을 감안하여 세부조사계획을 수립하여 효율적으로 안전성조사를 실시하고 있다.

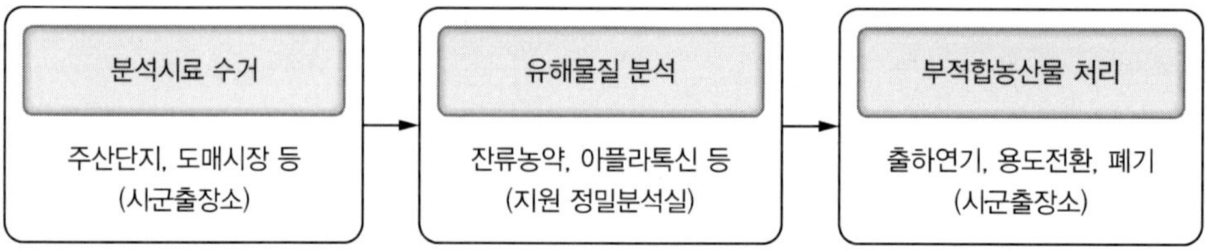

그림 5-6. 안전성 조사 절차도

⑥ 안전성 조사 분석시료 수거

안전성 조사의 효율을 높이기 위하여 필요시 농약상 및 농협 농약판매 부서 등을 대상으로 수확기 살포농약, 부패, 변질방지농약 판매실태(생산자, 수집상, 저장업자 명단 등)를 사전에 조사하여 안전성 조사 정보자료로 활용하고, 분석 시료수거는 품목별 수확시기와 출하유형에 따라 조사표본을 채취한다. 수확기간이 한정되어 일시에 수확하는 품목(배추 등)은 수확예정일 10일전쯤에 채취하고 수확기간이 길어 여러번 수확하는 품목(풋고추, 잎상추,

깻잎 등)은 수확예정 10일전쯤에 재배포장에서 채취, 필요할 시는 수확기간 중에 시료 채취한다. 저장 후 출하하는 품목(사과, 배 등)은 저장기간, 출하시기 등을 감안하여 당해 농산물이 출하되기 전 시료를 채취하며, 도매시장과 공매장소 등에 출하된 농산물은 상장하기 전에 시료를 채취하게 된다.

표본시료 수거기준은 모집단의 대표성이 확보되도록 농산물의 작황 등을 고려하여 무작위로 수거하며 시료수거를 거부 및 기피하는 자는 농산물품질관리법에 의거 1천만원 이하의 과태료를 부과한다.

⑦ 농산물 시료분석 및 판정기준

ⓐ 분석기관 운용 현황

정밀분석은 국립농산물품질관리원 소속 시험연구소 8개, 시, 도 지원분석실에서 친환경인증농산물을 포함한 국내농산물 안전성실태 파악을 위한 조사대상 농산물과 민원인이 의뢰한 농산물 잔류농약 및 토양중금속 등에 대해 정성, 정량분석을 하고 있다.

표 5-20. 농산물 정밀분석실 현황

구분	시험 연구소 (영등포)	경기 지원 (안양)	강원 지원 (춘천)	충북 지원 (청주)	충남 지원 (대전)	전북 지원 (전주)	전남 지원 (광주)	경북 지원 (대구)	경남 지원 (부산)
관할 지역	전국	서울, 인천, 경기	강원	충북	대전, 충남	전북	광주, 전남, 제주	대구, 경북	부산, 울산, 경남

※ 간이분석은 각 시, 군지역 농산물의 오염실태를 파악하기 위해 유해물질 저해율 정도만 파악하고 허용기준을 초과할 우려가 있는 것은 시, 도 정밀분석에 재조사를 의뢰하고 있다.

ⓑ 안전성 조사 판정기준

해당 농산물에 잔류허용기준이 설정되어 있는 농약인 경우는 생산단계 농산물은 농수산물품질관리법에 따라 농림부장관이 고시한 생산단계농산물의 유해물질잔류허용기준(농림부고시 제1999-95호, 1999.12.31)을 적용하고, 저장, 출하단계 농산물은 식품위생법에 따라 식품의약품안전처장이 고시한 잔류허용기준을 적용한다. 다만, 해당농산물에 잔류허용기준이 설정되어 있지 않은 농약은 농산물의 농약잔류허용잠정기준을 적용(식약청고시 제2002-1호)한다.

먼저 1단계로 국제식품규격위원회(CODEX) 기준을 적용하고, 이 기준에도 없는 경우는 2단계로 식품공전상의 식품원재료 분류기준 중 대분류(과실류, 견과종실류, 채소류는 소분류)의 최저기준 적용하며, 1~2단계에 적용기준이 없으면 3단계로 해당 농약의 잔류허용기준이 설정되어 있는 농산물 중 가장 낮은 기준을 적용한다.

표 5-21. 농산물의 분류기준

번호	대분류(소분류)		품목
①	곡류		쌀, 보리, 밀, 율무, 기장 등
②	서류		감자, 고구마, 토란, 마 등
③	두류		대두, 녹두, 완두, 강낭콩 등
④	견과종실류	견과류	밤, 호두 등
		종실류	참깨, 면실 등
⑤	과실류	이과류	사과, 배 등
		감귤류	밀감, 오렌지 등
		핵과류	복숭아, 자두 등
		장과류	포도, 블루베리 등
		열대과실류	바나나, 망고 등
⑥	채소류	엽채류	배추, 상추 등
		엽경채류	파, 셀러리 등
		근채류	무(뿌리), 당근 등
		과채류	오이, 토마토 등
⑦	버섯류		느타리버섯, 송이버섯, 양송이 등
⑧	차		차
⑨	인삼		인삼
⑩	호프		호프
⑪	기타식물류		겨자, 후추, 카레, 커피원두 등

3) 인증농산물 안전성 확보수준

(1) 농약사용 현황

우리 농업은 그간 좁은 국토에서 많은 인구를 부양하기 위해 화학비료와 농약에 지나치게 의존해 온 관계로 토양양분의 불균형과 농산물의 농약잔류문제를 야기 시켜 왔다. 1990년대 중반 이후 친환경농업을 본격 추진하면서 화학비료투입은 상당히 감소하고 있으나 농약사용량은 최근 시설원예 재배면적 증가, 연중생산 및 노동력 부족 등으로 다소 증가추세이나 큰 변화는 없다.

표 5-22. 연도별 농약사용 및 소비 추이

연도	소비량(성분기준, 천톤)					ha 당 사용량(kg)	
	계	수도용	원예용	제초제	기타	전 체	수도용
1998	22.0	6.7	8.5	5.1	1.7	10.4	6.4
2000	26.0	6.3	11.3	5.8	2.6	12.4	5.9
2002	25.8	5.7	12.1	5.5	2.5	12.8	5.5
2003	24.6	4.9	12.5	5.2	2.0	12.7	5.0

(2) 안전성 수준

국내에서 생산 출하되고 있는 농산물에 농약성분 등 유해물질로부터 안전성을 확보하기 위하여 생산현장인 농장단계에서 사전 예방적 안전성조사를 채소류, 곡류 등 138개 품목 60,567건의 표본을 조사한 결과, 잔류농약 허용기준치를 초과한 부적합건수가 72품목에서 770건이 발생함으로서 부적합 비율은 1.3%로 나타났다. 이중 부정품에 대해서는 고발하거나 폐기 및 출하연기, 용도전환 등 행정 조치하여 농약에 오염된 농산물이 시장에 유통되지 않도록 사전예방조치를 하고 있다. 부적품이 많이 발생한 품목은 깻잎, 상추, 취나물, 부추 등 채소류이다.

농산물에서 검출된 전체 124개 농약성분 중 잔류허용기준을 초과한 주요성분은 73개 성분으로 그 중 톨크로포스메틸, 클로르피리포스, 이소프로치온, 카벤다짐, EPN, 에토크로포스, 다이아지논, 엔도설판, 클로로타로닐, 이소벤포스, 훼노브카브, 피프로닐, 메타락실, 카보후란의 14개 성분이 전체 부적합의 69.7%를 차지하고 있다. 특히 유기인계 살충제인 클로르피리포스성분(그로포, 더스반 등)은 쑥갓, 열무, 시금치, 참나물 등에서 과도하게 사용함으로써 잔류허용기준을 크게 초과하는 경우도 있었다.

표 5-23. 연도별 농약잔류와 검사결과

연도	조사 건수		부적합 건수		
	품목수	건수	품목수	건수	비율(%)
1996	33	752	6	13	1.7
1999	111	28,681	47	473	1.6
2001	128	55,344	61	636	1.1
2002	134	56,010	57	600	1.1
2003	135	59,570	66	880	1.5
2004	140	60,567	72	770	1.3

표 5-24. 국립농산물품질관리원의 농산물 잔류농약 검사 내용

연도	검사대상	살충제	살균제	제초제	생장조절제	기타	비고
2020	320종	141	86	88	5	-	살서제 1
2022	464종	198	126	127	11	2	살비제 1

※국내 농약 생산량이 많은 성분, 토양 용수 등 농산물 재배환경 잔류조사에서 검출 이력이 있는 성분, 수출 및 인증농산물 관리에 필요한 성분 등을 추가하여 조사함, 국립농산물품질관리원(www.naqs.go.kr)

재배조건별 안전성 수준을 살펴보면 친환경농산물의 경우는 4,535건의 표본조사를 한 결과 농약잔류허용기준을 초과한 부적합 건수가 16건으로 부적합품이 0.4% 발생함으로서 일반 관행 농산물보다 높은 수준의 안전성이 확보되었다고 생각할 수 있다.

친환경농산물을 포함한 국내농산물의 안전성수준을 높여 소비자가 만족할 수 있는 안전한 농산물을 생산, 유통되도록 하기 위해서는 유해물질이 주로 오염되는 농장단계에서 사전 예방적 안전조치가 필요하다. 안전성 취약품목, 취약장소 위주로 조사대상을 선정한다거나 특정 계절별 취약시기, 특정품목에 대해 집중적 조사로 안전성관리의 효율성을 제고하고 있다. 현재 전국적으로 53개 기관에서 농식품안전안심서비스(Safe Q)를 실시하고 있다.

표 5-24. 재배조건별 안전성 조사결과(2004년, 국립농산물품질관리원)

구분	조사 건수			부적합 건수(B)	비율(B/A) (%)	부적합 조치결과
	정밀	간이	계(A)			
일반 농산물	15,620	39,932	55,552	746	1.3	고발 1, 폐기 161 출하연기 514, 용도전환 5
품질인증 농산물	480	-	480	8	1.7	현장계도 등 65 출하연기 6, 현장계도 2
친환경농산물	4,271	264	4,535	16	0.4	출하연기 15, 현장계도 1

휴광산, 폐광산 주변의 중금속과 녹즙용으로 섭취하는 채소류를 중심으로 병원성 미생물에 대한 모니터링도 강화하여 위해요소의 근원적 차단대책이 어느 때보다 시급한 실정이다. 출하 후 부적품 발생시는 역추적을 통해 오염원인 규명 및 재발 방지를 위해 안전성 부적합 농산물 생산자에 대한 강력한 제재조치 및 특별 관리를 통한 안전의식이 높아질 수 있도록 경각심을 고취할 필요가 있다.

4) 농약 안전사용(Use of Pesticide Safety)

(1) 안전사용기준 및 잔류허용기준

안전사용기준은 농약관리법에 따라 농작물 및 농약별로 적용대상 해충, 사용 시기, 최종살포일수 등을 정하여 농촌진흥청장이 안전사용기준을 고시하고 있으며, 수확물 중의 농약 잔류량이 잔류허용기준을 넘지 않도록 설정하여 농약 잔류량은 주로 농약 살포횟수와 최종 살포시기에 의해 결정된다. 농약잔류허용기준은 농산물 또는 식품 중에 함유되어 있는 농약의 양이 사람이 일생동안 매일 섭취하여도 아무런 영향을 미치지 않는 수준을 감안하여 설정하며, 농약잔류허용기준은 FAO/WHO 잔류농약 전문위원회에서 정한 해당농약의 농약별 1일섭취허용량 등을 기초로 하여 식품의약품안전처장이 고시하고 있다.

(2) 안전사용 요령

농산물별로 적용병해충에 적합한 농약을 선택하여 사용농도, 사용회수, 최종 살포일수 등 안전사용기준에 따라 살포함으로써 농약의 오남용을 줄여 안전성을 확보할 수 있다. 과실류에 사용할 농약을 채소류에 살포시 잔류허용기준을 초과할 우려가 높으며, 농약의 농도가 높고 살포량이 많다고 방제효과가 좋은 것이 아니다. 적용병해충에 사용할 수 있는 농약이 여러 가지 있을 경우 번갈아 가면서 방제적기에 사용하여 병해충이 농약에 대해 면역성이 생기지 않도록 대처하고 농약별로 농산물의 잔류허용기준이 다르므로 가급적 잔류허용기준이 높은, 독성이 낮고, 분해가 빠른 농약을 사용하는 것이 안전성 확보에 유리하다.

(3) 환경호르몬 추정 농약사용 시 주의사항

환경호르몬으로 의심되는 농약도 현재 농약안전사용기준과 잔류허용기준이 설정되어 있으므로 합법적으로 사용할 수는 있으나, 이들 농약이 농산물에서 검출될 경우 잔류허용기준을 초과하지 않는다 하더라도 소비자들의 반응은 매우 민감한 실정이기 때문에 농약사용자의 입장에서는 이들 농약의 종류를 사전에 알고 살포시는 각별한 주의가 필요하다.

(4) 농약잔류량에 영향을 주는 요인

농약의 제형인 희석살포제, 분, 입제에 따라 살포기의 분무압력 살포방법 등에 따라 식물체에 부착량이 달라지고 농약살포시의 농도가 높을수록, 생육기간 중의 살포횟수가 많을수록 작물에 농약 잔류량은 많아지게 되는 등 농약의 살포농도 및 살포량에 따라 잔류정도가 다르다. 식물체표면의 형태에 따른 굴곡, 털, 왁스피복 등에 따라 부착량 및 잔류량이 상이하고 작물체의 중량에 대한 표면적이 클수록 살포농약이 부착할 수 있는 부위가 넓어서 잔류량이 많고 표면적에 비하여 무게가 무거운 작물일수록 잔류량은 적어진다. 또한, 작물의 성장속도에 따라서도 다르다. 잔류량을 나타내는 표시단위(mg/kg)의 특성상 수확전의 생장속도는 잔류량에 크게 영향을 미치게 된다.

5) 농약허용기준강화제도(Positive List System, PLS)

국내 사용등록 또는 최대잔류허용량(MRL)에 설정된 농약 이외에 등록되지 않은 농약의 사용을 원칙적으로 사용 금지하는 제도로 사과는 사과, 고추는 고추에 등록된 농약만 사용할 수 있게 하는 제도이다. 따라서 농민은 ① 재배작목에 등록된 농약만 사용하고 ② 농약 희석배수와 살포횟수 지키며 ③ 출하 전 마지막 살포일 준수하도록 한다. 이때 ④ 농약 포장지 표기 사항을 반드시 확인하고 사용하고 ⑤ 불법 밀수입 농약이나 출처 불분명한 농약은 절대 사용하지 않도록 해야 한다.

표 5-25. 우리나라 농약허용기준강화제도(PLS) 시행 전후 농약 기준

구분		PLS 시행 전	PLS 시행 후
농약 사용기준		규제물질 이외의 물질은 원칙적으로 무제한 사용 가능	허용물질 이외의 물질은 원칙적 사용금지
잔류농약 검사기준	MRL 설정	최대잔류허용량(MRL) 기준 이하 적합	좌동
	MRL 미설정	1순위) Codex 기준 이하 적합	일률기준(0.01mg/kg) 이하 적합
		2순위) 유사작물 기준 이하 적합	
		3순위) 0.05mg/kg 이하 적합	

*자료: 농업정보 포털 농사로

(1) 농약 잔류허용기준 설정

잔류허용기준은 국내외에서 등록되거나 국내 등록 예정인 농약에 설정한다. 그 밖의 환경에 오랫동안 잔류하는 등 설정 필요성이 있는 농약에도 설정한다.

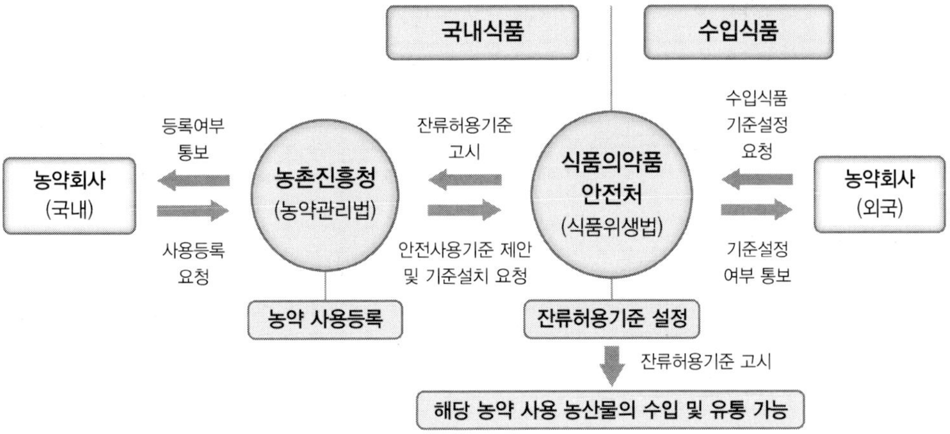

그림 5-7. 국내외 식품의 농약 잔류허용기준 설정 절차

(2) 우리나라 농약과 비료사용 현황

표 5-26. 우리나라 농약과 비료사용량

항목/연도		2011	2012	2013	2014	2015	2016	2017	2018	2019
농약	총사용량(천 톤)	19.1	17.4	18.7	19.8	19.5	19.8	20.0	18.7	16.7
	ha당 사용량(kg)	10.6	9.8	10.9	11.3	11.6	11.8	12.2	11.3	10.2
비료	총사용량(천 톤)	447	472	459	453	439	451	442	434	441
	ha당 사용량(kg)	249	267	262	258	261	268	270	262	268

*출처 : 농림축산식품부 농기자재정책팀, 한국작물보호협회, 한국비료협회

표 5-26과 5-27에서 화학농약 총사용량은 농약 제조업체에서 판매상에 유통한 물량으로, 매년 감소하여 2016년에는 19,798톤으로 감소하였고 단위면적(ha)당 사용량은 1998년 10.4kg에서 2001년 이후 약 13kg 내외수준을 보이며 2019년은 10.2kg으로 감소하였다. 화학비료 총사용량(성분량 기준)은 감소 추세였으나 2012년 4천 톤, 2016년 4천 톤으로 일부 증가하였고 단위면적(ha)당 사용량은 2007년은 340kg, 2009년 267kg, 2011년 249kg으로 계속 감소하였고 2016년에 268kg으로 소폭 증가하였다.

표 5-27. 우리나라 농약 제조(수입) 품목 등록 현황 (2021년 12월 31일)

구분		제조품목		수입품목		계	
		품목수	등록수	품목수	등록수	품목수	등록수
살균제	수도	121	238	10	18	131	256
	원예	425	771	117	209	569	980
	소계	546	1,009	127	227	700	1,236
살충제	수도	94	192	7	22	101	214
	원예	427	658	104	200	531	858
	소계	521	850	111	222	632	1.072
제초제	수도	418	478	13	16	431	494
	원예	134	262	45	90	179	352
	소계	552	740	58	106	610	846
생장조절제	수도	3	4	1	1	4	5
	원예	44	75	15	25	59	100
	소계	47	79	16	26	63	105
균충제	수도	75	77	1	1	76	78
	원예	19	20	3	4	22	24
	소계	94	97	4	5	98	102
기타제	수도	5	10	–	–	5	10
	원예	3	9	6	8	9	17
	소계	6	19	6	8	14	27
총계		1,766	2,792	322	594	2,115	3,386

우리나라 ha당 화학농약 사용량은 주요국과 비교하여 높은 수준으로 한국 19.1kg(2011년), 일본 15.3kg(2009년), 네덜란드 10.1kg(2011년)이었고 우리나라의 ha당 화학비료 사용량은 주요국과 비교하여 높은 수준(OECD 2008년 자료)으로 한국 249kg(2011년), 일본 361kg(2008년), 미국 109kg(2008년)이었다. 표 5-27에서 우리나라 농약 품목수와 등록수는 살균제, 살충체, 제초제 순이었고 수도작에서는 제초제와 균충제가 아주 많았으나 원예용에서는 살균제와 살충제, 생장조절제가 많았다.

최근 20년간 전 세계 화학농약 사용량은 36% 증가하였고 화학비료도 2019년 기준 40% 증가하여 연간 1억 8000만 톤을 사용하였다. 국제식량농업기구(FAO) '2021년 세계식량농업통계 연감'에 따르면 아시아가 비료사용량이 최대이고 그중에서 중국이 전 세계 농약 사용량의 42%를 차지하여 인도, 미국, 브라질보다 높았다. 화학비료 중 질소비료 사용량이 전체의 57%이고 인산(23%), 칼륨(20%)의 비율이었고 아시아가 56%, 아메리카 26%, 유럽 12%, 아프리카 4%, 오세아니아가 2%를 차지하였다. 2000년도에 유럽과 오세아니아에서는 인산의 사용량이 감소했으며 같은 기간 유럽에서는 칼륨의 사용량도 감소했다.

(3) 우리나라 농약과 비료사용 전망과 대책

① 화학농약은 고온·다습한 기후로 인한 높은 병해충 발생과 연중재배, 집약생산 등의 영농특성으로 인하여 사용량이 많은 편이나 최근 친환경농산물 생산 증가, 농산물에 대한 안전성 기준 강화 등으로 사용량은 현 수준으로 유지될 전망이다.

② 화학비료는 2005년부터 보조금 지원중단 및 가축분뇨 퇴비 등 유기질비료에 대한 지원확대 등으로 사용량이 계속 감소할 전망이다.

③ 최근의 토양검정결과를 고려한 맞춤형 비료를 정부가 지원을 통하여 화학비료 감축 추진한다.

④ 1999년부터 유기질비료 지원을 시작하여 지원량을 지속해서 확대하여 화학비료 사용을 줄이도록 유도한다(자료: 농림축산식품부 농기자재정책팀).

세계 유기농 식품과 음료의 시장규모는 2017년도 기준 970억 달러로 전년 대비 8% 증가, 앞으로도 꾸준히 성장할 전망이고 세계 유기농 식품 시장의 90%가 북미와 유럽에 집중되어 있으며 유기농 식품 소비의 대부분이 소수 고정 소비자층에서 수요가 발생하여 편차가 크다. 유기농 식품 시장규모는 미국이 400억 유로로 가장 크며, 이어 독일(100억 유로), 프랑스(79억 유로), 중국(76억 유로) 순이며 전년 대비 두 자리대 시장 성장률을 보인 국가는 프랑스(18%), 스페인(16.4%), 리히텐슈타인과 덴마크(15%) 등이다. 유기농 식품 시장 점유율은 덴마크(13.3%)에서 가장 높고, 이어 스웨덴(9.1%), 스위스(9.0%), 오스트리아(8.6%), 룩셈부르크(7.3%)이며 1인당 유기농 식품 소비액이 가장 큰 국가는 스위스(288유로), 덴마크(278유로) 스웨덴(237유로) 순이다(그림 5-8).

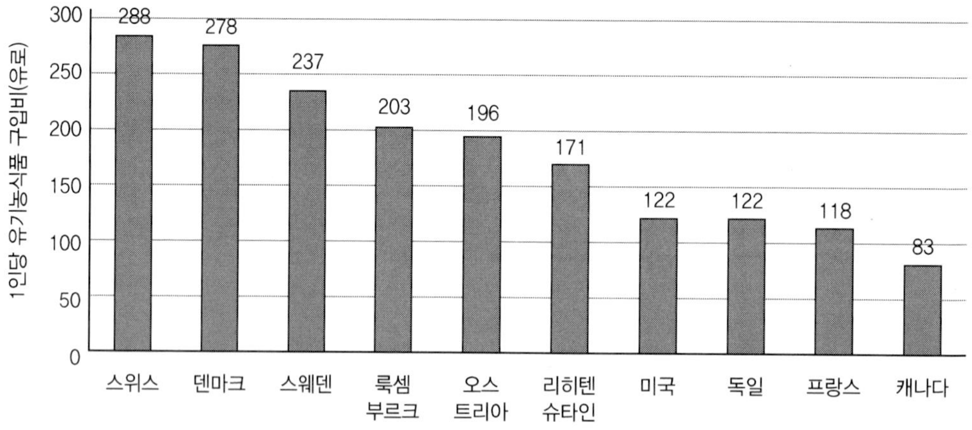

그림 5-8. 전 세계 1인당 유기농 식품 구매 비중 상위 10개국(2017년도)

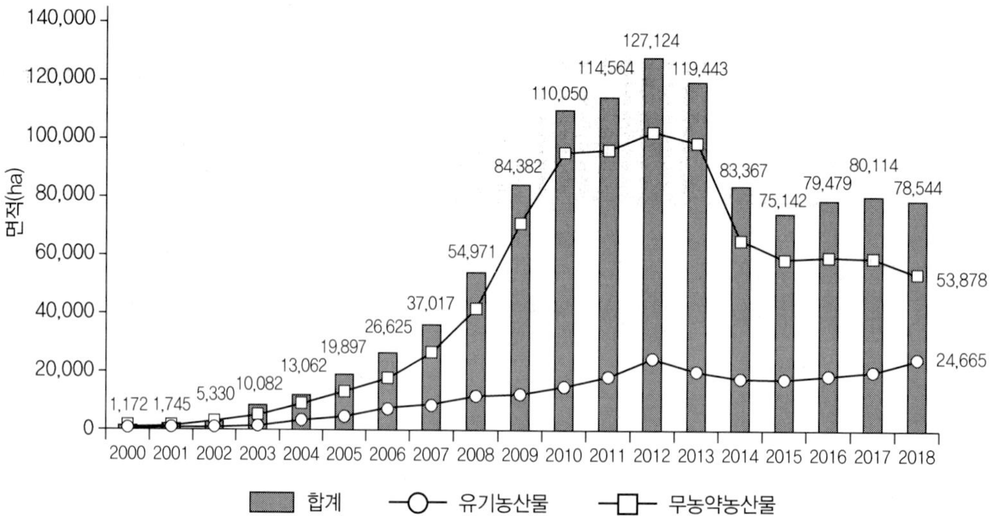

그림 5-9. 우리나라 친환경농산물 인증면적(ha) 변화(국립농산물품질관리원 2019년도 자료)

우리나라의 친환경농산물은 2012년을 정점으로 감소하다가 현재는 일정 비율을 유지하고 있다. 이는 친환경 농업을 실천하는 데 있어서 친환경농산물의 생산관리(40%)로 잡초관리, 병해충 방제 등에 어려움을 겪고 있으며 복잡한 인증절차도 복잡해 과정 중심의 인증은 도덕적 해이의 문제가 발생할 수 있고 모니터링을 하는 데 많은 행정비용이 소요된다. 그리고 친환경 농자재의 제조 및 확보를 쉽게 하여 관련 생산비를 낮추어야 한다.

부록

1. 참고문헌

- 강경선 외, 내분비계 장애물질에 대한 국외 대응현황, 식품과학과 산업 32권 2호, 1999.
- 경북세계농업포럼, 경북농업연구 및 지도방안, 경북세계농업포럼 제3회 정기세미나자료집. 2005.
- 경상북도 전략사업기획단, 경상북도 생물건강분야 산업기술지도보고서, 2004.
- 고희종 외, 작물과 인간 그리고 미래, 교우사, 2004.
- 국립종자원(www.seed.go.kr), 식물신품종보호제도, 2000.
- 국립농산물품질관리원(https://www.naqs.go.kr) 홈페이지 자료. 2022.
- 권광식 외, 친환경농산물과 자연건강생활, 한국방송통신대학교출판부, 2003.
- 권훈정 외, 식품위생학, 교문사, 2003.
- 김광식 외, 농업기상학, 향문사, 1992.
- 김광은, 친환경농업의 길잡이-상, 하슬라, 2003.
- 김광은, 친환경농업의 길잡이-하, 하슬라, 2005.
- 김성훈 외, 친환경 농업과 생명·환경교육, 한국방송통신대학교출판부, 2004.
- 김준호 외, 일반생물학, 향문사, 2005.
- 남상용, 원예학, RGB, 2022.
- 남상용, 작물보호학, RGB, 2020.
- 노완섭, 허석현, 건강보조식품과 기능성 식품, 2000.
- 농경과 원예, 환경농업총람, 푸른문화, 2003.
- 농림축산식품부, 농림축산식품주요통계, 2000~2005.
- 농업과 환경 교재편찬위원회, 농업과 환경, 경북대학교출판부, 2003.
- 농업과환경편찬위원회, 농업과 환경, 경북대학교출판부, 2003.
- 농업전망 2004, 한국농촌경제연구원 농업관측정보센터, 2004.
- 농촌진흥청 영남농업시험장. 시설원예 환경관리 개선과 생리장해 경감대책에 관한 심포지엄. 1999.
- 농촌진흥청, 농산물의 안전성과 품질향상, 농진청 UNDP 친환경사업단, 2005.
- 농촌진흥청, 친환경농업기술개발 및 실천전략, 2000.
- 농촌진흥청, 한국농업연구 200년, 1998.
- 농촌진흥청, 농토배양 10개년사업 종합보고서, 1989.
- 농촌진흥청, 환경농업과제훈련교재, 농촌진흥청, 1996.
- 농협중앙회, 흙살리기와 시비기술, 삼부문화(주), 2000.
- 류수노 외, 자원식물학, 한국방송통신대학교출판부, 2002.
- 류수노 외, 환경친화형농업, 한국방송통신대학교출판부, 2005.

- 류장발 외, 농업의 이해, 대구대학교출판부, 1997.
- 민승규 외, 한국의 농업정책 틀을 바꾸자, 삼성경제연구소, 2004.
- 박무영, 식량생산의 혁명, 오성출판사, 1999.
- 박순직 외, 재배식물육종학, 한국방송통신대학교출판부, 2005.
- 박양호 등, 농업기술연구소보고서, 1980.
- 박영선, 소비자 입장에서 본 안전한 농산물 유통, 김성용 외, 농업경영과 교양Ⅱ, 삼영인쇄출판사, 2004.
- 박헌렬, 지구온난화와 그 영향과 예방, 우용출판사, 2003.
- 사단법인 한국작물보호협회(www.koreacpa.org).
- 성진근, 국민경제와 한국농업, 을유문화사, 1995.
- 손상목, 김영호, 국제 유기농업 기본 규약과 한국 유기농업 실천기술의 비교분석 연구, 유기농업 학회지 4(2):97-136, 1995.
- 손상목, 한국 유기농업의 현황 및 향후 유기농업 교육과 연구, 한국유기농업학회지 10:67-83, 2002.
- 손상목, 유럽 유기농업 현황과 새로운 유기농업 규격의 핵심기술, 유기농업 발전을 위한 영농설계와 최신기술 pp49-73, 2002.
- 손상목, 한국 유기농업의 현황 및 향후 유기농업 교육과 연구, 한국유기농업학회지 10: 67-83, 2002.
- 손상목, 주요 유럽 선진국가들의 환경보전형 지속농업형태와 한국의 접근과제, 국제농업개발학회지 7:138-155, 1995.
- 시설재배토양환경연구회, 시설재배토양의 특성 및 문제점 개선대책, 제3회 워크샵, 2003.
- 식품의약품안전처, 식품공전, 식품의약품안전처, 2005.
- 신제성, 우리나라 토양 특성과 석회, 환경보전 농업에서 석회의 역할 심포지엄. pp.7-28, 1995.
- 양재의 외 (편집), 농업환경, 한국환경농학회, 2001.
- 양한철 외, 식품신소재학, 한림원, 1996.
- 영남농업연구소, 작물기상재해대책, 선일출판사, 2003.
- 오상룡 외, 식품학, 보문각, 2005.
- 오종민, 배재근, 토양오염학, 신광문화사, 2001.
- 유영봉, 한국농업의 성장과 기술변화의 특징:1951~2000, 농업경제연구 44(2):15-41. 2003.
- 윤정희 외. 논과 밭토양의 질 평가 방법, 한국토양비료학회지 (37)6:357-364, 2004.
- 윤형권, 기능성채소의 의의와 상추의 색소증진기술, 월간 농경과 원예, 2004.
- 이서래, 식품안전성 논쟁사례, 수학사, 1999.
- 이서래, 식품의 안전성 연구, 이화여자대학교 출판부, 1993.
- 이정환, 농정의 전환, (사)농정연구포럼, 1994.
- 이종훈, 류수노, 작물생산과 생태학, 한국방송통신대학교출판부, 2004.
- 이효원, 생태유기농업, 한국방송통신대학교출판부, 2004.

- 임정빈, 한국농업을 둘러싼 대내외 여건변화 동향과 대응과제, 농업생명과학연구 38(1):47-55, 2004.
- 장경란, 손상목, 독일 유기농업과 생명동태농업의 작물학적 비교 고찰, 국제농업개발학회지 11:34-39, 1999.
- 장권렬 외, 육종학범론, 향문사, 1994.
- 정길생, 손상목, 이윤건, 1996 선진 유럽유기농업의 환경 보전적 기능과 안전농산물 생산, 유기농업학회지 5(1):45-66.
- 정성봉, 농업과학과 기술, 교학사, 2001.
- 정영호 등, 최신 농약학, 시그마프레스, 2000.
- 정지웅 외, 환경을 살리는 농업, 농업을 살리는 환경, 서울대학교출판부, 2002.
- 정진영, 무농기영농은 불가능한가, 한국농축산유통연구원, 1989.
- 정진영, 환경보전형 농업의 실태와 문제점, 한국농촌경제연구원, 1992.
- 정진영, 한국 유기농업 현장의 당면 과제와 유기농가의 애로사항, 2002 학술심포지움, 환경농업을 위한 유기농업 발전방향 농촌진흥청, 2002.
- 조영손 외, 일본에서의 농산물과 다이옥신 현황, 한국국제농업개발학회지 12권 1호, 2001.
- 최상진, 인간·식량·환경, 선진문화사, 2002.
- 최석영, 식품오염, 울산대학교 출판부, 1994.
- 최양도 외, 생명공학 농산물의 개발 실태와 전망, 서울대학교 농업생명과학대학 소식지 제17호, 2003.
- 최진룡, 새로운 농업 패러다임속에서 유기물피복 무경운 작물재배기술의 의의와 전망, 경상대학교 농명생명과학원, 2003.
- 한국농업과학회, 한국농업의 진로와 농업과학기술로드맵, 2000.
- 한국농업연감, 농축산신문사, 2002.
- 한국농촌경제연구원, 친환경농업의 현실과 비전, 농업전망, pp.115-139. 2005.
- 한국비료협회, 비료연감, 1999-2001.
- 한국생명공학연구원, 바이오안전백서, 한국생명공학연구원, www.bch.or. kr, 2004~2005.
- 한국유기농협회(www.organic.or.kr).
- 한국육종학회, 형질전환을 이용하는 식물육종, 창립30주년 기념 특별 세미나, 1999.
- 한국작물학회, 기후변화에 대응한 농작물 생산관리, 2000.
- 한국작물학회, 친환경 작물생산기술의 현황과 발전방향, 2001.
- 한국작물학회, 한국육종학회, 한국약용작물학회, 부가가치향상을 위한 작물연구 현황과 전망, 2002.
- 한국종자연구회, 종자과학과 산업, 1권 2호, 2005.
- 한국환경농학회. 우리나라 농업환경의 문제점과 개선방안, '96농업환경심포지엄, 1996.
- 홍순달, 시설재배 토양의 효율적 관리, 토양과 물관리에 관한 국제 심포지엄, 한국토양비료학회, 2001.
- 환경부, 잔류성 유기오염 물질, 환경부 인터넷 사이트, 2005.
- 藤卷正生, 食品機能, 學會出版 セソター, 1988.

- 須見洋行, 食品機能學への招待, 三共出版, 1996.
- http://www.isaaa.org/
- http://www.naver.com/
- http://www.google.com/
- Alegria B. Caragay, Food Technology, 1992.
- Cluster R, Safety of genetically engineered crops, Flanders Interuniversity Institute of Biotechnology, Belgium, 2001.
- Ladics GS et al., Toxicological Sciences 73:8-16, 2003.
- Losey JE et al., Transgenic pollen harms monarch larvae. Nature 399:214, 1999.
- Mendelsohn M et al., Are Bt crops safe?, Nature Biotechnology 21:1003-1009, 2003.
- Metcalfe DD et al., Allergencity of foods produced by genetic modification, Critical Reviews in Food Science and Nutrition 36:S165-186, 1996.
- Moffat CF, White KJ, Environmental Contaminants in Food, Sheffield Academic Press, England, 1993.
- NAS/IOM, Safety of genetically engineered foods: Approach to assessing unintended health effects. National Academies Press, Washington, DC, 2004.
- Nordlee JA et al., Identification of a Brazil-nut allergen in transgenic soybeans, N Engl J Med 334:726-728, 1996.
- Oxfam, Genetically Modified Crops, World Trade and Food Security, www.oxfam.org.uk, 1999.
- Pioneer Hi-Bred International (Dupont), Press Room: Biotechnology-Biotech Soybeans and Brazil-Nut Protein, www.pioneer.com /biotech/brazil_nut, 2004.
- Sears MK et al., Impact of Bt corn pollen on monarch butterfly populations: a risk assessment. Proc Natl Acad Sci USA 98:11937-11942, 2001.
- Slater A et al., Plant Biotechnology: The genetic manipulation of plants, Oxford University Press, 2003.
- Taylor SL, Food from genetically modified organisms and potential for food allergy. Environ Toxicol Pharmacol 4:121-126, 1997.
- Van Leeuwen CJ, Hermens JLM, Risk Assessment of Chemicals-An Introduction, Kluwer Academic Pub, The Netherlands, 1995.

2. 지역별 유전자변형생물체 이용 특징

아메리카 대륙

- 12개 국가(46%)가에서 재배
- 전세계 재배면적의 87% 차지
- 농작물 중요 수출국: 농업 생산성을 높이기 위한 작물을 주로 재배
- 주요 작물: 옥수수, 콩, 카놀라, 면화, 알팔파, 사과, 감자 등

유럽

- 스페인, 포르투갈에서만 소규모 재배
- GM작물에 대한 부정적임
- 주로 식품사료가공용으로만 수입하여 이용
- 옥수수이벤트(MON810)만 재배 허용함

아시아 대륙

- 9개국에서 재배, 주로 면화 그 외 옥수수, 가지
- Bt면화가 인도와 중국에서 대규모 재배
- 대부분 농작물 주요 수입국
- GM식용작물의 재배는 보수적 성향이 있지만, 연구개발에 많은 노력을 기울임

아프리카 대륙

- 6개국에서 재배: 면화, 옥수수
- 2019년 나이지리아에서 Bt동부콩의 상업적 이용을 승인함
- 빈곤과 기아문제로 GM작물 도입에 대하여 많은 논쟁이 있음

유전자변형생물체 상업화 및 연구개발(식물, 한국바이오안전성정보센터 2022년도 자료, whkim7@kribb.re.kr)

3. 농산물 및 가공식품의 인증제도

순번	인증 분야	제공 내용	인증마크
①	친환경농산물	환경을 보전하고 소비자에게 보다 안전한 농축산물을 공급하기 위해 유기합성 농약과 화학비료 및 사료첨가제등 화학자재를 전혀 사용하지 아니하거나, 최소량만을 사용하여 생산한 농축산물	
②	농산물우수관리 (GAP, Good Agricultural Practices)	GAP은 농산물의 안전성을 확보하고 농업환경을 보전하기 위하여 농산물의 생산, 수확 후 관리(농산물의 저장, 세척, 건조, 선별, 절단, 조제, 포장 등을 포함) 및 유통의 각 단계에서 재배포장 및 농업용수 등의 농업환경과 농산물에 잔류할 수 있는 농약, 중금속, 잔류성 유기오염물질 또는 유해생물 등의 위해요소를 적절하게 관리하는 것으로 기존의 농산물 생산체계와는 다르게 생산·관리를 하게 되므로 이를 위하여 수확 후 관리시설 기준을 마련하고, 안전성이 확보된 농산물을 생산하기 위한 인증을 하고 있다.	
③	우수식품 (전통, KS)	가공식품 표준화 : 합리적인 식품 및 관련 서비스의 표준을 제정 및 보급함으로써 가공식품의 품질고도화 및 관련 서비스의 향상, 생산기술 혁신을 기하여 거래의 단순, 공정화 및 소비의 합리화를 통하여 식품산업 경쟁력을 향상시키고 국민 경제발전에 이바지하도록 한다.	〈가공식품 표준화〉
		전통식품 품질인증 : 국내산 농수산물을 주원(재)료로 하여 제조, 가공, 조리되어 우리 고유의 맛과 향, 색을 내는 우수한 전통식품에 대하여 정부가 품질을 보증하는 제도로 생산자에게는 고품질의 제품생산을 유도하고, 소비자에게는 우수한품질의 우리 전통식품을 공급	〈전통식품 품질인증〉
④	지리적표시제 (Geographical Indication)	농수산물 또는 농수산 가공품의 명성, 품질 기타 특징이 본질적으로 특정지역의 지리적 특성에 경우 그 특정지역에서 생산된 특산품 임을 표시하는 것을 말한다.	
⑤	이력추적관리 농산물	농산물의 안전성 등에 문제가 발생할 경우 해당 농산물을 추적하여 원인을 규명하고 필요한 조치를 할 수 있도록 농산물을 생산단계부터 판매단계까지 각 단계별로 정보를 기록·관리하는 것을 말한다.	
⑥	농식품안전안심 서비스(SafeQ)	농산물에 잔류된 농약, 중금속, 생물독소, 병원성미생물 등의 유해물질을 검정하여 국민들이 안심하고 먹을 수 있는 안전농산물을 공급하는 농산물안전성 검정시스템이다.	
⑦	LMO/GMO	LMO는 생명공학기술을 이용하여 얻어진 새로운 유전물질의 조합을 포함하고 있는 모든 살아있는 생물체이고 GMO는 인공적으로 유전자를 분리 또는 재조합하여 의도한 특성을 갖도록 한 농산물이다.	
⑧	무농약농산물	유기합성농약을 일체 사용하지 않고 화학비료는 권장 시비량의 1/3 이내 사용한 농산물	
⑨	유기가공식품	농약, 비료 등 화학자재를 사용하지 않고 재배한 유기원료(유기농산물, 유기축산물)를 유기적인 방법으로 가공한 식품	

출처: 국립농산물품질관리원(http://www.naqs.go.kr)

4. 농약, 비료 및 농수산물품질관리법, 친환경농업육성법

1) 농약관리법

[시행 2022. 3. 1.] [법률 제18531호, 2021. 11. 30., 타법개정]

제1조 (목적)

이 법은 농약의 제조·수입·판매 및 사용에 관한 사항을 규정함으로써 농약의 품질향상, 유통질서의 확립 및 농약의 안전한 사용을 도모하고 농업생산과 생활환경 보전에 이바지함을 목적으로 한다.

제2조 (정의)

이 법에서 사용하는 용어의 뜻은 다음과 같다.

1. "농약"이란 다음 각 목에 해당하는 것을 말한다.
   가. 농작물[수목(樹木), 농산물과 임산물을 포함한다. 이하 같다]을 해치는 균(菌), 곤충, 응애, 선충(線蟲), 바이러스, 잡초, 그 밖에 농림축산식품부령으로 정하는 동식물(이하 "병해충"이라 한다)을 방제(防除)하는 데에 사용하는 살균제·살충제·제초제
   나. 농작물의 생리기능(生理機能)을 증진하거나 억제하는 데에 사용하는 약제
   다. 그 밖에 농림축산식품부령으로 정하는 약제

1의2. "천연식물보호제"란 다음 각 목의 어느 하나에 해당하는 농약으로서 농촌진흥청장이 정하여 고시하는 기준에 적합한 것을 말한다.
   가. 진균, 세균, 바이러스 또는 원생동물 등 살아있는 미생물을 유효성분(有效成分)으로 하여 제조한 농약
   나. 자연계에서 생성된 유기화합물 또는 무기화합물을 유효성분으로 하여 제조한 농약

2. "품목"이란 개별 유효성분의 비율과 제제(製劑) 형태가 같은 농약의 종류를 말한다.
3. "원제(原劑)"란 농약의 유효성분이 농축되어 있는 물질을 말한다.

3의2. "농약활용기자재"란 다음 각 목의 어느 하나에 해당하는 것으로서 농촌진흥청장이 지정하는 것을 말한다.
   가. 농약을 원료나 재료로 하여 농작물 병해충의 방제 및 농산물의 품질관리에 이용하는 자재
   나. 살균·살충·제초·생장조절 효과를 나타내는 물질이 발생하는 기구 또는 장치

4. "제조업"이란 국내에서 농약 또는 농약활용기자재(이하 "농약 등"이라 한다)를 제조(가공을 포함한다. 이하 같다)하여 판매하는 업(業)을 말한다.
5. "원제업(原劑業)"이란 국내에서 원제를 생산하여 판매하는 업을 말한다.
6. "수입업"이란 농약 등 또는 원제를 수입하여 판매하는 업을 말한다.
7. "판매업"이란 제조업 및 수입업 외의 농약 등을 판매하는 업을 말한다.
8. "방제업(防除業)"이란 농약을 사용하여 병해충을 방제하거나 농작물의 생리기능을 증진하거나 억제하는 업을 말한다.

2) 비료관리법

(내용의 일부를 첨삭함)
[시행 2021. 8. 12.] [법률 제16980호, 2020. 2. 11., 일부개정]
농림축산식품부(농기자재정책팀)

제1조 (목적)

이 법은 비료의 품질을 보전하고 원활한 수급(需給)과 가격 안정을 통하여 농업생산력을 유지·증진시키며 농업환경을 보호함을 목적으로 한다.

제2조 (정의)

이 법에서 사용하는 용어의 뜻은 다음과 같다.

1. "비료"란 식물에 영양을 주거나 식물의 재배를 돕기 위하여 흙에서 화학적 변화를 가져오게 하는 물질, 식물에 영양을 주는 물질, 그 밖에 농림축산식품부령으로 정하는 토양개량용 자재 등을 말한다.
2. "보통비료"란 부산물비료 외의 비료로서 제4조에 따라 공정규격이 설정된 것을 말한다.
3. "부산물비료"란 농업·임업·축산업·수산업·제조업 또는 판매업을 영위하는 과정에서 나온 부산물(副産物), 사람의 분뇨(糞尿), 음식물류 폐기물, 토양미생물 제제(製劑, 토양효소 제제를 포함한다), 토양활성제 등을 이용하여 제조한 비료로서 제4조에 따라 공정규격이 설정된 것을 말한다.
4. "공정규격"이란 농림축산식품부장관이 규격을 정하는 것이 필요하다고 인정하는 비료에 대하여 주성분의 최소량, 비료에 함유할 수 있는 유해성분의 최대량, 주성분의 효능 유지에 필요한 부가성분의 함유량과 유통기한 등 비료의 품질 유지를 위하여 농림축산식품부장관이 정하여 고시한 규격을 말한다.
5. "보증성분"(保證成分)이란 비료업자가 생산·수입 또는 판매하는 비료에 대하여 그 비료가 함유하고 있는 주성분의 최소량을 백분율로 표시한 것을 말한다.
6. "비료업자"란 다음 각 목의 어느 하나에 해당하는 자를 말한다.

가. 비료생산업자: 비료를 생산(제조·배합·가공 또는 채취를 말한다. 이하 같다)하여 판매하거나 무상으로 유통 또는 공급하는 것을 업(業)으로 하는 자로서 제11조에 따라 등록한 자

나. 비료수입업자: 비료를 수입하여 판매하거나 무상으로 유통 또는 공급하는 것을 업으로 하는 자로서 제12조에 따라 신고한 자

다. 비료판매업자: 비료의 판매를 업으로 하는 자

제3조 (적용의 예외 등)

① 비료를 공업용 또는 사료용으로 공급하기 위하여 생산·수입 또는 판매하는 경우에는 이 법을 적용

하지 아니한다.

② 농업·임업·축산업 또는 수산업을 영위하는 자가 그 영위과정에서 나온 부산물을 이용하여 제조한 비료를 판매하거나 무상으로 유통·공급하는 경우에는 대통령령으로 정하는 바에 따라 이 법을 적용하지 아니할 수 있다.

제4조 (공정규격의 설정 등)

① 농림축산식품부장관은 공정규격의 설정·변경 또는 폐지(이하 이 조에서 "공정규격의 설정 등"이라 한다)를 할 수 있다.

② 공정규격의 설정 등이 필요하다고 인정하는 자는 농림축산식품부령으로 정하는 바에 따라 농림축산식품부장관에게 공정규격의 설정 등을 요청할 수 있다.

③ 공정규격의 설정 등의 전문성 및 공정성을 높이기 위하여 필요한 경우에는 관계전문가 등의 의견을 들을 수 있다.

④ 농림축산식품부장관은 공정규격의 설정 등을 하려는 경우에는 30일 전에 고시하여야 한다.

⑤ 제4항에 따른 공정규격 설정의 고시가 되지 아니한 비료를 생산·수입하여 농업용으로 판매하거나 무상으로 유통·공급하려는 자는 공정규격의 설정을 요청하여야 하며, 공정규격이 설정된 후가 아니면 이를 생산·수입하여 보관·진열·판매·유통하거나 공급할 수 없다. 다만, 시험용 또는 연구용의 경우에는 공정규격이 설정되지 아니한 비료를 생산·수입할 수 있다.

3) 농수산물 품질관리법(약칭: 농수산물품질법)

(내용의 일부를 첨삭함)
[시행 2022. 2. 3.] [법률 제18809호, 2022. 2. 3., 일부개정]
농림축산식품부(식생활소비정책과 - 농산물)
해양수산부(어촌양식정책과 - 수산물)
식품의약품안전처(농수산물안전정책과)

제1장 총칙

제1조 (목적)

이 법은 농수산물의 적절한 품질관리를 통하여 농수산물의 안전성을 확보하고 상품성을 향상하며 공정하고 투명한 거래를 유도함으로써 농어업인의 소득 증대와 소비자 보호에 이바지하는 것을 목적으로 한다.

제2조 (정의)

① 이 법에서 사용하는 용어의 뜻은 다음과 같다.

1. "농수산물"이란 다음 각 목의 농산물과 수산물을 말한다.
   가. 농산물: 「농업·농촌 및 식품산업 기본법」 제3조 제6호 가목의 농산물
   나. 수산물: 「수산업·어촌 발전 기본법」 제3조 제1호 가목에 따른 어업활동 및 같은 호 마목에 따른 양식업 활동으로부터 생산되는 산물(「소금산업 진흥법」 제2조 제1호에 따른 소금은 제외한다)
2. "생산자단체"란 「농업·농촌 및 식품산업 기본법」 제3조 제4호,「수산업·어촌 발전 기본법」 제3조 제5호의 생산자단체와 그 밖에 농림축산식품부령 또는 해양수산부령으로 정하는 단체를 말한다.
3. "물류표준화"란 농수산물의 운송·보관·하역·포장 등 물류의 각 단계에서 사용되는 기기·용기·설비·정보 등을 규격화하여 호환성과 연계성을 원활히 하는 것을 말한다.
4. "농산물우수관리"란 농산물(축산물은 제외한다. 이하 이 호에서 같다)의 안전성을 확보하고 농업환경을 보전하기 위하여 농산물의 생산, 수확 후 관리(농산물의 저장·세척·건조·선별·박피·절단·조제·포장 등을 포함한다) 및 유통의 각 단계에서 작물이 재배되는 농경지 및 농업용수 등의 농업환경과 농산물에 잔류할 수 있는 농약, 중금속, 잔류성 유기오염물질 또는 유해생물 등의 위해요소를 적절하게 관리하는 것을 말한다.
5. "이력추적관리"란 농수산물(축산물은 제외한다. 이하 이 호에서 같다)의 안전성 등에 문제가 발생할 경우 해당 농수산물을 추적하여 원인을 규명하고 필요한 조치를 할 수 있도록 농수산물의 생산단계부터 판매단계까지 각 단계별로 정보를 기록·관리하는 것을 말한다.

6. “지리적표시”란 농수산물 또는 제13호에 따른 농수산가공품의 명성·품질, 그 밖의 특징이 본질적으로 특정 지역의 지리적 특성에 기인하는 경우 해당 농수산물 또는 농수산가공품이 그 특정 지역에서 생산·제조 및 가공되었음을 나타내는 표시를 말한다.
7. “동음이의어 지리적표시”란 동일한 품목에 대하여 지리적표시를 할 때 타인의 지리적표시와 발음은 같지만 해당 지역이 다른 지리적표시를 말한다.
8. “지리적표시권”이란 이 법에 따라 등록된 지리적표시(동음이의어 지리적표시를 포함한다. 이하 같다)를 배타적으로 사용할 수 있는 지식재산권을 말한다.
9. “유전자변형농수산물”이란 인공적으로 유전자를 분리하거나 재조합하여 의도한 특성을 갖도록 한 농수산물을 말한다.
10. “유해물질”이란 농약, 중금속, 항생물질, 잔류성 유기오염물질, 병원성 미생물, 곰팡이 독소, 방사성물질, 유독성 물질 등 식품에 잔류하거나 오염되어 사람의 건강에 해를 끼칠 수 있는 물질로서총리령으로 정하는 것을 말한다.
11. “농수산가공품”이란 다음 각 목의 것을 말한다.
   가. 농산가공품: 농산물을 원료 또는 재료로 하여 가공한 제품
   나. 수산가공품: 수산물을대통령령으로 정하는 원료 또는 재료의 사용비율 또는 성분함량 등의 기준에 따라 가공한 제품

제2장 농수산물의 표준규격 및 품질관리

제5조 (농수산물의 표준규격)

① 농림축산식품부장관 또는 해양수산부장관은 농수산물(축산물은 제외한다. 이하 이 조에서 같다)의 상품성을 높이고 유통 능률을 향상시키며 공정한 거래를 실현하기 위하여 농수산물의 포장규격과 등급규격(이하 “표준규격”이라 한다)을 정할 수 있다.

② 표준규격에 맞는 농수산물(이하 “표준규격품”이라 한다)을 출하하는 자는 포장 겉면에 표준규격품의 표시를 할 수 있다.

③ 표준규격의 제정기준, 제정절차 및 표시방법 등에 필요한 사항은 농림축산식품부령 또는 해양수산부령으로 정한다.

제5조의2 (권장품질표시)

① 농림축산식품부장관은 포장재 또는 용기로 포장된 농산물(축산물은 제외한다. 이하 이 조에서 같다)의 상품성을 높이고 공정한 거래를 실현하기 위하여 제5조에 따른 표준규격품의 표시를 하지 아

니한 농산물의 포장 겉면에 등급·당도 등 품질을 표시(이하 "권장품질표시"라 한다)하는 기준을 따로 정할 수 있다.

② 농산물을 유통·판매하는 자는 제5조에 따른 표준규격품의 표시를 하지 아니한 경우 포장 겉면에 권장품질표시를 할 수 있다.

③ 권장품질표시의 기준 및 방법 등에 필요한 사항은 농림축산식품부령으로 정한다.

제6조 (농산물우수관리의 인증)

① 농림축산식품부장관은 농산물우수관리의 기준(이하 "우수관리기준"이라 한다)을 정하여 고시하여야 한다.

② 우수관리기준에 따라 농산물(축산물은 제외한다. 이하 이 절에서 같다)을 생산·관리하는 자 또는 우수관리기준에 따라 생산·관리된 농산물을 포장하여 유통하는 자는 제9조에 따라 지정된 농산물우수관리인증기관(이하 "우수관리인증기관"이라 한다)으로부터 농산물우수관리의 인증(이하 "우수관리인증"이라 한다)을 받을 수 있다.

③ 우수관리인증을 받으려는 자는 우수관리인증기관에 우수관리인증의 신청을 하여야 한다. 다만, 다음 각 호의 어느 하나에 해당하는 자는 우수관리인증을 신청할 수 없다.

1. 제8조 제1항에 따라 우수관리인증이 취소된 후 1년이 지나지 아니한 자
2. 제119조 또는 제120조를 위반하여 벌금 이상의 형이 확정된 후 1년이 지나지 아니한 자

④ 우수관리인증기관은 제3항에 따라 우수관리인증 신청을 받은 경우 제7항에 따른 우수관리인증의 기준에 맞는지를 심사하여 그 결과를 알려야 한다.

⑤ 우수관리인증기관은 제4항에 따라 우수관리인증을 한 경우 우수관리인증을 받은 자가 우수관리기준을 지키는지 조사·점검하여야 하며, 필요한 경우에는 자료제출 요청 등을 할 수 있다.

⑥ 우수관리인증을 받은 자는 우수관리기준에 따라 생산·관리한 농산물(이하 "우수관리인증농산물"이라 한다)의 포장·용기·송장(送狀)·거래명세표·간판·차량 등에 우수관리인증의 표시를 할 수 있다.

⑦ 우수관리인증의 기준·대상품목·절차 및 표시방법 등 우수관리인증에 필요한 세부사항은 농림축산식품부령으로 정한다.

제7조 (우수관리인증의 유효기간 등)

① 우수관리인증의 유효기간은 우수관리인증을 받은 날부터 2년으로 한다. 다만, 품목의 특성에 따라 달리 적용할 필요가 있는 경우에는 10년의 범위에서 농림축산식품부령으로 유효기간을 달리 정할 수 있다.

② 우수관리인증을 받은 자가 유효기간이 끝난 후에도 계속하여 우수관리인증을 유지하려는 경우에는 그 유효기간이 끝나기 전에 해당 우수관리인증기관의 심사를 받아 우수관리인증을 갱신하여야 한다.

③ 우수관리인증을 받은 자는 제1항의 유효기간 내에 해당 품목의 출하가 종료되지 아니할 경우에는 해당 우수관리인증기관의 심사를 받아 우수관리인증의 유효기간을 연장할 수 있다.

④ 제1항에 따른 우수관리인증의 유효기간이 끝나기 전에 생산계획 등 농림축산식품부령으로 정하는 중요 사항을 변경하려는 자는 미리 우수관리인증의 변경을 신청하여 해당 우수관리인증기관의 승인을 받아야 한다.

⑤ 우수관리인증의 갱신절차 및 유효기간 연장의 절차 등에 필요한 세부적인 사항은 농림축산식품부령으로 정한다.

제24조 (이력추적관리)

① 다음 각 호의 어느 하나에 해당하는 자 중 이력추적관리를 하려는 자는 농림축산식품부장관에게 등록하여야 한다.

1. 농산물(축산물은 제외한다. 이하 이 절에서 같다)을 생산하는 자
2. 농산물을 유통 또는 판매하는 자(표시·포장을 변경하지 아니한 유통·판매자는 제외한다. 이하 같다)

② 제1항에도 불구하고 대통령령으로 정하는 농산물을 생산하거나 유통 또는 판매하는 자는 농림축산식품부장관에게 이력추적관리의 등록을 하여야 한다.

③ 제1항 또는 제2항에 따라 이력추적관리의 등록을 한 자는 농림축산식품부령으로 정하는 등록사항이 변경된 경우 변경 사유가 발생한 날부터 1개월 이내에 농림축산식품부장관에게 신고하여야 한다.

④ 농림축산식품부장관은 제3항에 따른 변경신고를 받은 날부터 10일 이내에 신고수리 여부를 신고인에게 통지하여야 한다.

⑤ 농림축산식품부장관이 제4항에서 정한 기간 내에 신고수리 여부 또는 민원 처리 관련 법령에 따른 처리기간의 연장을 신고인에게 통지하지 아니하면 그 기간(민원 처리 관련 법령에 따라 처리기간이 연장 또는 재연장된 경우에는 해당 처리기간을 말한다)이 끝난 날의 다음 날에 신고를 수리한 것으로 본다.

⑥ 제1항에 따라 이력추적관리의 등록을 한 자는 해당 농산물에 농림축산식품부령으로 정하는 바에 따라 이력추적관리의 표시를 할 수 있으며, 제2항에 따라 이력추적관리의 등록을 한 자는 해당 농산물에 이력추적관리의 표시를 하여야 한다.

⑦ 제1항에 따라 등록된 농산물 및 제2항에 따른 농산물(이하 "이력추적관리농산물"이라 한다)을 생산하거나 유통 또는 판매하는 자는 이력추적관리에 필요한 입고·출고 및 관리 내용을 기록하여 보관

하는 등 농림축산식품부장관이 정하여 고시하는기준(이하 "이력추적관리기준"이라 한다)을 지켜야 한다. 다만, 이력추적관리농산물을 유통 또는 판매하는 자 중 행상·노점상 등 대통령령으로 정하는 자는 예외로 한다.

⑧ 농림축산식품부장관은 제1항 또는 제2항에 따라 이력추적관리의 등록을 한 자에 대하여 이력추적관리에 필요한 비용의 전부 또는 일부를 지원할 수 있다.

⑨ 이력추적관리의 대상품목, 등록절차, 등록사항, 그 밖에 등록에 필요한 세부적인 사항은 농림축산식품부령으로 정한다.

제3장 지리적표시

제32조 (지리적표시의 등록)

① 농림축산식품부장관 또는 해양수산부장관은 지리적 특성을 가진 농수산물 또는 농수산가공품의 품질 향상과 지역특화산업 육성 및 소비자 보호를 위하여 지리적표시의 등록 제도를 실시한다.

② 제1항에 따른 지리적표시의 등록은 특정지역에서 지리적 특성을 가진 농수산물 또는 농수산가공품을 생산하거나 제조·가공하는 자로 구성된 법인만 신청할 수 있다. 다만, 지리적 특성을 가진 농수산물 또는 농수산가공품의 생산자 또는 가공업자가 1인인 경우에는 법인이 아니라도 등록신청을 할 수 있다.

③ 제2항에 해당하는 자로서 제1항에 따른 지리적표시의 등록을 받으려는 자는농림축산식품부령 또는 해양수산부령으로 정하는 등록 신청서류 및 그 부속서류를 농림축산식품부령 또는 해양수산부령으로 정하는 바에 따라 농림축산식품부장관 또는 해양수산부장관에게 제출하여야 한다. 등록한 사항 중 농림축산식품부령 또는 해양수산부령으로 정하는 중요 사항을 변경하려는 때에도 같다.

④ 농림축산식품부장관 또는 해양수산부장관은 제3항에 따라 등록 신청을 받으면 제3조 제6항에 따른 지리적표시 등록심의 분과위원회의 심의를 거쳐 제9항에 따른 등록거절 사유가 없는 경우 지리적표시 등록 신청 공고결정(이하 "공고결정"이라 한다)을 하여야 한다. 이 경우 농림축산식품부장관 또는 해양수산부장관은 신청된 지리적표시가 「상표법」에 따른 타인의 상표(지리적 표시 단체표장을 포함한다. 이하 같다)에 저촉되는지에 대하여 미리 특허청장의 의견을 들어야 한다.

⑤ 농림축산식품부장관 또는 해양수산부장관은 공고결정을 할 때에는 그 결정 내용을 관보와 인터넷 홈페이지에 공고하고, 공고일부터 2개월간 지리적표시 등록 신청서류 및 그 부속서류를 일반인이 열람할 수 있도록 하여야 한다.

⑥ 누구든지 제5항에 따른 공고일부터 2개월 이내에 이의 사유를 적은 서류와 증거를 첨부하여 농림축

산식품부장관 또는 해양수산부장관에게 이의신청을 할 수 있다.

⑦ 농림축산식품부장관 또는 해양수산부장관은 다음 각 호의 경우에는 지리적표시의 등록을 결정하여 신청자에게 알려야 한다.

1. 제6항에 따른 이의신청을 받았을 때에는 제3조 제6항에 따른 지리적표시 등록심의 분과위원회의 심의를 거쳐 등록을 거절할 정당한 사유가 없다고 판단되는 경우
2. 제6항에 따른 기간에 이의신청이 없는 경우

⑧ 농림축산식품부장관 또는 해양수산부장관이 지리적표시의 등록을 한 때에는 지리적표시권자에게 지리적표시등록증을 교부하여야 한다.

⑨ 농림축산식품부장관 또는 해양수산부장관은 제3항에 따라 등록 신청된 지리적표시가 다음 각 호의 어느 하나에 해당하면 등록의 거절을 결정하여 신청자에게 알려야 한다.

1. 제3항에 따라 먼저 등록 신청되었거나, 제7항에 따라 등록된 타인의 지리적표시와 같거나 비슷한 경우
2. 「상표법」에 따라 먼저 출원되었거나 등록된 타인의 상표와 같거나 비슷한 경우
3. 국내에서 널리 알려진 타인의 상표 또는 지리적표시와 같거나 비슷한 경우
4. 일반명칭[농수산물 또는 농수산가공품의 명칭이 기원적(起原的)으로 생산지나 판매장소와 관련이 있지만 오래 사용되어 보통명사화된 명칭을 말한다]에 해당되는 경우
5. 제2조 제1항 제8호에 따른 지리적표시 또는 같은 항 제9호에 따른 동음이의어 지리적표시의 정의에 맞지 아니하는 경우
6. 지리적표시의 등록을 신청한 자가 그 지리적표시를 사용할 수 있는 농수산물 또는 농수산가공품을 생산·제조 또는 가공하는 것을 업(業)으로 하는 자에 대하여 단체의 가입을 금지하거나 가입조건을 어렵게 정하여 실질적으로 허용하지 아니한 경우

⑩ 제1항부터 제9항까지에 따른 지리적표시 등록 대상품목, 대상지역, 신청자격, 심의·공고의 절차, 이의신청 절차 및 등록거절 사유의 세부기준 등에 필요한 사항은 대통령령으로 정한다.

제33조 (지리적표시 원부)

① 농림축산식품부장관 또는 해양수산부장관은 지리적표시 원부(原簿)에 지리적표시권의 설정·이전·변경·소멸·회복에 대한 사항을 등록·보관한다.

② 제1항에 따른 지리적표시 원부는 그 전부 또는 일부를 전자적으로 생산·관리할 수 있다.

③ 제1항 및 제2항에 따른 지리적표시 원부의 등록·보관 및 생산·관리에 필요한 세부사항은 농림축산식품부령 또는 해양수산부령으로 정한다.

제34조 (지리적표시권)

① 제32조 제7항에 따라 지리적표시 등록을 받은 자(이하 "지리적표시권자"라 한다)는 등록한 품목에 대하여 지리적표시권을 갖는다.

② 지리적표시권은 다음 각 호의 어느 하나에 해당하면 각 호의 이해당사자 상호간에 대하여는 그 효력이 미치지 아니한다.

1. 동음이의어 지리적표시. 다만, 해당 지리적표시가 특정지역의 상품을 표시하는 것이라고 수요자들이 뚜렷하게 인식하고 있어 해당 상품의 원산지와 다른 지역을 원산지인 것으로 혼동하게 하는 경우는 제외한다.
2. 지리적표시 등록신청서 제출 전에 「상표법」에 따라 등록된 상표 또는 출원심사 중인 상표
3. 지리적표시 등록신청서 제출 전에 「종자산업법」 및 「식물신품종 보호법」에 따라 등록된 품종 명칭 또는 출원심사 중인 품종 명칭
4. 제32조 제7항에 따라 지리적표시 등록을 받은 농수산물 또는 농수산가공품(이하 "지리적표시품"이라 한다)과 동일한 품목에 사용하는 지리적 명칭으로서 등록 대상지역에서 생산되는 농수산물 또는 농수산가공품에 사용하는 지리적 명칭

③ 지리적표시권자는 지리적표시품에 농림축산식품부령 또는 해양수산부령으로 정하는 바에 따라 지리적표시를 할 수 있다. 다만, 지리적표시품 중 「인삼산업법」에 따른 인삼류의 경우에는 농림축산식품부령으로 정하는 표시방법 외에 인삼류와 그 용기·포장 등에 "고려인삼", "고려수삼", "고려홍삼", "고려태극삼" 또는 "고려백삼" 등 "고려"가 들어가는 용어를 사용하여 지리적표시를 할 수 있다.

제35조 (지리적표시권의 이전 및 승계)

지리적표시권은 타인에게 이전하거나 승계할 수 없다. 다만, 다음 각 호의 어느 하나에 해당하면 농림축산식품부장관 또는 해양수산부장관의 사전 승인을 받아 이전하거나 승계할 수 있다.

1. 법인 자격으로 등록한 지리적표시권자가 법인명을 개정하거나 합병하는 경우
2. 개인 자격으로 등록한 지리적표시권자가 사망한 경우

제36조 (권리침해의 금지 청구권 등)

① 지리적표시권자는 자신의 권리를 침해한 자 또는 침해할 우려가 있는 자에게 그 침해의 금지 또는 예방을 청구할 수 있다.

② 다음 각 호의 어느 하나에 해당하는 행위는 지리적표시권을 침해하는 것으로 본다.

1. 지리적표시권이 없는 자가 등록된 지리적표시와 같거나 비슷한 표시(동음이의어 지리적표시의

경우에는 해당 지리적표시가 특정 지역의 상품을 표시하는 것이라고 수요자들이 뚜렷하게 인식하고 있어 해당 상품의 원산지와 다른 지역을 원산지인 것으로 수요자로 하여금 혼동하게 하는 지리적표시만 해당한다)를 등록품목과 같거나 비슷한 품목의 제품·포장·용기·선전물 또는 관련 서류에 사용하는 행위

2. 등록된 지리적표시를 위조하거나 모조하는 행위
3. 등록된 지리적표시를 위조하거나 모조할 목적으로 교부·판매·소지하는 행위
4. 그 밖에 지리적표시의 명성을 침해하면서 등록된 지리적표시품과 같거나 비슷한 품목에 직접 또는 간접적인 방법으로 상업적으로 이용하는 행위

제4장 유전자변형농수산물의 표시

제56조 (유전자변형농수산물의 표시)

① 유전자변형농수산물을 생산하여 출하하는 자, 판매하는 자, 또는 판매할 목적으로 보관·진열하는 자는 대통령령으로 정하는 바에 따라 해당 농수산물에 유전자변형농수산물임을 표시하여야 한다.

② 제1항에 따른 유전자변형농수산물의 표시대상품목, 표시기준 및 표시방법 등에 필요한 사항은 대통령령으로 정한다.

제57조 (거짓표시 등의 금지)

제56조 제1항에 따라 유전자변형농수산물의 표시를 하여야 하는 자(이하 "유전자변형농수산물 표시의무자"라 한다)는 다음 각 호의 행위를 하여서는 아니 된다.

1. 유전자변형농수산물의 표시를 거짓으로 하거나 이를 혼동하게 할 우려가 있는 표시를 하는 행위
2. 유전자변형농수산물의 표시를 혼동하게 할 목적으로 그 표시를 손상·변경하는 행위
3. 유전자변형농수산물의 표시를 한 농수산물에 다른 농수산물을 혼합하여 판매하거나 혼합하여 판매할 목적으로 보관 또는 진열하는 행위

제58조 (유전자변형농수산물 표시의 조사)

① 식품의약품안전처장은 제56조 및 제57조에 따른 유전자변형농수산물의 표시 여부, 표시사항 및 표시방법 등의 적정성과 그 위반 여부를 확인하기 위하여 대통령령으로 정하는 바에 따라 관계 공무원에게 유전자변형표시 대상 농수산물을 수거하거나 조사하게 하여야 한다. 다만, 농수산물의 유통량이 현저하게 증가하는 시기 등 필요할 때에는 수시로 수거하거나 조사하게 할 수 있다.

② 제1항에 따른 수거 또는 조사에 관하여는 제13조 제2항 및 제3항을 준용한다.

③ 제1항에 따라 수거 또는 조사를 하는 관계 공무원에 관하여는제13조 제4항을 준용한다.

제59조 (유전자변형농수산물의 표시 위반에 대한 처분)

① 식품의약품안전처장은 제56조 또는 제57조를 위반한 자에 대하여 다음 각 호의 어느 하나에 해당하는 처분을 할 수 있다.

1. 유전자변형농수산물 표시의 이행·변경·삭제 등 시정명령
2. 유전자변형 표시를 위반한 농수산물의 판매 등 거래행위의 금지

② 식품의약품안전처장은 제57조를 위반한 자에게 제1항에 따른 처분을 한 경우에는 처분을 받은 자에게 해당 처분을 받았다는 사실을 공표할 것을 명할 수 있다.

③ 식품의약품안전처장은 유전자변형농수산물 표시의무자가 제57조를 위반하여 제1항에 따른 처분이 확정된 경우 처분내용, 해당 영업소와 농수산물의 명칭 등 처분과 관련된 사항을 대통령령으로 정하는 바에 따라 인터넷 홈페이지에 공표하여야 한다.

④ 제1항에 따른 처분과 제2항에 따른 공표명령 및 제3항에 따른 인터넷 홈페이지 공표의 기준·방법 등에 필요한 사항은 대통령령으로 정한다.

제5장 농수산물의 안전성조사 등

제60조 (안전관리계획)

① 식품의약품안전처장은 농수산물(축산물은 제외한다. 이하 이 장에서 같다)의 품질 향상과 안전한 농수산물의 생산·공급을 위한 안전관리계획을 매년 수립·시행하여야 한다.

② 시·도지사 및 시장·군수·구청장은 관할 지역에서 생산·유통되는 농수산물의 안전성을 확보하기 위한 세부추진계획을 수립·시행하여야 한다.

③ 제1항에 따른 안전관리계획 및 제2항에 따른 세부추진계획에는 제61조에 따른 안전성조사, 제68조에 따른 위험평가 및 잔류조사, 농어업인에 대한 교육, 그 밖에 총리령으로 정하는 사항을 포함하여야 한다.

④ 식품의약품안전처장은 시·도지사 및 시장·군수·구청장에게 제2항에 따른 세부추진계획 및 그 시행 결과를 보고하게 할 수 있다.

제61조 (안전성조사)

① 식품의약품안전처장이나 시·도지사는 농수산물의 안전관리를 위하여 농수산물 또는 농수산물의 생산에 이용·사용하는 농지·어장·용수(用水)·자재 등에 대하여 다음 각 호의 조사(이하 "안전성조사"라 한다)를 하여야 한다.

1. 농산물
   가. 생산단계: 총리령으로 정하는 안전기준에의 적합 여부
   나. 유통·판매 단계: 「식품위생법」 등 관계 법령에 따른 유해물질의 잔류허용기준 등의 초과 여부
2. 수산물
   가. 생산단계: 총리령으로 정하는 안전기준에의 적합 여부
   나. 저장단계 및 출하되어 거래되기 이전 단계: 「식품위생법」 등 관계 법령에 따른 잔류허용기준 등의 초과 여부

② 식품의약품안전처장은 제1항 제1호가목 및 제2호가목에 따른 생산단계 안전기준을 정할 때에는 관계 중앙행정기관의 장과 협의하여야 한다.

③ 안전성조사의 대상품목 선정, 대상지역 및 절차 등에 필요한 세부적인 사항은 총리령으로 정한다.

제62조 (출입·수거·조사 등)

① 식품의약품안전처장이나 시·도지사는 안전성조사, 제68조 제1항에 따른 위험평가 또는 같은 조 제3항에 따른 잔류조사를 위하여 필요하면 관계 공무원에게 농수산물 생산시설(생산·저장소, 생산에 이용·사용되는 자재창고, 사무소, 판매소, 그 밖에 이와 유사한 장소를 말한다)에 출입하여 다음 각 호의 시료 수거 및 조사 등을 하게 할 수 있다. 이 경우 무상으로 시료 수거를 하게 할 수 있다.

1. 농수산물과 농수산물의 생산에 이용·사용되는 토양·용수·자재 등의 시료 수거 및 조사
2. 해당 농수산물을 생산, 저장, 운반 또는 판매(농산물만 해당한다)하는 자의 관계 장부나 서류의 열람

② 제1항에 따른 출입·수거·조사 또는 열람을 하고자 할 때는 미리 조사 등의 목적, 기간과 장소, 관계 공무원 성명과 직위, 범위와 내용 등을 조사 등의 대상자에게 알려야 한다. 다만, 긴급한 경우 또는 미리 알리면 증거인멸 등으로 조사 등의 목적을 달성할 수 없다고 판단되는 경우에는 현장에서 본문의 사항 등이 기재된 서류를 조사 등의 대상자에게 제시하여야 한다.

③ 제1항에 따라 출입·수거·조사 또는 열람을 하는 관계 공무원은 그 권한을 나타내는 증표를 지니고 이를 조사 등의 대상자에게 내보여야 한다.

④ 농수산물을 생산, 저장, 운반 또는 판매하는 자는 제1항에 따른 출입·수거·조사 또는 열람을 거부·방해하거나 기피하여서는 아니 된다.

第63조 (안전성조사 결과에 따른 조치)

① 식품의약품안전처장이나 시·도지사는 생산과정에 있는 농수산물 또는 농수산물의 생산을 위하여 이용·사용하는 농지·어장·용수·자재 등에 대하여 안전성조사를 한 결과 생산단계 안전기준을 위반하였거나 유해물질에 오염되어 인체의 건강을 해칠 우려가 있는 경우에는 해당 농수산물을 생산한 자 또는 소유한 자에게 다음 각 호의 조치를 하게 할 수 있다.

1. 해당 농수산물의 폐기, 용도 전환, 출하 연기 등의 처리
2. 해당 농수산물의 생산에 이용·사용한 농지·어장·용수·자재 등의 개량 또는 이용·사용의 금지, 2의2. 해당 양식장의 수산물에 대한 일시적 출하 정지 등의 처리
3. 그 밖에 총리령으로 정하는 조치

② 식품의약품안전처장이나 시·도지사는 제1항제1호에 해당하여 폐기 조치를 이행하여야 하는 생산자 또는 소유자가 그 조치를 이행하지 아니하는 경우에는「행정대집행법」에 따라 대집행을 하고 그 비용을 생산자 또는 소유자로부터 징수할 수 있다.

③ 제1항에도 불구하고 식품의약품안전처장이나 시·도지사가「광산피해의 방지 및 복구에 관한 법률」제2조 제1호에 따른 광산피해로 인하여 불가항력적으로 제1항의 생산단계 안전기준을 위반하게 된 것으로 인정하는 경우에는 시·도지사 또는 시장·군수·구청장이 해당 농수산물을 수매하여 폐기할 수 있다.

④ 식품의약품안전처장이나 시·도지사는 유통 또는 판매 중인 농산물 및 저장 중이거나 출하되어 거래되기 전의 수산물에 대하여 안전성조사를 한 결과「식품위생법」등에 따른 유해물질의 잔류허용기준 등을 위반한 사실이 확인될 경우 해당 행정기관에 그 사실을 알려 적절한 조치를 할 수 있도록 하여야 한다.

4) 친환경농업육성법

[시행 2009. 4. 1.] [법률 제9623호, 2009. 4. 1., 일부개정]

제1장 총칙

제1조 (목적)

이 법은 농업의 환경보전기능을 증대시키고, 농업으로 인한 환경오염을 줄이며, 친환경농업을 실천하는 농업인을 육성하여 지속가능하고 환경친화적인 농업을 추구함을 목적으로 한다.

제2조 (정의)

이 법에서 사용하는 용어의 뜻은 다음과 같다.

1. "친환경농업"이란 합성농약, 화학비료 및 항생·항균제 등 화학자재를 사용하지 아니하거나 사용을 최소화하고 농업, 축산업, 임업 부산물의 재활용 등을 통하여 농업생태계와 환경을 유지, 보전하면서 안전한 농, 축, 임산물(이하 "농산물"이라 한다)을 생산하는 농업을 말한다.
2. "친환경농산물"이란 친환경농업을 경영하는 과정에서 생산된 농산물을 말한다.
3. "친환경농업기술"이란 친환경농업을 경영하는 데 이용되는 농법이나 이론 또는 자재의 생산방법 등을 말한다.

제3조 (국가와 지방자치단체의 책무)

① 국가는 친환경농업에 관한 기본계획과 정책을 세우고 지방자치단체 및 농업인 등의 자발적 참여를 촉진하는 등 친환경농업을 진흥시키기 위한 종합적인 시책을 추진하여야 한다.

② 지방자치단체는 관할 구역의 지역적 특성을 고려하여 친환경농업에 관한 정책을 세우고 적극적으로 추진하여야 한다.

제4조 (농업인의 책무)

농업인은 화학자재의 사용을 최소화하는 등 환경친화적인 농법을 실천하여 영농활동으로 인한 오염을 줄임으로써 환경을 보전하고 친환경농산물을 생산하는 농업을 경영할 수 있도록 노력하여야 한다.

제5조 (민간단체의 역할)

친환경농업의 연구와 친환경농산물의 생산, 유통, 소비촉진의 목적을 위하여 구성된 민간단체(이하 "민간단체"라 한다)는 국가와 지방자치단체의 친환경농업 시책에 협조하고 그 회원들과 농업인 등에게 필요한 교육, 훈련, 기술개발, 영농지도를 함으로써 친환경농업의 발전을 위하여 노력하여야 한다.

제2장 친환경농업 육성 및 지원

제6조 (친환경농업 육성계획)

① 농림수산식품부장관은 관계 중앙행정기관의 장과 협의하여 5년마다 친환경농업의 발전을 위한 친환경농업 육성계획(이하 "육성계획"이라 한다)을 세워야 한다.

② 육성계획에는 다음 각 호의 사항이 포함되어야 한다.

1. 농업 분야의 환경보전을 위한 정책목표 및 기본방향
2. 농업의 환경오염 실태 및 개선대책
3. 합성농약, 화학비료 및 항생, 항균제 등 화학자재 사용량 감축 방안
4. 친환경농업의 발전을 위한 각종 기술개발 방안
5. 친환경농업시범단지 육성 방안
6. 친환경농산물의 생산, 유통의 활성화 및 소비촉진 방안
7. 농업의 공익적 기능 증대 방안
8. 친환경농업의 발전을 위한 국제협력 강화 방안
9. 육성계획 추진 재원의 조달 방안
10. 민간인증기관의 육성 방안
11. 그 밖에 친환경농업의 발전을 위하여 농림수산식품부령으로 정하는 사항

③ 농림수산식품부장관은 제1항 및 제2항에 따라 세운 육성계획을 특별시장, 광역시장, 도지사 또는 특별자치도지사(이하 "시, 도지사"라 한다)에게 알려야 한다.

제7조 (친환경농업 실천계획)

① 시, 도지사는 육성계획에 따라 친환경농업을 발전시키기 위한 시, 도 실천계획을 세우고 시행하여야 한다.

② 시, 도지사는 제1항에 따라 시, 도 실천계획을 세울 때에는 이를 농림수산식품부장관에게 제출하고, 시장, 군수, 자치구의 구청장(이하 "시장, 군수"라 한다)에게 알려야 한다.

③ 시장, 군수는 시, 도 실천계획에 따라 친환경농업을 발전시키기 위한 시, 군 실천계획을 세워 시, 도지사에게 제출하고 이를 적극 추진하여야 한다.

제9조 (농업으로 인한 환경오염 방지)

① 국가와 지방자치단체는 농약, 비료, 축산분뇨, 폐영농자재 등 농업으로 인하여 발생하는 환경오염을 방지하기 위하여 농약의 안전사용기준 및 잔류허용기준 준수, 비료의 작물별 살포기준량 준수, 축산분뇨의 방류수수질기준 준수 및 폐영농자재 투기(投棄) 방지 등의 시책을 적극 추진하여야 한다.

② 제1항에 따른 시책을 추진할 때 「농약관리법」 제23조, 「수질 및 수생태계 보전에 관한 법률」 제58조, 「가축분뇨의 관리 및 이용에 관한 법률」 제13조에 따른 기준을 적용한다.

제10조 (농업자원의 보전 및 농업환경의 개선)

① 국가와 지방자치단체는 농지, 농업용수, 대기 등 농업자원을 보전하고 토양개량, 수질개선 등 농업환경을 개선하기 위하여 농경지 개량, 농업용수 오염방지, 온실가스 발생 최소화 등의 시책을 적극 추진하여야 한다.

② 제1항에 따른 시책을 추진할 때 「토양환경보전법」 제4조의2 및 제16조, 「환경정책기본법」 제10조에 따른 기준을 적용한다.

제11조 (농업자원 및 농업환경의 실태조사)

① 농림수산식품부장관 또는 지방자치단체의 장은 농업자원의 보전 및 농업환경의 개선을 위하여 농림수산식품부령으로 정하는 바에 따라 다음 각 호의 사항을 주기적으로 조사하여야 한다.

1. 농경지의 비옥도(肥沃度), 중금속, 농약성분, 토양미생물 등의 변동사항
2. 농업용수로 이용되는 지표수와 지하수의 수질
3. 농약·비료 등 농업투입재의 사용 실태
4. 농업의 수자원 함양, 토양보전 등 공익적 기능 실태
5. 그 밖에 농업자원의 보전 및 농업환경의 개선을 위하여 필요한 사항

② 농림수산식품부장관은 농림수산식품부 소속 기관의 장 또는 그 밖에 농림수산식품부령으로 정하는 자에게 제1항에 규정한 사항을 조사하게 할 수 있다.

제12조 (다른 사람 토지의 출입)

① 농림수산식품부장관 또는 지방자치단체의 장은 제11조에 따른 농업환경의 실태조사를 위하여 필요하면 관계 공무원에게 해당 지역 또는 그 지역에 인접한 다른 사람의 토지에 출입하게 하거나 조사에 필요한 최소량의 조사 시료(試料)를 채취하게 할 수 있다.

② 토지의 소유자, 점유자 또는 관리인은 정당한 사유 없이 제1항에 따른 조사행위를 거부, 방해 또는 기피할 수 없다.

③ 제1항에 따라 타인의 토지에 출입하려는 사람은 그 권한을 표시하는 증표를 지니고 이를 관계인에게 내보여야 한다.

제13조 (친환경농업기술의 개발 및 보급)

① 농림수산식품부장관 또는 지방자치단체의 장은 친환경농업을 발전시키기 위하여 친환경농업기술의 연구개발과 보급 및 지도에 필요한 시책을 마련하여야 한다.

② 농림수산식품부장관 또는 지방자치단체의 장은 친환경농업기술 및 자재를 연구개발, 보급 또는 지도하는 자에게 이에 필요한 비용을 지원할 수 있다.

제14조 (친환경농업에 관한 교육훈련)

농림수산식품부장관 또는 지방자치단체의 장은 친환경농업의 발전을 위하여 농업인 또는 관계 공무원에 대하여 교육훈련을 실시하여야 한다.

제15조 (친환경농업기술의 교류 및 홍보 등)

① 국가·지방자치단체·민간단체 및 농업인은 친환경농업기술을 서로 교류하여 친환경농업의 발전에 노력하여야 한다.

② 농림수산식품부장관 또는 지방자치단체의 장은 친환경농업의 효율적인 추진을 위하여 우수사례를 발굴, 홍보하여야 한다.

제3장 친환경농산물의 유통관리

제16조 (친환경농산물의 분류)

① 친환경농산물은 생산방법과 사용자재 등에 따라 유기농산물과 무농약농산물(축산물의 경우 무항생제축산물이라 한다)로 분류한다. 아래 1과 2의 내용은 개정안에 포함된 내용임.

1. 친환경농산물 인증, 우수농산물 인증 등 복잡한 농산물 인증표시제에 따른 소비자의 혼란을 방지하기 위하여 유기농산물, 무농약농산물 및 저농약농산물로 분류되는 친환경농산물의 분류를 정비할 필요가 있음.
2. 친환경농산물 분류 중 신뢰도가 낮은 저농약농산물을 2010년 1월 1일부터 폐지하되, 종전에 저농약농산물 인증을 받은 자에 대하여 2015년 12월 31일까지 유효기간을 연장할 수 있도록 함.

② 친환경농산물의 생산을 위한 자재의 사용 등에 대한 구체적인 기준은 농림수산식품부령으로 정한다.

제17조 (친환경농산물의 인증)

① 농림수산식품부장관은 친환경농업의 육성과 소비자보호를 위하여 농산물이 제16조 제1항에 따른 친환경농산물임을 인증할 수 있다.

② 제1항에 따라 친환경농산물의 인증을 받은 친환경농산물(이하 "인증품"이라 한다)의 포장·용기 등에 농림수산식품부령으로 정하는 바에 따라 친환경농산물의 도형 또는 문자의 표시(이하 "친환경농산물표시"라 한다)를 할 수 있다.

③ 제1항에 따른 친환경농산물의 인증기준 등에 필요한 사항은 농림수산식품부령으로 정한다.

제17조의2 (인증기관의 지정)

① 농림수산식품부장관은 친환경농산물의 인증에 필요한 인력과 시설을 갖춘 자를 인증기관으로 지정하여 제17조 제1항에 따른 친환경농산물의 인증(이하 "친환경농산물인증"이라 한다)을 하게 할 수 있다. 이 경우 농림수산식품부장관은 대한민국 외의 국가에서 생산하여 국내로 수입되는 농산물에 대하여 친환경농산물인증을 하고자 할 때에는 해당 국가에서 친환경농산물인증에 필요한 인력과 시설을 갖춘 자를 인증기관으로 지정할 수 있다.

② 제1항에 따라 인증기관의 지정을 받으려는 자는 농림수산식품부령으로 정하는 바에 따라 농림수산식품부장관에게 신청하여야 한다.

③ 제1항에 따른 인증기관 지정의 유효기간은 지정을 받은 날부터 5년으로 한다.

④ 제3항에 따른 지정의 유효기간이 끝난 후에도 인증업무를 계속하려는 자는 5년마다 그 유효기간이 끝나기 전에 재지정을 받아야 한다.

⑤ 제1항에 따른 인증기관의 지정기준, 인증업무의 범위 등과 제4항에 따른 재지정의 요건 및 절차 등에 필요한 사항은 농림수산식품부령으로 정한다.

제17조의3 (인증의 신청 및 심사)

① 친환경농산물을 생산하거나 수입하는 자 또는 인증품을 재포장하여 유통하는 자는 친환경농산물인증을 받으려면 농림수산식품부령으로 정하는 바에 따라 농림수산식품부장관 또는 제17조의2 제1항에 따라 인증기관으로 지정받은 자(이하 "인증기관"이라 한다)에게 신청하여야 한다. 다만, 제17조의5 각 호의 규정을 위반하여 벌금 이상의 형을 선고(집행유예선고를 포함한다)받은 자는 형이 확정된 날부터, 제18조의2에 따라 인증이 취소된 자는 취소된 날부터 각각 1년이 지나지 아니하면 인증을 신청할 수 없다.

② 제1항에 따라 인증신청을 받은 농림수산식품부장관 또는 인증기관은 그 인증신청이 제17조제3항에 따른 인증기준(이하 "인증기준"이라 한다)에 맞는지를 심사하여야 한다.

③ 제2항에 따른 인증심사 결과에 대하여 이의가 있는 자는 그 인증심사를 한 농림수산식품부장관 또

는 인증기관에 재심사를 신청할 수 있다.

④ 제1항에 따른 재포장의 범위와 제2항 및 제3항에 따른 심사 및 재심사의 절차·방법 등에 필요한 사항은 농림수산식품부령으로 정한다.

제17조의4 (인증의 유효기간)

① 친환경농산물인증의 유효기간은 인증을 받은 날부터 2년으로 한다. 다만, 유기농산물의 경우에는 1년으로 한다.

② 제1항에 따른 인증의 유효기간은 농림수산식품부령으로 정하는 바에 따라 2년(유기농산물의 경우에는 1년)을 초과하지 아니하는 범위에서 기간을 연장할 수 있다.

제17조의5 (부정행위의 금지 등)

누구든지 다음 각 호의 어느 하나에 해당하는 행위를 하여서는 아니 된다.

1. 거짓이나 그 밖의 부정한 방법으로 친환경농산물인증을 받는 행위
2. 인증품이 아닌 농산물에 친환경농산물표시 또는 이와 유사한 표시(친환경농산물로 오인될 우려가 있는 외국어표시를 포함한다. 이하 같다)를 하거나, 인증품에 친환경농산물인증을 받은 내용과 다르게 표시를 하는 행위
3. 인증품에 인증품이 아닌 농산물을 혼합하여 판매하는 행위 또는 판매할 목적으로 보관·운반 또는 진열하는 행위
4. 친환경농산물표시 또는 이와 유사한 표시를 한 인증품이 아닌 농산물 또는 친환경농산물인증을 받은 내용과 다르게 표시를 한 농산물임을 알고 그 농산물을 판매하는 행위 또는 판매할 목적으로 보관·운반 또는 진열하는 행위
5. 인증품이 아닌 농산물을 제16조 제1항에 따른 친환경농산물로 광고하거나 친환경농산물인증을 받은 내용과 다르게 인증품을 광고하는 행위

제17조의6 (인증기관의 지정취소 등)

① 농림수산식품부장관은 인증기관이 다음 각 호의 어느 하나에 해당하면 그 지정을 취소하거나 6개월 이내의 기간을 정하여 그 업무의 전부 또는 일부의 정지를 명할 수 있다. 다만, 제1호의 경우에는 그 지정을 취소하여야 한다.

1. 거짓이나 그 밖의 부정한 방법으로 지정을 받은 경우
2. 정당한 사유 없이 1년 이상 계속하여 인증을 하지 아니한 경우
3. 제17조의2 제5항에 따른 지정기준에 맞지 아니하게 된 경우
4. 제18조 제1항에 따른 검사 또는 확인 등의 결과 인증품이 인증기준에 맞지 아니한 것으로 인정된 경우로서 그 원인이 인증기관의 고의 또는 중대한 과실로 인한 것인 경우

② 농림수산식품부장관은 인증기관이 제1항에 따른 업무정지 명령을 위반하여 정지기간 중 인증을 하였을 때에는 그 지정을 취소할 수 있다.

③ 제1항 또는 제2항에 따라 인증기관의 지정이 취소된 후 2년이 지나지 아니한 자는 인증기관으로 지정을 받을 수 없다.

④ 제1항에 따른 행정처분의 세부적인 기준은 위반행위의 유형 및 위반 정도 등을 고려하여 농림수산식품부령으로 정한다.

제17조의7 (승계)

① 다음 각 호의 어느 하나에 해당하는 자는 친환경농산물인증을 받은 자 또는 인증기관의 지위를 승계한다.

1. 친환경농산물인증을 받은 자가 사망한 경우 그 인증품을 계속하여 생산, 수입 또는 유통하려는 상속인
2. 친환경농산물인증을 받은 자 또는 인증기관이 그 사업을 양도한 경우 그 양수인
3. 법인인 친환경농산물인증을 받은 자 또는 인증기관이 합병한 경우 합병 후 존속하는 법인이나 합병으로 설립되는 법인

② 제1항에 따라 인증기관의 지위를 승계한 자는 농림수산식품부장관에게, 친환경농산물인증을 받은 자의 지위를 승계한 자는 해당 인증기관(그 인증기관의 지정이 취소된 경우에는 농림수산식품부장관을 말한다)에 그 사실을 각각 신고하여야 한다.

③ 제2항에 따른 신고에 필요한 사항은 농림수산식품부령으로 정한다.

제18조 (표시 변경의 명령 등)

① 농림수산식품부장관은 인증품의 검사 또는 생산·유통과정 확인 등을 하여 인증기준에 맞지 아니하거나 제17조의5를 위반하는 부정행위가 있다고 인정할 때에는 친환경농산물인증을 받은 자 또는 그 인증품의 유통업자에게 그 인증품의 친환경농산물표시의 변경, 사용정지 또는 판매금지 등 필요한 조치를 명할 수 있다.

② 제1항에 따른 인증품의 검사 또는 생산·유통과정 확인 등에 관하여는 「농산물품질관리법」 제10조를 준용한다.

③ 제1항에 따른 행정처분의 구체적인 기준은 농림수산식품부령으로 정한다.

제18조의2 (인증의 취소)

농림수산식품부장관 또는 인증기관은 친환경농산물인증을 받은 자가 다음 각 호의 어느 하나에 해당하면 그 인증을 취소할 수 있다. 다만, 제1호의 경우에는 그 인증을 취소하여야 한다.

1. 거짓이나 그 밖의 부정한 방법으로 인증을 받은 경우
2. 제18조제1항에 따른 검사 또는 확인 등의 결과 인증기준에 현저하게 맞지 아니한 경우
3. 정당한 사유 없이 제18조제1항에 따른 표시 변경, 사용정지 또는 판매금지 등의 명령에 따르지 아니한 경우

제18조의3 (보고 및 점검 등)

① 농림수산식품부장관은 이 법의 시행을 위하여 필요하다고 인정할 때에는 인증기관 또는 친환경농산물인증을 받은 자에 대하여 업무에 관한 사항을 보고하게 하거나 자료를 제출하게 할 수 있으며, 관계 공무원에게 사무소 등을 출입하여 관계 서류나 시설·장비 등을 점검하게 할 수 있다.

② 인증기관과 친환경농산물인증을 받은 자는 농림수산식품부령으로 정하는 바에 따라 인증심사자료, 영농자재의 사용 및 인증품 거래에 관한 자료 등 관련 문서를 갖추고 보존하여야 한다.

③ 제1항에 따라 출입·점검을 하는 공무원은 그 권한을 표시하는 증표를 지니고 이를 관계인에게 내보여야 한다.

제19조 (친환경농산물 생산·유통지원)

① 농림수산식품부장관 또는 지방자치단체의 장은 예산의 범위에서 친환경농산물 생산자, 생산자단체, 유통업자 및 인증기관에 대하여 시설 설치자금 등 필요한 지원을 할 수 있다.

② 친환경농산물 생산·유통에 대한 지원은 친환경농업에 대한 기여도에 따라 할 수 있다.

제19조의2 (인증품 정보의 표시 권고)

농림수산식품부장관은 인증품을 생산, 수입 또는 유통하는 자에게 그 인증품의 생산방법과 사용자재 등에 관한 정보를 소비자가 쉽게 알아볼 수 있도록 표시할 것을 권고할 수 있다.

제20조 (우선구매)

① 농림수산식품부장관 또는 지방자치단체의 장은 친환경농산물의 구매를 촉진하기 위하여 공공기관의 장 및 농업 관련 단체의 장 등에게 친환경농산물의 우선구매를 하도록 요청할 수 있다.

② 국가 또는 지방자치단체는 친환경농산물의 소비촉진을 위하여 제1항에 따라 우선구매를 하는 공공기관 및 농업 관련 단체 등에 예산의 범위에서 재정 등 필요한 지원을 할 수 있다.

–이하 생략–

5. 한영색인(Korean-English Index)

(ㄱ)

가축 (livestock) 12 16 24 28 67 103–104 106 110 114 117 131 133 146–144 146 152 156–159 161 175 178–179 181 183 196 199 203 210 221
감귤류 (Citrus) 82 85 89 214
감마–토코페놀 (γ–tocotrienol) 90
감자 잎말이 바이러스 (potato leaf roll virus) 60
감자 (potato) 13 15 59–60 62 67 73 82 187 214
개량3포식농법 (modified three course rotation) 104–105
결구 (heading) 48 97
경제연구청 (economic research service, ERS) 58
경제협력개발기구 (organization for economic cooperation and development, OECD) 66 195 220
고상 (solid phase) 18
공극 (pore space) 20–21
과수원 (orchard soil) 24 29 32 50 105 186 191 203
관개농업 (irrigation farming) 37
관행농산물 (customary agricultural product) 165 197
관행농업 생태계 (conventional agricultural ecosystem) 160 162
광도 (light intensity) 33
광우병 (bovine spongiform encephalopathy) 176 207
광질 (light quality) 33
광화학적 분해 (photochemical decomposition) 185
교배 (crossing) 42 51–52 67 96
교질물 (colloid) 18
구별성 (distinctness) 51
국제무역센터 (International trade center, ITC)
국제식품규격위원회 (codex alimentarius commission, CAC) 143–144 152 157 187 193 196 214 218
국제신품종보호동맹 (international union for the protection of new varieties of plants, UPOV) 50
국제연합환경회의 (united nation environment programs, UNEP) 66
국제유기농업연맹 (international federation of organic agriculture movement, IFOAM) 143 152 156 196
귀리 (oat) 82–83 89
균일성 (uniformity) 51
글레이층 (gley horizon) 25
글리포세이트 (glyphosate, 근사미) 53
기능성 농산물 (functional farm produce) 91 93–94 101–102
기능성 식품 (functional food) 78–80 85 88 224
기상 (gaseous phase) 18
기상생태형 (meteorological ecotype) 48
기상학 (meteorology) 224
기피제 (repellent) 121 124
기후 (climate) 17 24 32 35 37 44 97 106 131 134–135 221 226
기후그린 (gifu green) 97
나린진 (naringin) 85 89
내건성 (drought resistance) 48
내서성 (heat tolerance) 49

(ㄴ)

냉해 (cold injury) 33 41
노킹방지제 (antiknocking agent) 179
노퍽식 농법 (Norfolk four-course system) 104–105
녹색혁명 (green revolution) 155 169
녹차 (tea) 86–87 89 172
논토양 (lowland soil) 25 27 115–116 186 188
농산물우수관리 (good agriculture practice, GAP) 235–236
농산물이력추적관리 (traceability) 236–237
농산물의 품질 (Agricultural Produce Quality) 47 78 178
농약 (pesticides) 121–122 183 217
농약허용기준강화제도 (positive list system, PLS) 96 101 218

니트로소아민 (nitrosoamine) 36

(ㄷ)
다비재배 (heavy fertilizing culture) 27 29 114
다이옥신 (dioxin) 173–175 180–181 190–192 207 226
단일성작물 (short day crop) 33
달란조사(visual score) 201
대기 (atmosphere) 11 21–23 32 34–35 37–39 109 313 141 154 171–172 178–183 185 192 205
대사 (metabolism) 72 85 88 109 112 126 164 171 177–178 181
대체농법 (alternative agriculture) 144
뎅기열 (breakbone fever) 35
도열병 (blast) 45 60
도입 (introduction) 52
도하개발어젠다(Doha development agenda) 207
독성등가 (toxicity equivalency quotient, TEQ) 181
동물복지 (animal welfare) 156 159 203
동상해 (freezing injury) 33
동식물검역청 (animal and plant health inspection service, APHIS) 76
들깨 (Perilla) 59 87–89 93 99
디디티 (DDT) 129 154 173–174 184–187 190

(ㄹ)
라운드업 (Roundup, Glyphosate) 53
라이코펜 (lycopene) 84
락투신 (lactucin) 92
레이첼 카슨 (Rachel Carson, 1907–1964 미국 해양생물학자) 129
로데일 (Rodale, 1899~1971) 153–154
리그난 (lignan) 87–88
리놀레산 (linoleic acid) 87
리놀레익산 (linolenic acid) 87
리모넨 (limonene) 85
리비히 (Liebig, 1803–1873 독일 화학자) 105

(ㅁ)
마그마 (magma) 17
마늘 (garlic) 52 82 84–85 89 93
만추대성 (later-bolting) 48
맞춤농작물 (designer crop) 80 98
매개체 (mediator) 68–69
맬서스 (Malthus) 41
메르크론 (mercron, 종자소독제) 155
멘델 (Mendel, 1865) 14
모래 (sand) 17–20 24 30 38
몬산토 (Monsanto) 54
무농약농산물 (pesticide–free produce) 133 195 199–200 203 207 222
무독성량 (no observed adverse effect level, NOAEL) 187
물질순환 (material cycle) 22 162
미국 국립보건원 (national institutes of health, NIH) 66 76
미국 농업통계청 (national agriculture statistics service, NASS) 58
미국 유기농무역협회 (organic trade association, OTA) 168
미국 항공우주국 (national aeronautics and space administration, NASA) 38
미국 환경보호국 (environmental protection agency, EPA) 76
미량원소 (trace elements) 27 95 110 113 183
미사 (silt) 18–20 31
미생물에 의한 분해 (degradation by microorganism) 185
밀식 재배 (intensive culture) 50

(ㅂ)
바빌로프 (Vavilov, 1887~1743 소련 식물유전육종학자) 14
바실러스 튜링겐시스 (Bacillus thuringiensis, Bt) 53 55 60 63 73–75 174 227
바이오매스 (biomass) 22
발리다마이신 (validamycin, 균사성 담자균의 생장을 억제제) 170
밭토양 (upland soil) 18 24–28 31 115–116 186 225
배출 (excretion) 16 21 34 36 75 77 119 140

164 175 178–182 189–190 193
백색혁명 (white revolution) 27
번식 (propagation) 11 50–51 73–74 144 159
베로독소 (verotoxin, 아프리카원숭이 독소) 176
베타–아이오논 (β-ionon) 90
베타–카로틴 (β-carotine) 86 88
변이 (variation) 40 51 64 67 72 171
병원성 대장균 (O–157) 176 207
병해충 저항성 (pest resistance) 45 98
병해충종합관리 (integrated pest management, IPM) 129–130 132 144–145
보르도액 (bordeaux mixture) 148
보조제 (adjuvant) 121 125 129
복합형질 (stacked character) 58
부성분 (secondary component) 111i
부식 (humus) 17–18 20–22 26 32 36 118 153 161
분자농업 (molecular farming) 99
브라질 땅콩 (brazil nut) 69
브로콜리 (broccoli) 82 85 89
비료의 5요소 (five elements of fertilizer) 110
비만 세포 (mast cell) 69
비타민 C (vitamin C) 85 88 92–93 99–100 172
비활성 (inert) 125

(ㅅ)
사료 (animal feeds) 54 125 132 143 144 152 158–159 161 175–176 178–179 181 199 203–204 209
사막화 (desertification) 20 30 33 36–38
사양토 (sandy loam) 18
사염화탄소 (CCl_4) 39
사이토카인 (cytokine) 68
산성물질 (acidifying substances) 34 183
산성비 (acid rain) 33 35–36 111 172 183
산지 (mountain land) 23 30 103
살균제 (fungicide) 105 121 124 126 143 165 172 175 183 185 190 220
살비제 (miticide) 121 125
살서제 (redenticide) 121
살선충제 (nematocide) 125
살충제 (insecticide) 73–74 76 93 95 121 124 126 128 143 165 171 173 183 185 188 190 215 220
삼요소 (three major nutrients, NPK) 105 110
삼포식농법 (three course rotation) 104–105
상업농 (commercial agriculture) 163
생계농 (subsistence agriculture) 163
생명공학 (biotechnology, BT) 52 55 96 227
생명공학식품 (bioengineered food, BE) 52 54 63
생명공학작물 (genetically modified crop) 52
생명공학적 제조식품 (derived from Bioengineering food, DB) 54 63
생물농축 (bioaccumulation) 129 173 180 184 190
생물지리화학적 순환 (biogeochemical cycle) 22
생물활성수 (bioactive water) 148
생산이력추적제 (traceability) 208
생식 (reproduction) 51 67 70 174
생육상 (growth phase) 48
석회보르도액 (lime Bordeaux) 148
선발 (selection) 14 70
선발마커 (selection marker) 70
설포라판 (sulforaphane) 85
세계무역기구(world trade organization, WTO) 93 207
세계보건기구 (world health organization, WHO) 66 69–70 152 169 187 217
세사민 (sesamin) 88
세토 (fine earth) 18
세포질 웅성불임성 (cytoplasmic male sterility) 41 43 59
쇠비름 (Portulaca oleracea) 94
수량 증대 (increase in quantity) 41 60
수확절감의 법칙 (law of diminishing returns) 113
순환농업 (circular agriculture) 104 142
슈퍼 잡초 (super-weed) 66 75
스모그 (smog) 34
시비기준 (fertilization standard) 114 118–120 133
시설재배지 (facility cultivation soil) 24 27–28 30–31 115
식량작물 (food crops) 13

식물생장조절제 (plant growth regulator) 121 125
식물영양소 (plant nutrients) 109 183
식물화학물질 (phytochemicals) 82
식양토 (clay loam) 18
식품영양위원회 (institute of medicine's food and nutrition board, IOM/FNB) 79
신규성 (novelty) 51
십자화과 채소 (Cruciferous) 85
쌀겨농법 (rice bran farming method) 147
쌈추 (Korean cabbage) 96-97 99

(ㅇ)
안전사용기준 (safe use standard of agricultural chemicals) 132-133 186 188 200 204 208-210 217 219
안전성 (safety) 61 66-68 70-73 76-77 90 101-102 119 126 129 132 144-145 149-150 170-171 175 178-179 210-213 215-217
안전성 확보 (safety assurance) 77 150 178 192 211 215
안정성 (stability) 51
알리네이스 (allinase) 84
알리신 (allicin) 84
알리움 (Allium) 84
알린 (alline) 84
액상 (liquid phase) 18 127 188
양분종합관리 (integrated nutrient management, INM) 118 132 144-145
양이온치환용량 (cation exchange capacity, CEC) 22
양질사토 (loam sand) 18
양토 (loam) 18
에너지 이동 (energy flow) 22
에피카테킨 (epicatechin) 86
열해 (heat injury) 33
염류 (salinity) 183
염류집적 (salt accumulation) 24 27-28 31 115 164
염화불화탄소 (chlorofluorocarbon, CFCs) 38-39
영허용량 (zero tolerance) 209
오존층 파괴 (ozone depletion) 38
오존층 (ozone layer) 38
요소 (urea) 105 111
용탈 (leaching) 17 26 145 185 204
우수농산물관리제도 (good agricultural practices, GAP) 208 235-236
운반체 (vector) 52
원시농경 (primitive farming) 103 105
웰빙 (well-being) 78
위해물질 (hazardous substance) 163-164 178
유기농산물 (organically farmed produce) 132 143 150 153 156 161 193 196-197
유기농업 생태계 (organic farming ecosystem) 161-162
유기농업 (organic farming, 친환경농업) 150 153 161
유기식품 국가기준 (national organic program, NOP)
유기식품생산법 (organic foods production act, OFPA) 196
유엔식량농업기구 (food and agricultural organization, FAO) 69-70 152 169 187 217 220
유전자변형농산물 (genetically modified organisms, GMO) 52 54 56 59 61-63 66-67 71-78 158 159 210
유전자변형농산물 (living modified organism, LMO) 52 54 57
유전자운반체 (vector) 52
유전자의 발현 (gene expression) 52
유전자전환 (gene transformation) 52
유전적 다양성 (genetic diversity) 14
유전적 오염 (genetic contamination) 66 74
유해 무기물질 (hazardous inorganics) 183
유해 유기물질 (hazardous organic chemicals) 183
유해성분 (pernicious ingredient) 72 111
유효성분 (active ingredient, ai) 111 126
유효토심 (effective soil depth) 24-25
육종 (breeding) 14 52
윤작 (crop rotation) 16 104-105 122 132 139 143-144 150 157-158 161 165 196-197 204

이동경작 (shifting culture) 103
이모작 (double cropping) 146
이소티오시아네이트 (isothiocyanate, SCN) 94
이질적인 합성화합물 (xenobiotics) 184
이포식농법 (two field course) 104–105
이피엔 (EPN, 살충제 농약) 155 215
인체 (human body) 109
인티빈 (intybin) 91–92
일시수확형 (once–over harvest) 49
일일섭취허용량 (acceptable daily intake, ADI) 170–171 187 227
일장 (day length) 33
입경구분 (soil separate) 18
잎집무늬마름병 (sheath blight) 60

(ㅈ)
자갈 (gravel) 18
자연농업 (natural farming) 145–146 155
자유무역협정 (free trade agreement, FTA) 207
작물 (crop) 12 33 52 80 227
작용기작 (mode of action) 118 124 126 유
잔류성 유기오염물질 (persistent organic pollutants, POPs) 189–190
잡초 (weed) 12 41 49 53 60–61 65–66 74–76 103–104 121–123 125–129 145 147 150 158 161 169 198 204 222
장일성작물 (long day crop) 33
저투입 농업 (low–input agriculture) 133 141
저투입 지속농업 (low input sustainable agriculture) 141 144
전환기유기농산물 (transitional organic agricultural product) 133 166 195 200 203–205 207
점적관개 (trickle irrigation) 93–94
점토 (clay) 18
제왕나비 (Monarch butterfly) 75–77
제제형태 (formulation type) 16 110 118 125–126 165
제초제 (herbicide) 52–55 59 60–61 75–76 93 96 98 105 121 124 126 132 143–144 147 160–161 165 169 171 173–174 183 185 195 215 220
조만성 (earliness) 44
종간 교잡 (interspecies crossing) 97
종자춘화형 (seed vernalization type) 48
종합방제 (integrated control) 129
종합적유해생물관리 (comprehensive hazardous organization management) 129
주년재배 (year–round culture) 48
주문배합비료 (bulk–blending fertilizer, BB) 30 116–118 120 173
주성분 (main ingredient) 111
지각 (earth crust) 22 109
지구온난화 (global warming) 34–35 37–38 164 225
지리적 표시제 (geographical indication system) 237–238
지속가능한 농업 (sustainable agriculture) 118 132 142 164 192 195 207
직접지불 (direct payment) 138 140
직파 적응성 (adaptability to direct drilling) 49
질소산화물 (nitrogen oxide) 34 36

(ㅊ)
참깨 (sesame) 59 87–89 214
철분강화 쌀 (iron–enriched rice) 80
초형 (plant type) 49
최대무독성량 (maximum non–toxic dose, NOEL) 170
최대무영향량 (no observed effect level, NOEL) 170
최대잔류허용량 (maximum residue limit, MRL) 171 186 218
추파성 (winter growing habit) 48
친환경인증제도 (environmental certification system) 194
침묵의 봄 (silent spring, Rachel Carson) 129

(ㅋ)
카드뮴 (cadmium, Cd) 172 181–182 188–189 191–192 212
카르타헤나 의정서 (the cartagena protocol on biosafety) 66
카오리나이트 (kaolinite) 21

칼젠사 (Calgene company) 52
코덱스 (codex) 143–144 152 157 187 193 196
콩 (soybean) 55 83 227
쿨링포그시스템 (cooling fog system) 95
클로닝 (cloning) 52

(ㅌ)
탄닌 (tannin) 86 172
태평농법 (non–cultivating organic farming) 146
테르페노이드 (terpenoids) 92
토마토 (tomato) 13 45–46 49 52–54 59–60 82–83 89 98–99 172 214
토양 3상 (three phases of soil) 18
토양 (soil) 16 18–32
토양성분과 화학적 반응 (chemical reaction with soil constituents) 185
토양수분의 부족 (soil moisture deficiency) 30
토양염류화 (soil salinization) 30
토양유실 (soil loss) 30
토양의 역할 (roll of soil) 19
토양침식 (soil erosion) 16 20 30–31 153 164 168 185
퇴비 (compost) 30–31 110 115 117–118 120 143 153 157–158 161 197 204 221

(ㅍ)
파이오니어 종묘회사 (Pioneer hi–bred international) 69
파이토알렉신 (phytoalexin) 87
파이토케미칼 (phytochemicals) 82
페로몬 (pheromone) 121 205
페리틴 (ferritin) 60
포도 (grape) 13 29 60 87 89 94 105 214
폴리에틸렌글리콜 (polyethylene glycol, PEG) 97
폴리페놀 (polyphenol) 86–87
품종보호 (protection of new variety) 50–51 92 224
품종의 명칭 (denomination) 51
풍해 (wind injury) 33
프레온가스 (freon gas, CFC) 34
플레이브 세이브 (Flavr Savr) 52
필수다량원소 (essential mass element) 110
필수원소 (essential element) 110

(ㅎ)
하고현상 (summer depression) 33
하꾸란 (Hakkuran) 96
할론가스 (halon gas) 34
항원 (allergen) 68–69
형질전환 (transformation) 52–54 69–72 92 100 226
형질전환육종 (transgenic breeding) 52
호염기성 세포 (basophil) 68–69
화성유도 (floral induction) 33
화아분화 (flower bud differentiation) 48–49
화전농업 (slash and burn farming) 103
화학비료 (chemical fertilizer) 108–118
환경 적응성 (environmental adaptability) 47
환경농업육성법 (sustainable agriculture upbringing law) 133 138 143 156 166 193 198 206
환경매체 (environmental media) 179
환경호르몬 (environmental hormone) 173–174 217
황금쌀 (golden rice) 53–54 80
황산화물 (sulfur oxide) 35
회색화작용 (gleyzation) 25
훈연제 (smoking agent) 124 127
훈증제 (fumigant) 124 127 175
휘산 (volatilitzation) 114 185
휴경 (non–cropping) 103–104 139
휴한 (fallow) 104–105
흡수 (absorption) 177
흡착 (adsorption) 185

6. 영한색인(English-Korean Index)

(A)
absorption (흡수) 177
acceptable daily intake (ADI, 일일섭취허용량) 170-171 187 227
acid rain (산성비) 33 35-36 111 172 183
acidifying substances (산성물질) 34 183
active ingredient, ai (유효성분) 111 126
adaptability to direct drilling (직파 적응성) 49
adjuvant (보조제) 121 125 129
adsorption (흡착) 185
agricultural produce quality (농산물의 품질) 47 78 178
allergen (항원) 68-69
allicin (알리신) 84
allinase (알리네이스) 84
alline (알린) 84
Allium (알리움) 84
alternative agriculture (대체농법) 144
animal and plant health inspection service, APHIS (동식물검역청) 76
animal feeds (사료) 54 125 132 143 144 152 158-159 161 175-176 178-179 181 199 203-204 209
animal welfare (동물복지) 156 159 203
antiknocking agent (노킹방지제) 179
atmosphere (대기) 11 21-23 32 34-35 37-39 109 313 141 154 171-172 178-183 185 192 205

(B)
Bacillus thuringiensis (Bt, 바실러스 튜링겐시스) 53 55 60 63 73-75 174 227
basophil (호염기성 세포) 68-69
bioaccumulation (생물농축) 129 173 180 184 190
bioactive water (생물활성수) 148
bioengineered food, BE (생명공학식품) 52 54 63
biogeochemical cycle (생물지리화학적 순환) 22
biomass (바이오매스) 22
biotechnology, BT (생명공학) 52 55 96 227
blast (도열병) 45 60
bordeaux mixture (보르도액) 148
bovine spongiform encephalopathy (광우병) 176 207
brazil nut (브라질 땅콩) 69
breakbone fever (뎅기열) 35
breeding (육종) 14 52
broccoli (브로콜리) 82 85 89
bulk blending fertilizer (BB 비료) 30 116-118 120

(C)
cadmium (Cd, 카드뮴) 172 181-182 188-189 191-192 212
Calgene company (칼젠사) 52
cation exchange capacity (CEC, 양이온치환용량) 22
CCl_4(사염화탄소) 39
chemical fertilizer (화학비료) 108-118
chemical reaction with soil constituents (토양성분과 화학적 반응) 185
chlorofluorocarbon (CFCs, 염화불화탄소) 38-39
circular agriculture (순환농업) 104 142
Citrus (감귤류) 82 85 89 214
clay (점토) 18
clay loam (식양토) 18
climate (기후) 17 24 32 35 37 44 97 106 131 134-135 221 226
cloning (클로닝) 52
codex (코덱스) 143-144 152 157 187 193 196
codex alimentarius commission (CAC, 국제식품규격위원회) 143-144 152 157 187 193 196 214 218
cold injury (냉해) 33 41
colloid (교질물) 18
commercial agriculture (상업농) 163
compost (퇴비) 30-31 110 115 117-118 120 143 153 157-158 161 197 204 221
comprehensive hazardous organization management (종합적유해생물관리) 129
conventional agricultural ecosystem (관행농업

생태계) 160 162
cooling fog system (쿨링포그시스템) 95
crop (작물) 12 33 52 80 227
crop rotation (윤작) 16 104–105 122 132 139 143–144 150 157–158 161 165 196–197 204
crossing (교배) 42 51–52 67 96
Cruciferous (십자화과 채소) 85
customary agricultural product (관행농산물) 165 197
cytokine (사이토카인) 68
cytoplasmic male sterility (세포질 웅성불임성) 41 43 59

(D)
day length (일장) 33
DDT (디디티) 129 154 173–174 184–187 190
Doha development agenda (도하개발어젠다) 207
degradation by microorganism (미생물에 의한 분해) 185
denomination (품종의 명칭) 51
derived from Bioengineering food, DB (생명공학적 제조식품) 54 63
desertification (사막화) 20 30 33 36–38
designer crop (맞춤농작물) 80 98
dioxin (다이옥신) 173–175 180–181 190–192 207 226
direct payment (직접지불) 138 140
distinctness (구별성) 51
double cropping (이모작) 146
drought resistance (내건성) 48

(E)
earliness (조만성) 44
earth crust (지각) 22 109
economic research service (ERS, 경제연구청) 58
effective soil depth (유효토심) 24–25
energy flow (에너지 이동) 22
environmental adaptability (환경 적응성) 47
environmental certification system (친환경인증제도) 194
environmental hormone (환경호르몬) 173–174 217
environmental media (환경매체) 179
environmental protection agency, EPA (미국 환경보호국) 76
epicatechin (에피카테킨) 86
EPN(이피엔, 살충제 농약) 155 215
essential element (필수원소) 110
essential mass element (필수다량원소) 110
excretion (배출) 16 21 34 36 75 77 119 140 164 175 178–182 189–190 193

(F)
facility cultivation soil (시설재배지) 24 27–28 30–31 115
fallow (휴한) 104–105
ferritin (페리틴) 60
fertilization standard (시비기준) 114 118–120 133
fine earth (세토) 18
five elements of fertilizer (비료의 5요소) 110
Flavr Savr (플레이브 세이브) 52
floral induction (화성유도) 33
flower bud differentiation (화아분화) 48–49
food and agricultural organization, FAO (유엔식량농업기구) 69–70 152 169 187 217 220
food crops (식량작물) 13
formulation type (제제형태) 16 110 118 125–126 165
freezing injury (동상해) 33
freon gas, CFC (프레온가스) 34
FTA (free trade agreement, 자유무역협정) 207
fumigant (훈증제) 124 127 175
functional farm produce (기능성 농산물) 91 93–94 101–102
functional food (기능성 식품) 78–80 85 88 224
fungicide (살균제) 105 121 124 126 143 165 172 175 183 185 190 220

(G)
garlic (마늘) 52 82 84–85 89 93
gaseous phase (기상) 18
gene expression (유전자의 발현) 52
gene transformation (유전자전환) 52

genetic contamination (유전적 오염) 66 74
genetic diversity (유전적 다양성) 14
genetically modified crop (생명공학작물) 52
genetically modified organisms (GMO, 유전자변형농수산물) 52 54 56 59 61-63 66-67 71-78 158 159 210
geographical indication system (지리적 표시제) 237-238
gifu green (기후그린) 97
gley horizon (글레이층) 25
gleyzation (회색화작용) 25
global warming (지구온난화) 34-35 37-38 164 225
glyphosate (근사미, 글리포세이트) 53
golden rice (황금쌀) 53-54 80
good agricultural practices (GAP, 우수농산물관리제도) 208
grape (포도) 13 29 60 87 89 94 105 214
gravel (자갈) 18
green revolution (녹색혁명) 155 169
growth phase (생육상) 48

(H)
Hakkuran (하꾸란) 96
halon gas (할론가스) 34
hazardous inorganics (유해 무기물질) 183
hazardous organic chemicals (유해 유기물질) 183
hazardous substance (위해물질) 163-164 178
heading (결구) 48 97
heat injury (열해) 33
heat tolerance (내서성) 49
heavy fertilizing culture (다비재배) 27 29 114
herbicide (제초제) 52-55 59 60-61 75-76 93 96 98 105 121 124 126 132 143-144 147 160-161 165 169 171-174 183 185 195 215 220
human body (인체) 109
humus (부식) 17-18 20-22 26 32 36 118 153 161

(I)
increase in quantity (수량 증대) 41 60
inert (비활성) 125
insecticide (살충제) 73-74 76 93 95 121 124 126 128 143 165 171 173 183 185 188 190 215 220
institute of medicine's food and nutrition board (IOM/FNB, 식품영양위원회) 79
integrated control (종합방제) 129
integrated nutrient management (INM, 양분종합관리) 118 132 144-145
integrated pest management (IPM, 병해충종합관리) 129-130 132 144-145
intensive culture (밀식 재배) 50
international federation of organic agriculture movement (IFOAM, 국제유기농업연맹) 143 152 156 196
international trade center (ITC, 국제무역센터)
international union for the protection of new varieties of plants (UPOV, 국제신품종보호동맹) 50
interspecies crossing (종간 교잡) 97
introduction (도입) 52
intybin (인티빈) 91-92
iron-enriched rice (철분강화 쌀) 80
irrigation farming (관개농업) 37
isothiocyanate (SCN, 이소티오시아네이트) 94

(K)
kaolinite (카오리나이트) 21
Korean cabbage (쌈추) 96-97 99

(L)
lactucin (락투신) 92
late-bolting (만추대성) 48
law of diminishing returns (수확절감의 법칙) 113
leaching (용탈) 17 26 145 185 204
Liebig (1803-1873, 독일 화학자, 리비히) 105
light intensity (광도) 33
light quality (광질) 33
lignan (리그난) 87-88
lime Bordeaux (석회보르도액) 148
limonene (리모닌) 85
linoleic acid (리놀레산) 87
linolenic acid (리놀레익산) 87
liquid phase (액상) 18 127 188
livestock (가축) 12 16 24 28 67 103-104 106

110 114 117 131 133 144–146 152 156–161 175 178–179 181 183 196 199 203 210 221
living modified organism (LMO) 52 54 57
loam (양토) 18
loam sand (양질사토) 18
long day crop (장일성작물) 33
low input sustainable agriculture (저투입 지속농업) 141 144
low–input agriculture (저투입 농업) 133 141
lowland soil (논토양) 25 27 115–116 186 188
lycopene (라이코펜) 84

(M)

magma (마그마) 17
main ingredient (주성분) 111
Malthus (맬서스) 41
mast cell (비만 세포) 69
material cycle (물질순환) 22 162
maximum non–toxic dose (NOEL, 최대무독성량) 170
maximum residue limit (MRL, 최대잔류허용량) 171 186 218
mediator (매개체) 68–69
Mendel (1865, 멘델) 14
mercron (종자소독제, 메르크론) 155
metabolism (대사) 72 85 88 109 112 126 164 171 177–178 181
meteorological ecotype (기상생태형) 48
meteorology (기상학) 224
miticide (살비제) 121 125
mode of action (작용기작) 118 124 126 유
modified three course rotation (개량3포식농법) 104–105
molecular farming (분자농업) 99
Monarch butterfly (제왕나비) 75–77
Monsanto (몬산토) 54
mountain land (산지) 23 30 103

(N)

naringin (나린진) 85 89
national aeronautics and space administration (NASA, 미국 항공우주국) 38
national agriculture statistics service (NASS, 미국 농업통계청) 58
national institutes of health (NIH, 미국 국립보건원) 66 76
national organic program (NOP, 유기식품 국가기준)
natural farming (자연농업) 145–146 155
nematocide (살선충제) 125
nitrogen oxide (질소산화물) 34 36
nitrosoamine (니트로소아민) 36
no observed adverse effect level (NOAEL, 무독성량) 187
no observed effect level (NOEL, 최대무영향량) 170
noncropping (휴경) 103–104 139
non–cultivating organic farming (태평농법) 146
Norfolk four–course system (노퍽식 농법) 104–105
novelty (신규성) 51

(O)

O–157 (병원성 대장균) 176
oat (귀리) 82–83 89
once–over harvest (일시수확형) 49
orchard soil (과수원) 24 29 32 50 105 186 191 203
organic farming ecosystem (유기농업 생태계) 161–162
organic farming, 친환경농업 (유기농업) 150 153 161
organic foods production act, OFPA (유기식품 생산법) 196
organic trade association, OTA (미국 유기농무역협회) 168
organically farmed produce (유기농산물) 132 143 150 153 156 161 193 196–197
organization for economic cooperation and development (OECD, 경제협력개발기구) 66 195 220
ozone depletion (오존층 파괴) 38
ozone layer (오존층) 38

(P)
Perilla (들깨) 59 87-89 93 99
pernicious ingredient (유해성분) 72 111
persistent organic pollutants (POPs, 잔류성 유기오염물질) 189-190
pest resistance (병해충 저항성) 45 98
pesticide-free produce (무농약농산물) 133 195 199-200 203 207 222
pesticides (농약) 121-122 183 217
pheromone (페로몬) 121 205
photochemical decomposition (광화학적 분해) 185
phytoalexin (파이토알렉신) 87
phytochemicals (식물화학물질) 82
phytochemicals (파이토케미칼) 82
Pioneer hi-bred international (파이오니어 종묘회사) 69
plant growth regulator (식물생장조절제) 121 125
plant nutrients (식물영양소) 109 183
plant type (초형) 49
polyethylene glycol (PEG) 97
polyphenol (폴리페놀) 86-87
POPs (잔류성 유기오염물질) 189-190
pore space (공극) 20-21
Portulaca oleracea (쇠비름) 94
positive list system, PLS (농약허용기준강화제도) 96 101 218
potato (감자) 13 15 59-60 62 67 73 82 187 214
potato leaf roll virus (감자 잎말이 바이러스) 60
primitive farming (원시농경) 103 105
propagation (번식) 11 50-51 73-74 144 159
protection of new variety (품종보호) 50-51 92 224

(R)
Rachel Carson (1907-1964, 미국 해양생물학자, 레이첼 카슨) 129
redenticide (살서제) 121
repellent (기피제) 121 124
reproduction (생식) 51 67 70 174
rice bran farming method (쌀겨농법) 147
Rodale, 1899~1971 (로데일) 153-154
roll of soil (토양의 역할) 19
Roundup (glyphosate, 라운드업) 53

(S)
slash and burn farming (화전농업) 103
safe use standard of agricultural chemicals (안전사용기준) 132-133 186 188 200 204 208-210 217 219
safety (안전성) 61 66-68 70-73 76-77 90 101 -102 119 126 129 132 144-145 149-150 170-171 175 178-179 210-213 215-217
safety assurance (안전성 확보) 77 150 178 192 211 215
salinity (염류) 183
salt accumulation (염류집적) 24 27-28 31 115 164
sand (모래) 17-20 24 30 38
sandy loam (사양토) 18
secondary component (부성분) 111i
seed vernalization type (종자춘화형) 48
selection (선발) 14 70
selection marker (선발마커) 70
sesame (참깨) 59 87-89 214
sesamin (세사민) 88
sheath blight (잎집무늬마름병) 60
shifting culture (이동경작) 103
short day crop (단일성작물) 33
silent spring (Rachel Carson, 침묵의 봄) 129
silt (미사) 18-20 31
smog (스모그) 34
smoking agent (훈연제) 124 127
soil (토양) 16 18-32
soil erosion (토양침식) 16 20 30-31 153 164 168 185
soil loss (토양유실) 30
soil moisture deficiency (토양수분의 부족) 30
soil salinization (토양염류화) 30
soil separate (입경구분) 18
solid phase (고상) 18
soybean (콩) 55 83 227
stability (안정성) 51
stacked character (복합형질) 58
subsistence agriculture (생계농) 163
sulforaphane (설포라판) 85

sulfur oxide (황산화물) 35
summer depression (하고현상) 33
super-weed (슈퍼 잡초) 66 75
sustainable agriculture (지속가능한 농업) 118 132 142 164 192 195 207
sustainable agriculture upbringing law (환경농업육성법) 133 138 143 156 166 193 198 206

(T)
tannin (탄닌) 86 172
tea (녹차) 86-87 89 172
terpenoids (테르페노이드) 92
the cartagena protocol on biosafety (카르타헤나 의정서) 66
three course rotation (3포식농법) 104-105
three major nutrients (NPK, 3요소) 105 110
three phases of soil (토양 3상) 18
tomato (토마토) 13 45-46 49 52-54 59-60 82-83 89 98-99 172 214
toxicity equivalency quotient (TEQ, 독성등가) 181
trace elements (미량원소) 27 95 110 113 183
traceability (생산이력추적제) 208 236-237
transformation (형질전환) 52-54 69-72 92 100 226
transgenic breeding (형질전환육종) 52
transitional organic agricultural product (전환기유기농산물) 133 166 195 200 203-205 207
trickle irrigation (점적관개) 93-94
two field course (2포식농법) 104-105

(U)
uniformity (균일성) 51
united nation environment programs (UNEP, 국제연합환경회의) 66
upland soil (밭토양) 18 24-28 31 115-116 186 225
urea (요소) 105 111

(V)
validamycin (균사성 담자균 생장억제제, 발리다마이신) 170
variation (변이) 40 51 64 67 72 171
Vavilov (1887~1743, 소련 식물유전육종학자, 바빌로프) 14
vector (운반체) 52
vector (유전자운반체) 52
verotoxin (아프리카원숭이 독소, 베로독소) 176
visual score (달관조사) 201
vitamin C (비타민 C) 85 88 92-93 99-100 172
volatilitzation (휘산) 114 185

(W)
weed (잡초) 12 41 49 53 60-61 65-66 74-76 103-104 121-123 125-129 145 147 150 158 161 169 198 204 222
well-being (웰빙) 78
white revolution (백색혁명) 27
wind injury (풍해) 33
winter growing habit (추파성) 48
world health organization (WHO, 세계보건기구) 66 69-70 152 169 187 217
world trade organization (WTO, 세계무역기구) 93 207

(X)
xenobiotics (이질적인 합성화합물) 184

(Y)
year-round culture (주년재배) 48

(Z)
zoro tolernce (영허용량) 209

β-carotine (베타-카로틴) 86 88
β-ionon (베타-아이오논) 90
γ-tocotrienol (감마-토코페놀) 90

농업 생명자원과 환경

Agricultural Life Resources and Environment

2022년 7월 25일 초판 발행

2022년 8월 1일 초판 인쇄

발행 : RGB Press(36cactus@naver.com)

ISBN 978-89-98180-30-0

저자 : 김경민(경북대학교 농업생명과학대학)

남상용(삼육대학교 자연과학대학)

박재령(농촌진흥청 국립식량과학원)